虚拟现实技术美术基础

微课版

吴琳琳 张超 / 主编　　彭勃 副主编

人 民 邮 电 出 版 社
北 京

图书在版编目（CIP）数据

虚拟现实技术美术基础 : 微课版 / 吴琳琳, 张超主
编. -- 北京 : 人民邮电出版社, 2022.6
虚拟现实应用技术“十三五”规划教材
ISBN 978-7-115-55786-5

Ⅰ. ①虚… Ⅱ. ①吴… ②张… Ⅲ. ①虚拟现实—教
材②美术—教材 Ⅳ. ①TP391.98②J

中国版本图书馆CIP数据核字(2020)第266586号

内 容 提 要

本书主要介绍虚拟现实技术美术基础，共 6 章，内容包括美术基础与虚拟现实技术、美术基础训练、材质贴图的绘制、画面布局、光源设计渲染、虚拟现实场景案例赏析。本书结合案例分析，让没有美术基础的读者能够更容易、更直观、更快捷地学习，提升虚拟现实技术制作的美学水平。

本书可作为高等院校虚拟现实或数字媒体专业相关课程的教材，也可作为自学者的入门学习教材，还可作为没有美术基础的虚拟现实及数字媒体领域工作人员用于学习和提高的参考书籍。

◆ 主　　编　吴琳琳　张　超
　副 主 编　彭　勃
　责任编辑　刘　佳
　责任印制　焦志炜
◆ 人民邮电出版社出版发行　　北京市丰台区成寿寺路 11 号
　邮编　100164　　电子邮件　315@ptpress.com.cn
　网址　https://www.ptpress.com.cn
　北京九州迅驰传媒文化有限公司印刷
◆ 开本：787×1092　1/16
　印张：12　　　　2022 年 6 月第 1 版
　字数：351 千字　　　　2024 年 8 月北京第 2 次印刷

定价：69.80 元

读者服务热线：(010)81055256　印装质量热线：(010)81055316
反盗版热线：(010)81055315
广告经营许可证：京东市监广登字 20170147 号

前言

Preface

随着人工智能、虚拟现实和增强现实等前沿科技的发展，虚拟现实硬件设备不断完善，虚拟现实商业模式进一步成熟。虚拟现实内容制作作为虚拟现实价值实现的核心环节，其投资呈现出增长态势。虚拟现实商业模式衍生出了体验场馆、主题公园等线上线下相结合的模式，受到市场的关注。但是整个虚拟现实行业对于人才的需求仍处于一个供不应求的局面。国内不少高校开始开设与虚拟现实相关的课程。面对硬件技术的日益成熟，虚拟现实的技术人才缺乏正在成为制约虚拟现实产业发展的重要因素。随着虚拟现实人才需求的增加，虚拟现实专业培训也被纳入高校教学计划。全国已经有一百多所高校开设了与虚拟现实相关的课程。

为了满足读者对虚拟现实内容制作的学习需求，本书分模块引领读者了解虚拟现实技术，帮助读者学习虚拟现实美术概念和美术基础技能。

本书提供了视频二维码，读者可以打开手机，通过扫描二维码的方式进行学习，方便快捷。

● 本书内容

本书主要分为 6 章：第 1 章为理论的讲解；第 2 章为传统美术基础技能的训练；第 3 章为数字美术基础技能的训练；第 4 章和第 5 章为视觉艺术的基础知识讲解和训练；第 6 章为实例的综合分析和欣赏。

本书采用理论讲解与实例分析制作相结合的教学方式，第 2 章 ~ 第 6 章有实例制作的内容，并提供了相关数字文件。本书的理论与实例相呼应，使读者学习本书的知识内容后，达到掌握、应用知识的效果。

● 体系结构

本书内容的大致顺序为：了解虚拟现实技术的美术范畴—学习美术基础技能—美术技能在虚拟现实内容制作软件中的应用—虚拟现实案例美术表现的赏析，串联出美术技能在虚拟现实技术内容表达中的应用。

结合理论教学内容，本书给读者提供了难易适中的上手操作案例。案例提炼了涉及的相关知识和技能技巧，使读者能更精准地学习到相关技能点。

● 本书特色

本书内容简明扼要，结构清晰；任务丰富，强调实践；图文并茂，直观明了。本书能帮助读者学习与虚拟现实相关的知识和技能，提升自身的虚拟现实美术素养和内容制作能力。

● 教学资源

本书提供了视频文件、全景文件、Substance Painter 工程文件、UE4 引擎工程文件等教学资源，读者可下载（www.ryjiaoyu.com）使用。

全书由吴琳琳、张超任主编，彭勃任副主编。本书编写分工如下：吴琳琳编写第 1 章、2.3 节、第 3 章、4.3 节、第 5 章的案例，张超编写了本书其他内容，彭勃提供了素材及建议。

由于编者水平和能力有限，书中难免存在不足之处，恳请广大读者批评指正。

编　者

2022 年 1 月

目录
Contents

第1章 美术基础与虚拟现实技术

1.1 美术造型......1

1.1.1 什么是美术造型......1
1.1.2 美术造型的审美特征......2

1.2 美术造型基础与虚拟现实的关系......3

1.2.1 虚拟现实概述......3
1.2.2 虚拟现实技术中美术基础的重要性......7

1.3 虚拟现实中的美术......10

1.3.1 虚拟现实中的艺术应用......10
1.3.2 虚拟现实 CG 动画中的美术......11
1.3.3 虚拟现实的 3D 数字艺术......13
1.3.4 虚拟现实引擎中的美术......16
本章小结......18
本章练习......18

第2章 美术基础训练

2.1 美术基础浅谈......19

2.1.1 素描简介及造型......19
2.1.2 美术工具......48
2.1.3 色彩基础......51
2.1.4 透视基础......57

2.2 形体的塑造训练......61

2.2.1 案例：石膏结构素描训练......63

2.2.2 案例：静物结构素描训练 65
2.2.3 案例：色彩构成训练 67

2.3 从平面到三维建模的准备 73

2.3.1 数据采集的概念 74
2.3.2 图像数据的采集 74
2.3.3 测量数据的采集 78
2.3.4 实例静物的数据采集 80
本章小结 81
本章练习 82

第3章 材质贴图的绘制

3.1 PBR 制作原理与制作软件 83

3.1.1 PBR 原理及应用 83
3.1.2 PBR 制作软件介绍 87
3.1.3 软件界面介绍 90

3.2 材质技巧与实例训练 110

3.2.1 案例：金属材质训练 110
3.2.2 案例：木质材质训练 115
3.2.3 案例：石材材质训练 121
3.2.4 案例：布料材质训练 125
本章小结 130
本章练习 130

第4章 画面布局

4.1 构图形式与视觉心理 131

4.1.1 点的构图形式 131
4.1.2 线的构图形式 133
4.1.3 面的构图形式 135

4.2 虚拟场景的画面布局 136

4.2.1 构成场景画面的元素 136
4.2.2 视觉的趣味焦点 139
4.2.3 常用的经典构图 140

4.3 案例：构图主体的安排训练 147

本章小结.. 152
本章练习.. 152

第5章 光源设计渲染

5.1 光源分类..153

5.1.1 自然光源.. 153
5.1.2 人工光源.. 154
5.1.3 案例：静物光源设计训练 155

5.2 虚拟场景的后期修色 161

5.2.1 光与颜色和氛围 161
5.2.2 案例：虚拟现实主题分类渲染效果训练 167
本章小结.. 172
本章练习.. 172

第6章 虚拟现实场景案例赏析

6.1 范例场景深度分析——白天的场景 173

6.2 范例场景深度分析——夜晚的场景 177
本章小结.. 184
本章练习.. 184

美术基础与虚拟现实技术

第 1 章

1.1 美术造型

1.1.1 什么是美术造型

美术造型指的就是造型艺术，即以一定物质材料和手段创造的可视静态空间形象，可反映社会生活，表现艺术家思想情感。传统的物质材料有绘画用颜料、墨、绢、布、纸、木板、石、泥、玻璃、金属等。

美术造型是一种再现空间艺术，也是一种静态视觉艺术，主要包括雕塑、绘画等。

雕塑是一种美术造型。图 1-1 所示为《大卫》，为米开朗琪罗的雕塑作品。

图1-1 《大卫》

这尊雕像创作于公元 1501—1504 年，被认为是西方美术史上十分值得欣赏的男性人体雕像之一。不仅如此，《大卫》是文艺复兴人文主义思想的具体体现，它再现了人体的力量之美。大卫体格雄伟健美，神态勇敢坚毅，身体、脸部肌肉紧张而饱满，使雕像具有内在的紧张感与动感，体现着外在和内在全部理想化的男性美。有意放大了的人物头部和两条胳膊，使得大卫在观众的视角中显得更加挺拔有力，充满了巨人感。米开朗琪罗在雕刻过程中注入了巨大的热情，他塑造出来的不仅是一尊雕像，更是思想解放运动在艺术上的象征。这代表了一个时代雕塑艺术作品的最高境界。

绘画也是一种美术造型。图 1-2 所示为《哭泣的女人》，是巴勃罗·毕加索于 1937 年 10 月创作的一幅油画作品。

图1-2 《哭泣的女人》

《哭泣的女人》是毕加索实验性的肖像作品之一。其画面上是一张看上去杂乱无章的面孔，眼睛、鼻子、嘴唇完全错位摆放，面部轮廓结构也被扭曲、切割得支离破碎。完全变形的面孔，能让人深切感受到画中人歇斯底里的悲恸，她仿佛是因为无法控制情绪而面部痉挛。粗硬的黑色线条和令人焦躁的纯色加强了画面的张力。红、绿、紫、黄、黑、白几种颜色与不和谐的色调搭配在一起，形成强烈的对比，营造出一种不协调的气氛，使得画中人物的意象更加深刻。

该作品表现了底层社会人们肝肠寸断、痛苦无助的景象。该作品是毕加索融合了立体主义与超现实风格的代表作。

随着时代的发展，艺术的表现形式和创新材料层出不穷，当代的艺术家不再局限于传统的创作物质材料，他们开始利用现代的光影技术营造梦幻的空间表现。

图 1-3 所示为法国装置艺术家萨拉特的《盗梦空间》，他为观者呈现了一场前所未有的奇幻光影互动之旅。萨拉特依靠透明材料和镜子，将创意联想与时尚的四维空间相结合，在一个不到 50 平方米的房间里，创造了一个真实版的“盗梦空间”，在动静之间将“视觉化的无限影响力”辐射到虚拟的无限空间中。他将影像艺术、计算机艺术、音乐艺术、雕塑艺术、建筑以及现代工业技术全部融合在一个单独的作品中，利用无穷的镜像形成一个封闭的神秘宇宙，观者身处其中，便会被令人惊叹的宇宙幻象包围。

图1-3 《盗梦空间》

增强现实（Augmented Reality，AR）、虚拟现实（Virtual Reality，VR）及混合现实（Mixed Reality，MR）技术作为新型的表现形式，也被艺术家们作为突破和创新艺术的形式。

走在艺术数字化前沿的北京故宫很早就拥抱了 AR 技术。2017 年推出的 AR 月历名为“宫廷佳致”，收录了清代的《乾隆皇帝一箭双鹿图》、相扑图，明代宣宗的投壶图和仕女图等。图 1-4 所示为 AR 故宫效果概念图。

艺术的发展依赖社会和科技的发展，数字艺术是新兴的艺术形式，随着计算机软硬件的发展，不断涌现出不同的表现方式，如今数字艺术无所不在。3D 数字艺术基于计算机图像技术，是通过计算机软件创作的一种静止或可动的数字虚构空间中的艺术表现形式。计算机辅助技术解放了手工时代对表现力的束缚，为创作提供了更广阔、更自由的发挥空间。相对于传统艺术，3D 数字艺术对美术功底的要求不高，这也使更多的人能够使用这种途径进行创作。图 1-5 所示为 3D 数字艺术杂志及 3D 艺术家的作品。

图 1-4 AR 故宫效果概念图

图 1-5 3D 数字艺术杂志及 3D 艺术家的作品

1.1.2 美术造型的审美特征

1. 造型能力

造型能力指的是人们在平面的物质（如纸张、墙壁等）上表现和刻画形象的能力。随着科技的发展，艺术媒介的形式不断增加和变化，现在任何艺术形式都需要造型能力，虚拟现实的 3D 数字艺术同样如此。素描造型能力是绘画艺术的基础，体现在以下四个方面。一是认识、理解对象，即认清创作对象的特点。二是塑造对象，即在平面上把握形象特点，表现空间中的形体，变自然形象为艺术形象。三是控制画面，即创造艺术家个人特有的个性化形象。四是再现对象，完美共享，即把现实对象植入画面后，与画面中的其他元素一起构成画者的意图、情感思想。总之，造型能力就是对事物的观察理解和还原表达能力。这些完全符合虚拟现实的 3D 数字艺术的需要。

一般意义上，造型是艺术的空间构成，体现了构思的创作手段和技法。

2. 审美的概念

审美是人类理解世界的一种特殊形式，指人与世界形成的一种关系状态。人之所以需要审美，是因为世界上存在着许多的东西需要取舍，人们应找到需要的那部分，即美的事物。人的情感、智慧决定了人对美好事物的追求，即发现世界上存在的美的东西，用以丰富自己的物质和精神生活，达到身心愉悦的目的。美学思想是一种抽象的带有很强主观性的对美的思想认识，是人对美的认识能力和审美评价能力的凝聚，融入了个人的思想感情和审美偏好。美学思想充分体现了时代的审美理想和社会的审美气质。随着时代的变迁，审美标准不断演变，而信息化的快速发展也使人们所认为的“美”分为多种风格，这些风格并存并不断发展。

3. 虚拟现实技术包含的美术造型、审美艺术

虚拟现实技术可以对创作的对象，就外观、形状等方面进行艺术的加工和精简。其将美学的精髓（如协调之美、和善之美等和谐思想）引入艺术的造型创作中，以更真实、更准确或者更有特点的形式表达所要创作的对象。

以建筑为例，虚拟现实技术可以用于保存传统建筑及其技术。观察传统建筑的造型和技术手段，收集、整合零碎的传统建筑元素，运用虚拟现实技术在虚拟世界重新进行等比构建，可完全还原被制作物体原始的形态，也可以将作品作为数字数据进行保存、传承。

强大的场景高效还原功能和艺术构建能力，让虚拟现实行业大有可为。不难想象，无论是未来的虚拟构建，还是历史古迹的虚拟还原，都可以运用虚拟现实技术精准实现。古迹场景和虚拟场景都将成为创作的元素。人们可以在其内部随意、重复提取元素并无限次使用；可以设置交互式与触发式场景动画，无论是镜头还是画面效果都能高品质、高效率地构建和输出。这些都是运用逐帧渲染制作所达不到的。引擎的粒子系统和材质能够非常灵活地表现出各种艺术效果，在虚幻世界中呈现各种科幻特效，这些功能在艺术家手中将会成为一支强大的数字画笔。用虚拟现实技术呈现的艺术作品不仅真实而且兼具艺术性，是技术与艺术结合的雕刻刀。这种既要讲究以技术还原真实，又要保证艺术性美感的创作，对创作者的技术水平、艺术品位、传统美学和文化修养都提出了更高的要求。

1.2 美术造型基础与虚拟现实的关系

1.2.1 虚拟现实概述

1. 虚拟现实的概念

虚拟现实是利用计算机模拟产生一个三维的虚拟世界，提供给用户关于视觉等感官的模拟，让用户感受虚拟三维空间的技术。在用户进行操作时，计算机可以立即进行复杂的运算，将精确的三维世界影像匹配用户的操作回传，产生临场感。图 1-6 所示为体验者使用虚拟现实设备置身于用虚拟现实技术制作的草原环境，与虚拟的机械狗进行互动。

虚拟现实技术集计算机、电子信息、仿真技术于一体，其基本实现方式是利用计算机模拟虚拟环境从而给人以环境沉浸感。随着社会生产力和科学技术的不断发展，各行各业对虚拟现实技术的需求

日益旺盛。虚拟现实技术也取得了巨大进步，并逐步成为一个新的科学技术领域。

虚拟现实，顾名思义，就是虚拟和现实相互结合。从理论上来讲，虚拟现实技术是一种可以用于创建和体验虚拟世界的计算机仿真系统。虚拟现实技术利用现实生活中的数据，使用计算机生成一种模拟环境，让计算机技术产生的电子信息与各种输出设备结合并转化为能够让用户感受到的现象，使用户沉浸到环境中。这些现象可以是现实中真真切切的物体，也可以是人们肉眼所看不到的、通过计算机技术模拟出来的物体。图 1-7 所示为虚拟现实模拟的大脑微观世界。

图1-6　虚拟现实技术制作的草原环境

图1-7　虚拟现实模拟的大脑微观世界

虚拟现实受到了越来越多人的认可，它具有以下特点：用户可以在虚拟现实世界体验到真实的感受，其模拟环境与现实世界难辨真假，让人有身临其境的感觉；虚拟现实具有一切人类所拥有的感知功能，比如听觉、视觉、触觉、味觉、嗅觉等；它具有超强的仿真系统，真正实现了人机交互，使人在操作过程中，可以随意操作并且得到环境真实的反馈。正是虚拟现实技术的存在性、多感知性、交互性等特征使它受到了许多人的喜爱。

2. 虚拟现实的历史

在虚拟现实进入游戏领域被消费者熟知之前，它必然拥有一定的发展基础，那么这一切是从什么时候开始的呢？

人们尝试过很多方式，希望用一种足以以假乱真的方式再现现实。最早的虚拟现实起源可以追溯到 17 世纪末和 18 世纪初。

（1）第一阶段（1963 年以前）——蕴含虚拟现实思想的阶段（有声动态的模拟）

在 20 世纪 50 年代，电影摄影师莫顿·海利希（Morton Heilig）创造了名为 Sensorama 的全传感仿真器，如图 1-8 所示。这台机器体型巨大，用户需要坐在椅子上将头探进设备内部。它可以激发更多的感官体验，而不仅是视觉和听觉。它使用了 3D 显示器、风扇、气味发生器以及振动椅。这就是虚拟现实原型机，第一套可应用的虚拟现实设备，后来被用于以虚拟现实的方式进行模拟飞行训练。

（2）第二阶段（1963—1972 年）——虚拟现实萌芽阶段

第一台现代化的头戴式显示器出现在 20 世纪 60 年代，是由 Philco 公司的两位工程师创造的。它被称为头显，有两个独立的屏幕，还有头部位置跟踪系统。由于画面可以随着头部移动而变化，所以能带来更加自然和真实的体验，这对虚拟现实技术来说是一个巨大的进步。第一台现代化头显如图 1-9 所示。该设备体积十分大且沉重，需要在天花板上设计专门的支撑杆。

1965 年，伊万·萨瑟兰（Ivan Sutherland）通过将头显连接到计算机并实时进行模拟以及实现真实的交互，将虚拟现实技术提升到了一个新的水平。

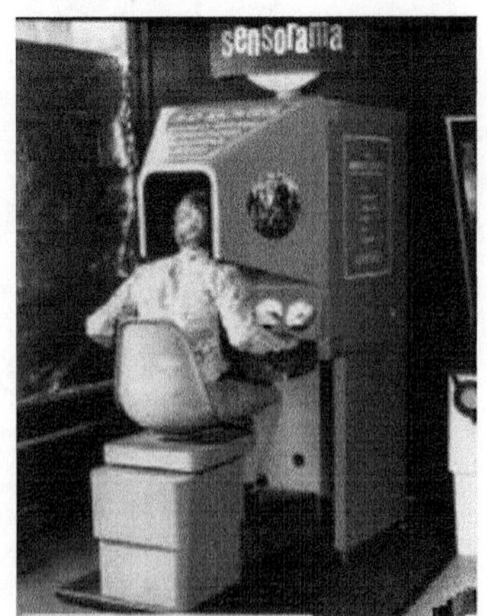

图1-8　Sensorama

许多人认为第一台真正的虚拟现实设备是伊万·萨瑟兰的头戴式装置，因为它是连接到计算机的头显。虽然这个头显佩戴起来很不舒服，但它能显示原始的计算机生成的图形。

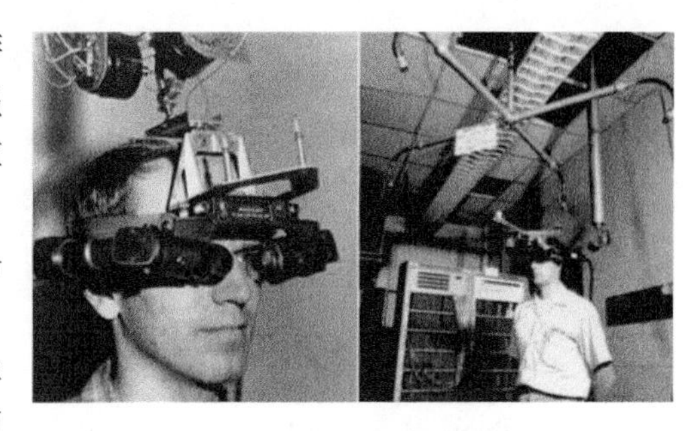

图1-9 第一台现代化头显

（3）第三阶段（1973—1989年）——虚拟现实概念的产生和理论初步形成阶段

虚拟现实正式被创造出来是在20世纪80年代后期。最初几年，它仍被应用在科研机构，直到VPL Research这家公司的出现，将虚拟现实设备推向了民用市场。它推出包括虚拟现实手套Data Glove、虚拟现实头显Eye Phone、环绕音响系统AudioSphere、3D引擎Issac、虚拟现实操作系统Body Electric等在内的一系列产品，并再次提出“Virtual Reality”这个词。

（4）第四阶段（1990年至今）——虚拟现实理论进一步完善和应用阶段

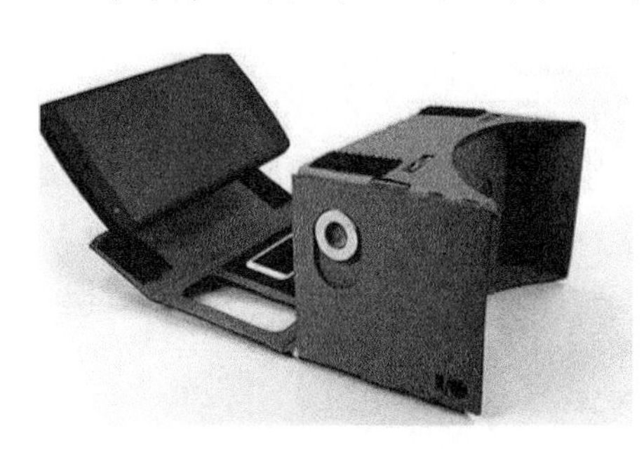

图1-10 Cardboard VR眼镜

1990年，在美国达拉斯召开的会议上提出虚拟现实技术，该技术包括3D图形生成技术、多传感器交互技术和高分辨率显示技术。21世纪以来，虚拟现实技术高速发展，软件开发系统、3D数字技术也在不断完善。

2014年，消费级的虚拟现实设备出现井喷，各大公司纷纷推出自己的产品，三星推出了Gear VR，谷歌推出了廉价易用的Cardboard等。图1-10所示为谷歌推出的Cardboard VR眼镜，简易的再生纸板盒虽然看起来很廉价，并且功能有限，但它却是当年I/O大会上十分令人惊喜的产品。这些设备使虚拟现实技术的应用和传播更普遍，使每一个人都可以体验到虚拟现实技术的神奇。这得益于技术的日渐成熟和设备零件价格的降低，短短几年，虚拟现实硬件企业暴增至200多家。

现在的虚拟现实设备越来越轻便，影像越来越清晰，而且价格也已经便宜了很多。虚拟现实设备的品牌数不胜数，虚拟现实头显、虚拟现实眼镜、虚拟现实一体机带来的体验也已经有了质的飞跃。但似乎还是不够，人们希望尽快看到虚拟现实的全部潜力。

3. 虚拟现实技术的应用

（1）虚拟现实全景摄影——全景漫游

全景漫游给人一种前所未有的浏览体验，让人们足不出户就能身临其境地感受到想体验的环境。全景利用专业拍摄设备360度地拍摄一组照片，再通过专业图像处理软件进行无缝拼接，得到一张360度全景照片并向浏览者呈现。浏览者通过触摸智能手机屏幕的交互点进行场景切换，同时配合虚拟现实眼镜盒子可方便地进行虚拟现实全景欣赏。

在PC端亦可进行全景漫游，浏览者可以用鼠标控制视角，随意上下、左右、前后拖动观看，亦可以通过鼠标滚轮放大、缩小场景。图像内部可安放热点，单击可以实现场景的来回切换；除此之外还可以插入语音解说、图片及文字说明。图1-11所示为全景漫游在手机端（左）和PC端（右）的显示效果。

在当前行业中，如房地产样板间的全景浏览、旅游导航讲解等，这种全景漫游的形式应用得比较多。

手机端显示效果　　PC端显示效果

图1-11　全景漫游在不同应用环境下的显示效果

（2）虚拟现实全景摄影——全景视频

全景视频是在 360 度全景图片技术之上发展延伸而来的，将静态的全景图片转化为动态的视频，需要使用虚拟现实眼镜盒子观看。观看者可以在拍摄点 360 度观看全景视频，有一种真正意义上身临其境的感觉，而不受时间、空间和地域的限制。全景视频不再是单一的静态全景图片形式，而是包括景深、动态图像、声音等，具备声画对位、声画同步的效果。全景视频比起传统的 360 度全景图片，可以说有了质、量、形式和内容上的巨大飞跃。图 1-12 所示为全景设备的平面影像。

图1-12　全景设备的平面影像

（3）教育业

虚拟现实技术应用于教育，是技术发展的一个飞跃。它营造了“自主学习”的环境，由传统的“以教促学”的学习方式转换为学习者通过自身与信息环境的相互作用来得到知识、技能的新型学习方式。

虚拟现实技术能够为学生提供生动、逼真的学习环境，如生物解剖、太空旅行、化合物分子结构显示等，在广泛的学科领域提供无限的虚拟体验，从而加速和巩固学生学习知识的过程。亲身去经历、感受比空洞抽象的说教更具说服力，主动的交互与被动的灌输有本质的差别。图 1-13 所示为虚拟现实教学课堂。

图1-13　虚拟现实教学课堂

（4）医疗业

对于精神科医师们来说，他们可以轻松地利用虚拟现实技术，在对恐惧症患者的治疗中提升暴露疗法或认知行为疗法的疗效。如今，越来越多的公司正在开发与暴露疗法相关的技术，其中就包括虚拟现实医疗中心（Virtual Reality Medical Center）。有些公司还开发了供临床医生使用的应用，以消除患者对飞行、扎针、爬高、封闭空间、公开讲话、驾驶等事情的恐惧。

针对临床医疗保健，虚拟现实技术研发的其他领域还包括管理假肢痛、脑损伤评估和康复、针对青年孤独症患者的社会认知训练、对焦虑症和抑郁症的治疗、中风康复、对注意缺陷多动障碍（ADHD）的治疗、诊断学和成像可视化的管理等。图 1–14 所示为虚拟现实技术辅助医疗和对医师进行的医疗操作培训。

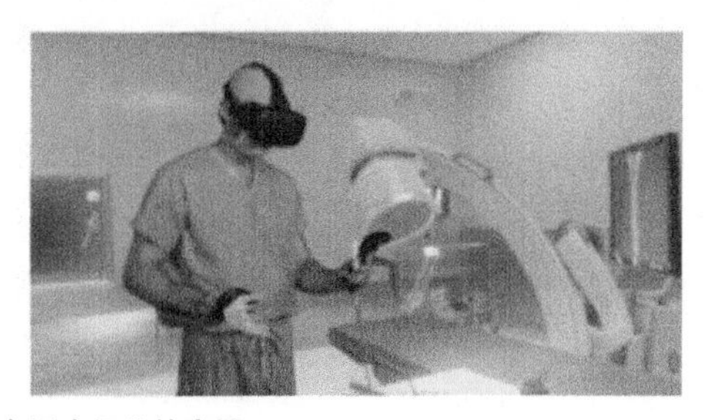

图1–14　虚拟现实在医疗行业的应用

（5）影视娱乐

近年来，由于虚拟现实技术在影视业的广泛应用，以虚拟现实技术为基础建立的第一现场 9D VR 体验馆得以实现。第一现场 9D VR 体验馆自建成以来，在影视娱乐市场中的影响力非常大，此体验馆可以让观影者体会到置身于真实场景之中的感觉，让观影者沉浸在影片所创造的虚拟现实环境之中。同时，随着虚拟现实技术的不断创新，此技术在游戏领域也得到了快速发展。虚拟现实技术可利用计算机产生三维虚拟空间，而 3D 游戏刚好是建立在此技术之上的。3D 游戏几乎包含了虚拟现实的全部技术，使得游戏在保持实时性和交互性的同时，大幅提升了真实感。图 1–15 所示为虚拟现实游戏环境。

图1–15　虚拟现实在娱乐行业的应用

（6）制造业

设计新生产设施的布局是一个庞大的任务，需要工程师们同时平衡多个变量。这包括每件设备的运行轨迹，维护、使用和存储所需的空间等。计划阶段，在任何关键因素上犯错都会导致生产效率低下，都是事后难以补救的，使用虚拟现实技术可以避免许多问题。

例如，工厂规划是一个庞大的项目，涉及多个设计团队，包括工厂建设、控制系统和子系统等。使用虚拟现实技术对整个工厂进行建模，不仅可以模拟布局，还可以模拟在其内部进行的生产过程。图 1–16 所示为虚拟现实技术在建筑搭建及工业制造中的应用。

图1–16　虚拟现实应用于建筑搭建及制造业

1.2.2　虚拟现实技术中美术基础的重要性

在虚拟现实技术呈现的效果中，3D 数字艺术设计技术突显了它的重要性。3D 数字艺术设计是建立在平面、二维设计的基础上，在数字空间创作更立体、更形象的艺术作品的一种设计方法。那么，美术基础对于 3D 数字艺术设计有什么样的影响呢？总的来说，学习美术有利于立体地观察对象，而不是平面地观察对象。绘画就是在平面上表现“三维空间”，即高度、宽度和深度，其中以表现深度为最难。因此，要树立立体观念，养成从深度的角度观察物体的好习惯。

虽然 3D 数字艺术设计对美术功底的要求不高，但是想要创作出更好的 3D 数字艺术作品，学习美术基础还是很重要的。任何设计师都需要有一定的美术基础，甚至是手绘能力。在用计算机设计图形的时候，其实也是潜移默化地在使用设计师储存在大脑中的美术知识和审美能力。即使是先进的人工智能，也不能代替设计师的美术知识和审美能力。

说到底，软件仅仅是工具而已。想要提高对图形的审美能力和设计感，那么就需要补一下美术基础的课了。互联网视觉设计中手绘的比重在逐步增大，对于 3D 数字艺术设计师来说手绘也成为一个绕不过去的技能。但是不要紧张，3D 数字艺术设计师不需要成为手绘“大神”或者插画师，只需要掌握一定的美术知识，具备一定的美术基础和修养，重要的是要多加练习。

素描是平面设计的基础，也是一切造型艺术与造型设计的基础。学习设计和从事设计的人必须通过写生、形象的观察和记忆，达到整个作画行为系统的协调，从而获得记录和收集形象资料、表现设计意图的能力；并通过学习素描，提高形象思维能力、空间想象力以及对美感和形式的敏感度、感受力和把握能力。因此，一个人想要学好设计，就必须打下坚实的素描基础。素描基础的好坏会直接影响到日后的方案设计能力的发展。打下一个好的素描基础，会令设计者受用终身。

虚拟现实项目一般需要经过策划—前期美术—中期建模—绘制贴图—骨骼绑定—调动画—引擎制作等工序和分工合作。下文将结合其中的几个环节论述美术基础在虚拟现实技术中的重要性。

1. 结构素描与前期美术设计

因为虚拟现实中 3D 数字艺术设计是以一种立体造型的艺术形式呈现给体验者的，所以在设计的时候，必须对每一个角色及场景有一个立体的概念，需绘制出多个角度的标准图，至少有三视图（主视图、左视图和俯视图），从而便于在 3D 软件中建模。

因此，对于没有美术基本功的人来说这就很困难。从传统基础美术绘画开始慢慢学起需要比较长的时间，而学习结构素描能够更快、更直接地提高对物体的全方位的理解能力。结构素描又称“形体素描”。这种素描的特点是以线条为主要表现手段，不施明暗，没有光影变化，突出物象的结构特征，以理解和表达物体自身的结构本质为目的。结构素描的观察常和测量与推理结合起来，透视原理的运用自始至终贯穿在观察的过程中，而不仅注重直观的方式。这种表现方法相对比较理性，可以忽视对象的光影、质感、体量和明暗等外在因素。

图 1-17 所示为汽车的结构素描。在后面的章节将讲解结构素描。

图1-17　汽车的结构素描

2. 中期模型制作

有了前期的设计稿，需要使用 3D 制作软件将平面的设计稿还原成 3D 模型。这就需要使用结构素描中对物体结构的理解。由于结构素描是以理解、剖析结构为最终目的的，因此简洁明了的线条是它通常采用的主要表现手段。学习素描基础可以有效提高对于 3D 空间的想象能力。而关于 3D 空间的想象和把握，在很大程度上取决于思维的推理。结构素描要求把客观对象想象成透明体，把物体自身的前与后、外与里的结构表现出来，这实际上就是在训练对

3D 空间的想象和把握能力。学习透视原理能更准确、直观地理解空间。图 1−18 所示为透视讲解图，在后面的章节将详细讲解。

图 1−19 所示为模型制作效果。

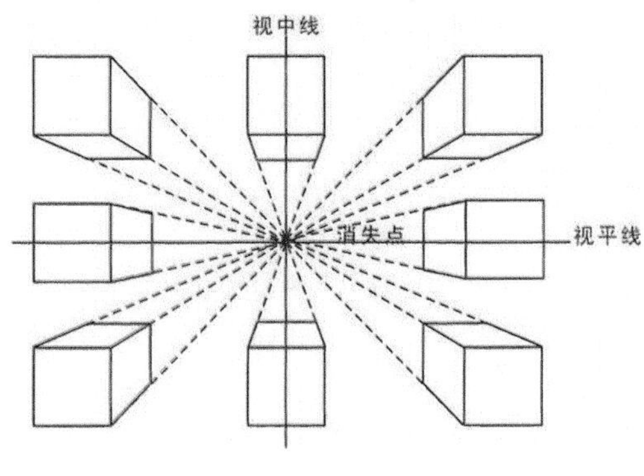

图1−18　透视讲解图

图1−19　模型制作效果

3. 材质贴图的绘制

在 3D 软件中完成相应模型的创建，之后就要为创建的模型绘制贴图。这些工作需要对色彩知识的学习与运用。贴图绘制比较接近现实中的水彩画绘制。即使没有像专业人员一样绘制水彩画的美术能力也是可以完成制作的，因为可以借助计算机软件，将一些纹理图片或清晰照片在软件中进行叠加和拼接，制作出想要的效果，这比实际绘画简单快捷。但绘制贴图还是需要色彩的基础知识，才能够正确进行色彩搭配，正确理解光影关系以及色彩心理表达等。图 1−20 所示为 Substance Painter 界面，它是一种 3D 贴图绘制软件。

4. 引擎制作

3D 数字模型将在引擎中进行组合，并添加灯光效果等以模拟现实世界。这里类似电影的制作，需要仔细推敲构图、光影、颜色、气氛，才能对观者产生强大的视觉冲击。完成这些都需要具备一定的美术知识和审美修养。在后面的章节也将详细介绍。

图 1−21 所示为引擎中的场景。场景使用明亮黄色为主光源，加上黄色的树叶，大面积的黄色表现出晴朗、恬静、温暖的气氛；运用红色日式鸟居增加了古老的东方韵味；远景小面积的雾气配以浅浅的冷色，平衡了整体的暖色调，也增加了一丝神秘之感。

图1−20　Substance Painter界面

图1−21　引擎中的场景

虚拟现实技术涉及的其他工序也表明了美术能力的重要性，成功的案例都是对不同风格的美的准确表现。美术基础训练是提升对视觉审美的判断和鉴赏能力、创造能力的重要前提。

1.3 虚拟现实中的美术

1.3.1 虚拟现实中的艺术应用

虚拟现实技术一度仅限于模拟、演示等工具应用，然而近几年来它逐渐进入艺术领域，成为电影导演、动画师、艺术家们新的创作媒介。随着技术的革新，艺术的表达方式被不断突破，假如几千年前的岩画是当时的虚拟现实，那么今天的虚拟现实已经开拓出新的艺术栖息地。既新鲜又陌生的虚拟现实艺术必将创造出优秀的作品。

"Room V 第五空间"虚拟现实艺术展于 2018 年在上海开幕。这场展览并不是让观者戴上眼镜、塞上耳机被动地接收数字影音，而更像是让观者在数字媒介中走进一个个故事。画家夏加尔与妻子贝拉的幸福时光，多少年后依然会双双飞出画面。可当人们只是单纯地站在画面前，就很难真正体会到"幸福到飞起"的美妙吧。

图1-22 《城镇之上》

在虚拟现实技术的帮助下，人们可以躺在一块有翅膀的摆动装置上，头戴 VR 眼镜飞翔并俯瞰美景，不仅能体会到画中夏加尔的喜悦和自由，还能以更广阔的 360 度视角饱览画家未曾尽画的小镇。图 1-22 所示为夏加尔的《城镇之上》（*Over the Town*）。

《盲眼女孩》（*Blind Vaysha*）是一部由动画师西奥多·尤西弗（Theodore Ushev）制作的 VR 短片。短片中的少女 Vaysha 出生时如同受到恐怖的诅咒，她左眼只能看见过去的事情，而右眼只能看到未来将发生的事情。Vaysha 这种分裂的视线让她无法处于当下，或被过去所蒙蔽，或被将来所困扰。她持续地被困于两个不可调和的状态之间。短片的每一帧画面都是一幅精彩的版画，虚拟现实这种表现形式将作者的意图准确地传达给观者，当虚拟现实和艺术表现结合起来不断刺激观者的视觉神经时，加深了每位观者内心深处的共鸣。该作品获得了加拿大电影和电视奖最佳动画片奖，也被列入了 2016 年"加拿大十大最佳短片"名单，同时获得了第 89 届奥斯卡最佳动画短片提名。

图 1-23 所示为西奥多·尤西弗的《盲眼女孩》的截图。

图1-23 《盲眼女孩》截图

展览中另一个作品也令人印象深刻，即意识流短片《奇幻异世界》（*EX/STATIC*）。它讲述了孤独的故事，画面充斥着互不关心、紧盯手机屏幕的现代人，毫不相关的场景任意切换，星空的临照和消逝，常规世界渐渐失灵，在无迹可寻的世界，只有头戴 VR 眼镜的观众越发孤立无缘。《奇幻异世界》的空间是本着思想和自由流动的精神而创建的，它们代表着思想在忙碌的思维中奔波、寻找、联系的含义。它的主要目标是使观者沉浸在抽象的超现实空间中。在该空间中，色彩和光线四射，就像忙碌的大脑中的神经元一样。VR 设备使观者可以充分欣赏和沉浸在这些环境中，从而创造出完整的三维立体幻觉，并将观者虚拟地带入电影场景中。图

1-24 所示为《奇幻异世界》的数字景象截图。

图1-24 《奇幻异世界》截图

20 世纪中叶传播学者马歇尔·麦克卢汉（Marshall McLuhan）提出“媒介即信息，媒介即人的延伸”，任何一种新媒介的发明都将使人们感觉器官的平衡状态产生变动，任何一种感觉的延伸都将改变人类对世界的感知方式。媒介已从口头媒介、文字和印刷媒介发展到电子媒介。互联网使得感知活动从有限的现实时空转移到虚拟世界，人们调动所有感官与意识参与媒介，而紧接着虚拟现实沉浸感更进一步使人们脱离身处的真实环境，转化为一个可穿越时空的虚拟实体。在这过程中，观者就是主角，不再只是视觉和听觉的旁观者，而更多转化为主观体验的一部分，去感受、倾听自己的内心世界。

1987 年，杰伦·拉尼尔（Jaron Lanier）通过计算机模拟提出虚拟现实概念，很长一段时间内，虚拟现实技术只被应用在模拟、演示等领域，人们对新媒介特质的理解停留在初始阶段。虚拟现实与艺术的联姻发生在近几年，新一代虚拟现实技术的进步和配件升级令艺术创作者负担得起使用这项技术的成本。此外技术本身给予了创作者信心，只要创作者提供富有创造力的内容，技术可以充分支持。虚拟现实不再只被工程师和程序员专享，它吸引着各个领域的艺术家。

1.3.2 虚拟现实 CG 动画中的美术

1. 虚拟现实动画的定义

虚拟现实动画是一种将艺术与技术集成的体验式交互动画。科学技术的飞速发展，使数字绘画艺术结合计算机人工智能、仿真技术、显示技术、传感技术，让用户能在虚拟世界获得交互式体验。因为虚拟现实动画的交互性、真实性、沉浸性，虚拟现实作品越来越受到人们的关注。

Baobab 是一家位于美国加利福尼亚州的虚拟现实动画工作室，其创意官埃里克·达内尔（Eric Darnell）是梦工厂动画《马达加斯加》的导演和编剧。Baobab 工作室的其他成员也有不少是来自梦工厂的。他们在虚拟现实技术中看到了特别的机会。当动画创造者将艺术和新技术合并，创造出新的媒体，虚拟现实动画就出现了。

图1-25 《Invasion !》截图

虚拟现实和动画是完美的搭配。虚拟现实可以使人们以前所未有的方式关注动画角色。Baobab 工作室的首部虚拟现实 CG《Invasion ！》获得了 2017 年的艾美奖，讲述的是两只可爱的兔子应对外星人入侵的故事，画面清新可爱。虚拟现实 CG 让观众成为故事的一部分：观众会看到自己是一只毛茸茸的小胖兔，一蹲下来，圆滚滚的肚子就更圆了。虚拟现实作为一种新技术，兼具了电影、游戏的优点。图 1-25 所示为《Invasion ！》截图。

图1-26 《Rainbow Crow》截图

Baobab 工作室还策划了新的动画项目《Rainbow Crow》，该项目包含互动元素。项目故事基于美洲的民间传说，这部动画让体验者和一群居住在森林里的动物合力应付冬天带来的危机。该作品同样采用了可爱的美术风格，从角色的人设图到颜色的搭配都为这部作品的成功奠定了基础。图 1-26 所示为《Rainbow Crow》动画截图。

2. 虚拟现实动画的真实性和交互性

在数字艺术设计过程中，设计师根据用户需要，有目的地对设计的场景对象进行真实的模拟，并让场景对象与用户产生互动。设计师通过创作真实的空间感受、交互的虚拟表现，表达自己的意识形态。这种意识形态的表达方式可以根据不同用户的爱好而进行变化。

虚拟现实动画是相对于传统动画和影视来讲的。传统动画和影视往往依托于摄像机等设备，而虚拟现实动画是在传统动画和影视的基础上，用计算机技术处理和优化后的艺术产品。虚拟现实动画来源于传统动画和影视，所以它同样具备传统动画的美术理念，但从技术上和表现上又高于传统动画和影视，是兼具传统动画和影视的真实性与计算机技术的虚拟性的艺术表现形式。

图1-27 《狼与香辛料VR》截图

经典轻小说、动漫《狼与香辛料》的全新演绎版《狼与香辛料 VR》动画公布了开发中的截图，如图 1-27 所示。《狼与香辛料 VR》将有别于一般的 360 度动画，体验者可以“亲自进入”动画世界，与女主角交流互动，接触中世纪欧洲的浪漫风情。

3. 虚拟现实动画的数字化与风格特征

虚拟现实动画的关键技术就是将视频影像以数字化形式存储，并通过计算机程序识别和处理。随着计算机程序的不断开发，虚拟技术、仿真技术得到进一步的发展，能够为观众展现出可以互动并有深刻内涵、唯美艺术性的虚拟现实动画世界。虚拟数字化影像技术拥有很大的潜能，除了能够逼真地展示物体本身的特质，还能将现实中无法实现或者不敢想象的东西变成“现实”。此外，数字影像与传统艺术一样，都可以衍生出抽象性、意向性等影像形态。

《回到月球》（*Back to the Moon*）表现了一名迷人的魔术师与富有冒险精神的红桃女王之间的爱情故事。短片是 Google Doodle 向“电影特技之父”乔治·梅里爱致敬之作，短片模仿并呈现了早期电影的风格，其夸张的角色造型、旧海报的配色渲染了浓浓的怀旧风。该片旨在纪念创作了世界上第一部科幻电影的一代电影宗师。《回到月球》不仅内容上部分借鉴了梅里爱的《月球旅行记》（*A Trip to the Moon*），也表现了老电影特有的魅力和浪漫主义气息，电影截图如图 1-28 所示。

图1-28 《回到月球》截图

4. 虚拟现实动画的艺术审美价值

随着先进的虚拟现实技术被引入影像之中，一方面对影像本体理论产生了巨大的冲击，另一方面也对虚拟现实动画本身予以完善。变化的影像空间和数字融合而形成的全新的视觉审美观念，引起了传统的视觉审美观念的变化，主要体现在视觉的意识之中。真实和虚拟的界限逐步模糊，让观众体验到虚幻带来的视觉快感。虚拟现实动画艺术是艺术创作和虚拟现实动画技术融合后的产物，对影像创作、艺术实践、审美实践的价值观带来巨大的改变。

《烈山氏》（*Shennong : Taste of Illusion*）是 Pinta Studios 工作室的第二部虚拟现实动画，其首部作品《拾梦老人》曾入围第 74 届威尼斯电影节虚拟现实竞赛单元。《烈山氏》讲述的是一个非常经典的故事——神农尝百草。这是一部达到国际水准的虚拟现实影视作品，同时它又非常具有中国风。

在《烈山氏》中，借助虚拟现实技术，讲述了神农偶食致幻毒草莨菪并与毒物幻化之妖兽大战的故事。其经典的配色和美术风格，全新的沉浸式视觉跟踪为观者带来全新的视觉盛宴。图 1–29 所示为《烈山氏》原画设计图稿。

《墙壁里的狼》改编自著名作家尼尔·盖曼和戴夫·麦基恩的故事绘本，讲述小女孩露西克服恐惧的故事。影片依旧保留着绘本的风格特征，绚丽的手绘风格在特定时刻显得更加明显。重要的是它颠覆了陈旧的叙事方式，让观者完全沉浸于露西的叙事，主角能够通过微妙的反应来对观者做出回应。尽管露西的故事十分简短，但像存在于小女孩身边，给她拍一张宝丽来照片这样简单的事情都十分引人入胜，作品截图如图 1–30 所示。

图1–29　《烈山氏》原画设计图稿

图1–30　《墙壁里的狼》截图

虚拟现实动画技术的发展不断地冲击传统视频影像，改变了传统视频影像的本质属性和概念，设计师通过运用高新技术手段设计出现实生活中不存在的事物，在现实空间和艺术表现上彻底颠覆了传统的视觉审美形式。体验者可以获得更好的代入感，不再只是个旁观者。人们在虚拟现实动画欣赏过程中，可以将自己融入影像中进行创作，利用交互 3D 转换不同的场景，将创作和欣赏融为一体，从而获得多样化的审美体验。

1.3.3　虚拟现实的 3D 数字艺术

3D 数字艺术主要是借助于三维建模技术来呈现的。

1. 三维建模技术概述

三维建模（3D 建模）是指在计算机上借助三维软件建立完整的三维数字几何模型的过程。建模是虚拟现实技术的核心，它定义物体的形式、属性和外观。三维模型系统的主要功能是提供三维模型环境和工具，帮助人们建立物体的三维数字模型。

三维建模主要是依靠三维软件来完成的，如 3ds Max 软件、Maya 软件等。建模是三维工具运用中非常有难度的部分，并且也是十分关键的内容，在三维模型中完整还原设计草图的内容，具有一定的挑战性。如果不具备熟练的建模操作技能，就无法把设计方案完美地展现到三维视图中，建模操作技能是三维软件使用者必备的基本技能。图 1–31 所示为用建模软件完成的模型及对应的设计稿。

图1–31　模型及对应的设计稿

2. 三维建模技术的发展历程

计算机三维建模技术与计算机图形学关系密切，其核心是用计算机生成各种各样的三维图像。因其直观且接近现实的特点，三维建模技术被广泛应用于医学、零件设计、多媒体动画、游戏、虚拟现实等多个方面。回顾三维技术的发展历程，可以发现它起始于20世纪60年代，至今经历了多次变革。

（1）初始——线框模型及曲面模型（20世纪60年代—20世纪80年代）

三维建模技术是随着CAD技术发展而发展的。图1-32所示为CAD软件界面。在早期，CAD技术仅被运用于计算机平面辅助画图。直到20世纪60年代末，才出现了可以构造三维物体的线框模型。这时的模型使用点和线的关系来表示三维物体，没有面和边以及面和面的关系。线框模型被大量应用于工厂零件生产。虽然之后其也被尝试应用于游戏，但制作出的游戏画面简陋、粗糙，难以使玩家有良好的游戏体验。为了改进三维建模技术，增加了面的数据，产生了曲面模型，运用这种模型制作的三维游戏画面已有了较大的提升，但其中的模型仍没有剖面、重心、惯性等数据。

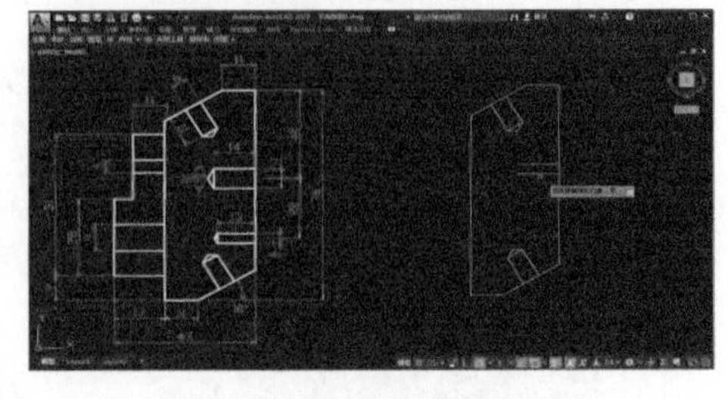

图1-32　CAD软件界面

（2）首次变革——实体模型（20世纪80年代—20世纪80年代后期）

为了进一步提升三维建模的立体效果，实体模型技术在美国NASA的支持下被研发了出来。相比于曲面模型，实体模型具有完整性，如果在实体模型的表面挖去一块，它就会失去一个外表面，产生一个新的内曲面。而若在曲面模型的表面挖去一块，模型仅会失去一块外表面，这并不符合实际。实体模型技术使物体的实际特性得以在计算机界面表达，避免了不符合实际的设计。所以说这种实体模型在真实性方面比之前的曲面模型有了很大的进步。图1-33所示为20世纪80年代的三维赛车游戏《Vette》的三维建模效果。

图1-33　《Vette》三维建模效果

（3）再次变革——特征参数技术及变量化技术（20世纪90年代至今）

20世纪90年代的计算机图形技术已逐渐完善，三维建模技术得以进一步发展。此时研发出来的特征参数技术达到了高效设计模型的目的，被广泛运用于零件设计。其原理就是事先设置好不同模型的参数关系，运用数学中几何约束的方法来建模。特征化参数模型的效率和精确度无疑比之前更高，但留给设计师发挥的余地较小。之后出现的变量化技术则给予了设计师较大的自由。变量化技术以特征参数技术为基础，可以自由进行设计，能配合各种三维制作软件。今天的三维建模技术呈现爆炸式的发展。图1-34所示为当前的三维建模效果。

图1-34　当前的三维建模效果

3. 3D数字艺术运用于虚拟现实

在将3D数字艺术运用于虚拟现实项目时，为了使项目拥有精美的画面与角色，人们会将三维建模技术与动作捕捉、物理引擎、渲染程序等结合使用。在制作时会分为几个模块，包括初期设计、建模及动作设计、渲染与后期等，这其中有几个部分涉及3D数字艺术。

（1）初期设计

初期设计就是对要制作的项目进行方案构想和原画设定。

方案构想就是对即将创作的作品的构想，是灵感的体现。

原画设计也就是制作对象的设计稿，是制作前期的一个重要环节，可以算是一个项目的基石。原画师根据构想的方案，设计美术方案，为后期的美术（模型、特效等）制作提供标准和依据，是控制整个节奏以及人物动作的重要参考，其最初设定将影响未来整部作品的质量与美学效果。

原画设计把构想的内容从语言文字转化为图画，更加具体化、标准化，为后期三维或二维模型的制作提供标准和依据，进而设计出美术方案的基调。原画设计师要能根据方案的需求，把设计想法清晰、准确地表达出来，使下个环节的设计者可以更透彻地理解之后的工作，所以设计时对细节、材质、构造等的绘画有较高的要求。虚拟世界里的一切角色、场景、道具的造型设计都属于原画设计师的工作范畴。原则上，原画设计师为每一个角色全身正面、侧面和背面，角色头部正面、侧面和斜侧面，以及角色的不同表情各绘制最少一幅草稿，如图 1-35 所示。还有背景设计，如出现的建筑物、植物以及物件等，只有美术图稿设计出来了，三维模型师才能以此为依据进行三维建模。图 1-36 所示为建筑设计图及各部件说明。

图1-35　原画设计稿

（2）三维数字建模

三维建模是三维建模师基于原画设计的再创造。在实际的工作中，原画设计和三维建模的关系非常密切：原画设计是三维建模的先决条件，三维建模是原画设计的实现与再创造，两者必须相互配合才能达到很好的效果，两者互为因果，相互影响，所以制作过程中协调和沟通就显得尤为重要。

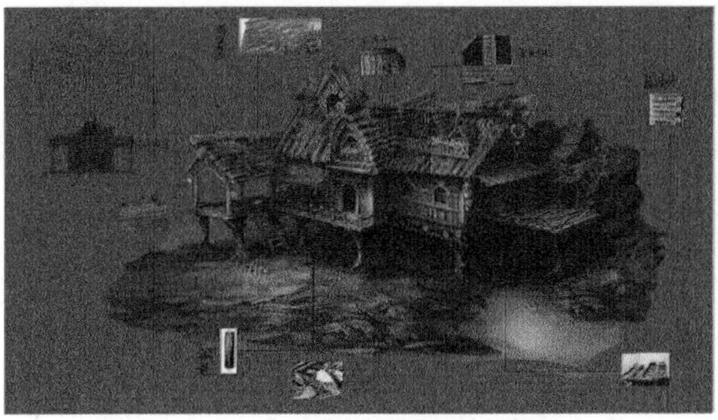

在三维建模时，基本要求是忠于原画，但是并不是完全复制，而是角色创造的再升华。因为在原画设计中，某些部分不可能画得非常细，但在建模时需要做到非常细致。建模师在拿到原画后仔细分析设定细节，对不清楚的结构、材质细节等问题与原画设计师沟通，确定对原画的理解无误。

图1-36　建筑设计图及各部件说明

接下来就可以开始模型制作了。以头发制作为例，头发的模型制作技术对于制作人员的要求很高，制作人员需要掌握的命令很多，且制作出的头发要能表现飘动等效果，制作人员需要借助动力学模块实现，因此掌握起来需要较长的时间。现在在制作的时候，大多数制作方都会使用直接建模的方法，即先调整一缕头发的样子，然后将这缕头发不断复制粘贴，不断调整，以达到整体优美的造型效果。

在虚拟世界里可以与虚拟同伴进行互动交流，所以角色是很重要的。如果想要进行角色建模，首先要掌握基础素描、学习构图技巧和基础透视理论；还需了解人体构造，了解骨骼和肌肉的关系，掌握骨骼与模型解耦以及蒙皮技术等。图 1-37 所示为三维角色模型。

对于一个虚拟现实项目来说，场景决定了大致风格。创建场景所需的第一步是规划，也就是制作设计图。接下来就是场景中物体的制作。较为规则的物体可以通过三维软件、物理引擎或其他方式制作，再利用贴图赋予其性质，如纹

图1-37　三维角色模型

理、材质等。最后确定质点、质量、性质等多个数据，物理引擎就可以自行模拟出看起来较为真实的物理效果。火苗、烟花、云雾等非规则物体则可以用粒子系统来模拟，充分体现这些物体的随机性和动态性。

ZBrush 软件是近几年诞生的一款数字雕刻和绘画软件，它以强大的功能和直观的工作流程改变了整个三维模型制作行业，掀起了一场三维造型的革命。

ZBrush 为当今数字艺术家提供了先进的三维虚拟雕刻工具，是一个非常简捷、流畅的操作平台，能够极大地激发艺术家的创作灵感，能够雕刻精细的模型，使创作过程像小朋友玩泥巴那样简单有趣。设计师可以通过手绘板或者鼠标来控制 ZBrush 的立体笔刷工具，自由自在地雕刻自己头脑中的形象。它细腻的笔刷可以轻易塑造出发丝、雀斑之类的细节，包括这些微小细节的凹凸模型和材质。图 1-38 所示为 ZBrush 软件界面。

图1-38　ZBrush软件界面

综合分析，原画设计和三维建模对设计师的要求很高，不仅需要较强的艺术造型能力，还要熟练使用三维软件。在制作中，原画设计和三维建模分属不同的制作部门，协作、沟通是非常重要的，这样才能更高效、更出色地完成模型的制作，让体验者获得更好的精神享受和娱乐体验。

（3）模型渲染

VRay 是目前业界非常受欢迎的渲染软件之一，为不同领域的优秀三维建模软件提供了高质量的图片和动画渲染，广泛应用于广告、建筑、艺术、汽车、产品设计等领域。不只是静帧图片，很多电影中的特效等数字效果也使用 VRay 进行渲染。VRay 通过对光的物理运算、反射和折射参数的调节等，实现理想的艺术效果。图 1-39 所示为电影《蚁人》的渲染图。

图1-39　《蚁人》渲染图

1.3.4　虚拟现实引擎中的美术

环境美术是影视动画艺术极其重要的一部分，它可用于制作所有角色表演的场地与环境。随着信息时代的到来，数字媒体技术开始发展。影视特效、三维制作、游戏编程、虚拟现实等数字媒体核心技术为美术创作提供了强有力的技术支撑，给创作者缔造了更宽广的创意思维环境。其设计意识、创作理念、制作技术以及空间效果渐渐从平面转向立体，甚至向时间、触感等多维化转变。尤其是虚拟现实技术的介入，让体验得到了进一步的深化。

虚拟现实的发展不仅依赖艺术创作，更需要站在艺术的角度思考技术的运用与实现。在运用技术创作的同时，发现技术上的缺陷与不足，反馈并促进技术的开发。由此看来，虚拟现实艺术的需求为纯粹的软件技术开发打开了新的思路，也为虚拟现实艺术创作提供了多途径、高效、优质的创新手段，两者互相依存、共同发展。

虚幻 4（Unreal Engine 4，UE4）引擎实时渲染的效果可以达到类似电影静帧的效果，是开发者十分喜爱的引擎。UE4 引擎同时拥有顶级的图形处理能力、高级动态光照能力，这些都可以为虚拟世界的设计和创作提供强有力的技术支持。图 1–40 所示为 UE4 引擎界面。从 UE4 引擎的功能来看，UE4 引擎主要有关卡编辑、蓝图可视化、C++ 程序编辑三个部分。首先，用户利用关卡编辑功能，可以设计并创建需要的场景。其次，蓝图可视化是一个非常强大的功能，它弥补了艺术创作者并不精通计算机程序语言的缺陷，将程序语言用语言节点连接、编译，使场景内的物体产生实时动画或触发式动画。最后，UE4 引擎的 C++ 程序编辑功能打破了艺术创作者知识背景固化的状态，促使顺应信息时代发展的综合性动画艺术创作者出现，计算机技术工作者亦可打破艺术屏障，与艺术创作者同平台作业。

目前，UE4 引擎打造的室内外虚拟现实场景，结合了虚拟现实技术，使用户可以利用 VR 设备游览房地产或工业产品。图 1–41 所示为 UE4 引擎渲染的虚拟现实项目的室内效果。用户可以在虚拟的室内进行交互操作，了解房屋结构，模拟居住效果。UE4 引擎渲染出的温馨的氛围，舒适的结构布局和优秀的视觉效果表现，都源于对美的认知。

图1–40　UE4引擎界面

图1–41　UE4引擎渲染的室内效果

从场景美术的构建来看，在 UE4 引擎中不仅可以运用虚拟摄像机灵活且高仿真地取景，而且场景的灯光构建和材质渲染的品质与效率也非常高，利用引擎的高分辨率贴图和特效粒子系统可还原现实场景。此外，运用场景笔绘制工具，可绘制各种地形、地貌，利用材质编辑器可制作动态植被等，实现动画场景的交互体验，无须逐帧渲染即可在引擎里实时捕捉高品质场景画面。使用 UE4 引擎制作的宣传动画《男孩和他的风筝》就体现出这种真实的效果，如图 1–42 所示。其中，从天空云层到山脉草地都精细地模拟了大自然的风光，浓缩了真实世界的美好。

图1–42　《男孩和他的风筝》

扫码观看
微课视频

UE4 引擎还在不断发展、完善中，它挑战着创作者的艺术思维，无论是特效制作、界面设计、影视制作，还是灯光构建、动画制作、产品展示等，创作者的知识面越宽、技术越精湛，在 UE4 引擎里能实现的就会越多、越精彩。

虚拟世界一切皆有可能，也许它能实现的我们还未想到。美术的创作与 UE4 引擎等虚拟现实技术的开发与构建相结合会是未来数字艺术发展的新动力。

本章小结

本章认识和了解了美术的基本概念，梳理了虚拟现实技术的发展史及虚拟现实技术在各个行业中的应用，初步认知了 3D 数字艺术的发展历程和创作流程。本章通过对多个虚拟现实技术作品的分析，从艺术性、体验感、创新性等方面阐述了美术造型和审美能力在虚拟现实技术应用中发挥的重要作用。虚拟现实技术和艺术审美相辅相成，彼此推动对方在历史轨迹上不断发展前行。虚拟现实技术也为我们打开了一扇未来之门，前所未有的科技等待着我们去创造，一个科技发达的“魔幻”世界正扑面而来。

本章练习

1. 填空题

（1）虚拟现实的英文是________________________。

（2）著名电影摄影师莫顿·海利希被誉为________________，创造了名为 Sensorama 的全传感仿真器。

（3）第一台现代化的头戴式显示器出现在 20 世纪 60 年代，有两个独立的屏幕和__________系统。

（4）1990 年，美国达拉斯召开的会议上，明确提出虚拟现实技术研究的主要内容包括 3D 图形生成技术、____________和高分辨率显示技术。

（5）列举 3 个或以上虚拟现实技术应用的行业：________________________________。

2. 论述题

描述、分析、点评一部自己喜爱的数字艺术作品中的美学应用（作品自选）。

美术基础训练

第2章

美术是一种在平面或空间中展现灵魂、融入思维的具有视觉感官的表达方式。任何领域的设计师都需要有一定的美术基础。艺术存在于人们的生活中，大到城市规划、景观建筑、梯田、街道，小到标志、服装、海报等，在用计算机设计图形的时候也需要用到美术知识和审美能力。生活离不开审美活动，即感受美、理解美、创造美或审美的发现、艺术的构思、情感的表达。人们通过审美活动，从感情的角度反映对幸福生活的向往。

2.1 美术基础浅谈

美术教育主要在于培养学生正确的审美观，提高学生欣赏美、创造美的能力。学习美术不仅是一种单纯的技能训练，而且是一种文化的学习。在广泛的文化氛围中学习美术、感悟美术、理解美术，才能真正体验美术的精髓。学好美术对于提升观察力、空间思维能力、想象力和动手能力等各方面都有好处，还可以提高艺术修养和欣赏能力等 。

美术基础包括素描、速写、色彩、透视等，学好美术基础，可以提高对于图形的审美能力和设计感，也可以培养思维能力、提高智力。

2.1.1 素描简介及造型

1. 素描简介

素描是一种常见的绘画形式，是一种风格朴素的描绘方式，最早是绘画前的素材或草图。在《辞海》中是这样给素描定义的：素描，是绘画的一种，主要以单色线条和块面来塑造物体形象。所以素描的造型形式分为两种：以线为主的结构造型和以色调为主的明暗造型。

素描是与色彩绘画相对的一种概念。从广义上讲，素描在造型艺术中是一种非常普通、常见的单色绘画形式，也就是说一切单色绘画都可以称为素描。

从字面解释看，素是素雅、素净、朴素的意思，描是描写、描画、描绘的意思。它包括铅笔画、木炭或炭笔画、水墨画、钢笔画等。

素描一般作为美术学习的入门技能，由于它的工具、技法相对容易掌握，带来的视觉冲击鲜明且单纯，从而让初学者感到友好，容易被接受，并且其水平能够较快得到提升。学习素描要求大家用较长的时间全面、细致地观察和分析所要表达的物体，慢慢养成良好的观察、思考和表达习惯，为以后的多方面美术学习做准备。

素描是运用单色画具（铅笔、钢笔、毛笔等）模仿和表现物体的结构特征和明暗体积的绘画方法，是一种在二维平面上表现物体三维特征（造型结构、明暗光影、虚实空间）的美术手段。素描不仅是一切造型艺术的基础，同时一幅好的素描作品本身就是一件独立的艺术品。

速写也是属于素描的一种绘画形式，很多艺术家、设计师的手稿都采用速写形式。它是艺术家和设计师们用来收集创作素材和设计起稿、推敲设计构思和设计方案的十分直接、常用的手段。由于速写需要更迅速地考虑画面效果，概括物体信息，所以长期进行持续的速写训练，可明显有效地提升眼、脑、手的快速协调。

2. 素描的起源、发展脉络简介

（1）西方素描

人类是从素描开始懂得绘画的。西班牙北部阿尔塔米拉山的洞窟壁画和法国拉斯科岩洞壁画是现在所知世界上较早的绘画，如图 2-1 和图 2-2 所示。

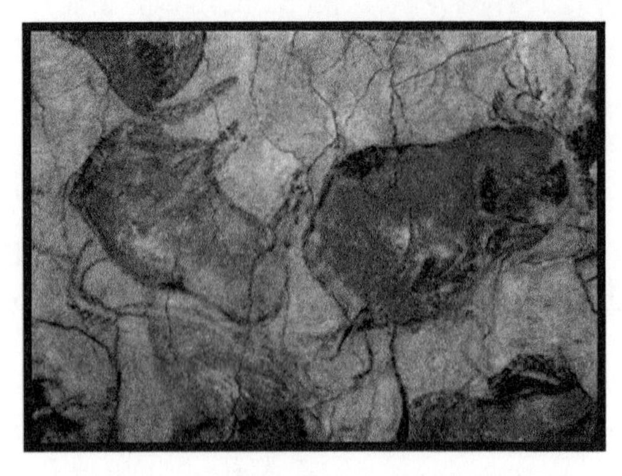

图2-1　西班牙北部阿尔塔米拉山的洞窟壁画

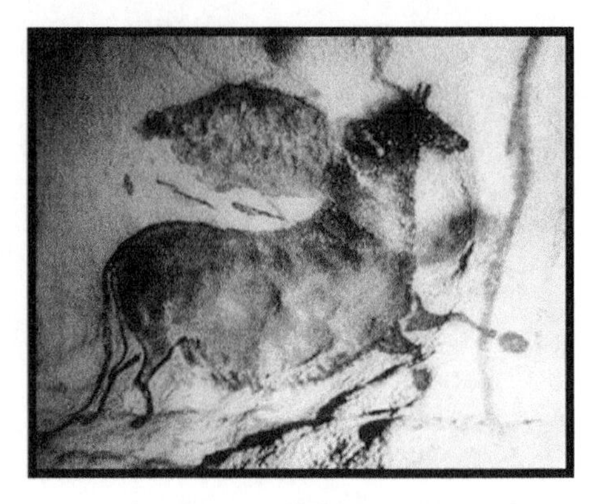

图2-2　法国拉斯科岩洞壁画

有一种观点认为素描起源于文艺复兴时期，因为文艺复兴促进了文化艺术的空前繁荣，其要求文艺要面向人生、研究自然、描写实际生活。在这样的社会背景下，绘画的工具形式越来越多样化，画家们在广泛实践的基础上创立了科学的绘画基础理论、艺术理论和素描理论，科学、系统的培养和训练手段也随着美术学院的产生而诞生。素描有了突飞猛进的进步并趋向成熟。初期的素描多作为创作之前的底稿。著名的素描艺术家有达·芬奇、米开朗琪罗·博纳罗蒂、拉斐尔·桑蒂等，达·芬奇、米开朗琪罗、拉斐尔三人并称文艺复兴三杰。下面通过简单介绍一些艺术家的艺术贡献来阐述西方素描发展的脉络。

① 达·芬奇（1452—1519 年）

达·芬奇（见图 2-3）是意大利文艺复兴时期的画家、科学家。在同时代的人们眼中，达·芬奇是一个万能的天才，他兴趣广泛，在多个领域都取得了很大的成就，他不但是个大画家，同样还是一位未来学家、建筑师、数学家、音乐家、发明家、解剖学家、雕塑家、物理学家和机械工程师。他因自己高超的绘画技巧而闻名于世。他还设计了许多在当时无法实现，但是却现身于现代科学技术的发明。他的艺术实践和科学探索精神对后代产生了重大而深远的影响。

图2-3　达·芬奇画像

达·芬奇对艺术最大的贡献是运用明暗法创造平面形象的立体感，如图 2-4 所示。在文艺复兴初期，画家一般用线条来表现透视，再加以简单的平涂，色彩单调，如图 2-5 和图 2-6 所示。达·芬奇曾说：“绘画的最大奇迹，就是使平的画面呈现出凹凸感。”他把绘画推崇为一种科学。他不是简单地模拟自然的外形，而是通过自己的研究总结归纳出自然背后的理论，如解剖学理论、光影理论、构图理论等。

扫码观看
微课视频

他是艺术史上第一位对人体和动物的比例进行系统研究的艺术家。

达·芬奇的名画《维特鲁威人》（*Homo Vitruvianus*），如图 2-7 所示，其是以古罗马杰出的建筑家维特鲁威（Vitruvii）的名字命名的，该建筑家在他的著作《建筑十书》中盛赞人体比例和黄金分割："人体中自然的中心点是肚脐。因为如果人把手脚张开，做仰卧姿势，然后以他的肚脐为中心用圆规画出一个圆，那么他的手指和脚趾就会与圆周接触。不仅可以在人体中这样地画出圆形。而且可以在人体中画出方形。即如果由脚底量到头顶，并把这一量度移到张开的两手，那么就会发现高和宽相等，恰似平面上用直尺确定方形一样。"

图2-4　达・芬奇作品《岩间圣母》（1483—1490年）

图2-5　文艺复兴之父乔托作品《庄严的圣母子》（1310年）

图2-6　文艺复兴初期画家弗朗切斯卡作品《复活》（1460年）

《维特鲁威人》是达・芬奇以比例最精准的男性为蓝本创作的，因此后世也常以"完美比例"来形容画中的男性。

达・芬奇通过 40 多年的解剖研究，对 30 多具不同年龄、性别的尸体进行了解剖。他不但熟悉人体外部的比例，而且还了解人体的内部构造，如图 2-8 ~ 图 2-11 所示。所以他的绘画作品里的人物结构动态都非常准确，而且人物形象表情刻画细腻，非常传神，他能通过对表情的刻画引导画面的情绪，如图 2-12 和图 2-13 所示。如在《最后的晚餐》（见图 2-14）这幅巨作里，他通过从现实生活中对不同个性人物的观察，获得不同的个性形象，以此在画中惟妙惟肖地描绘出了弟子们的心理和情态，如图 2-15 ~ 图 2-18 所示。

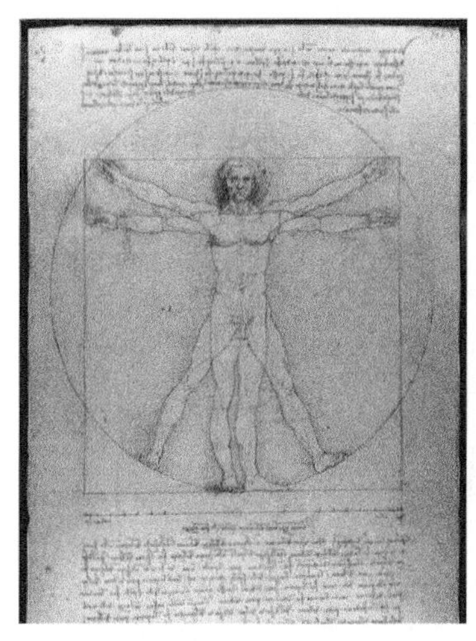

图2-7　《维特鲁威人》中达・芬奇对人体黄金比例的研究

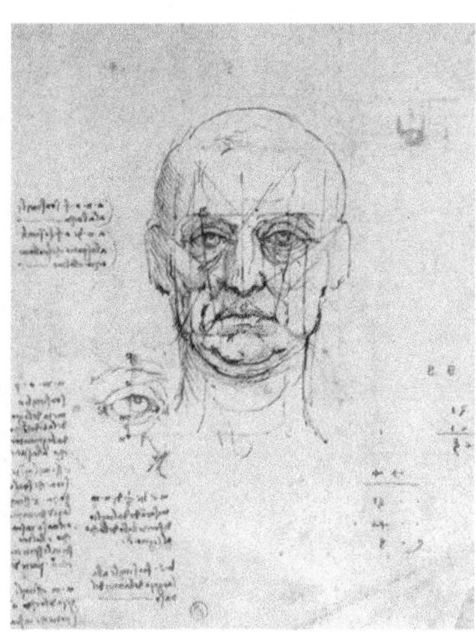

图2-8　头部和眼睛比例的研究

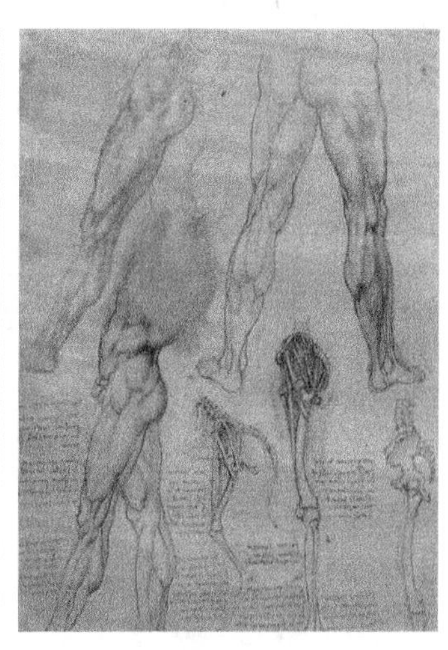

图2-9　人和狗的腿部解剖结构比较手稿

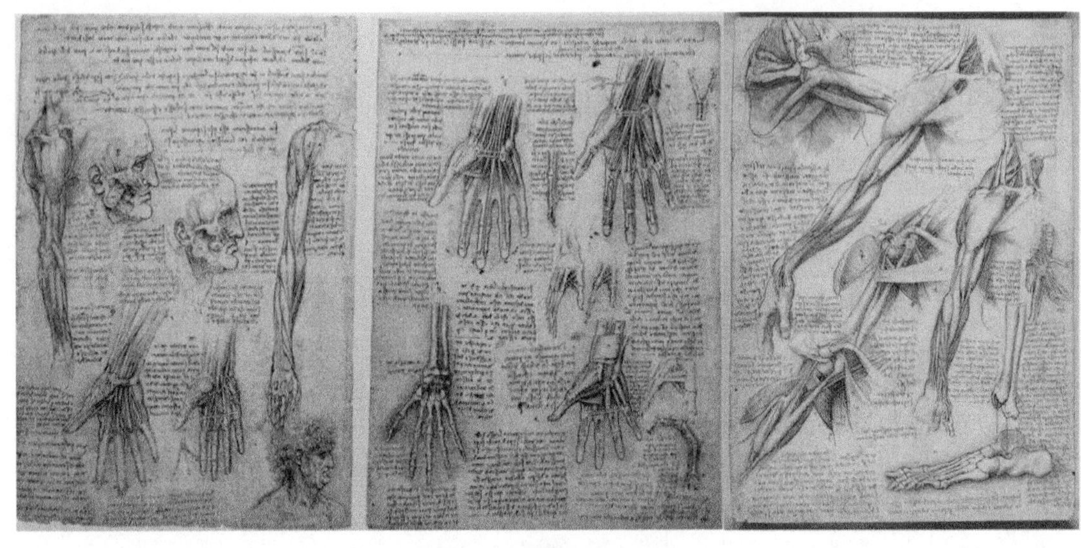

图2-10　医学解剖研究手稿

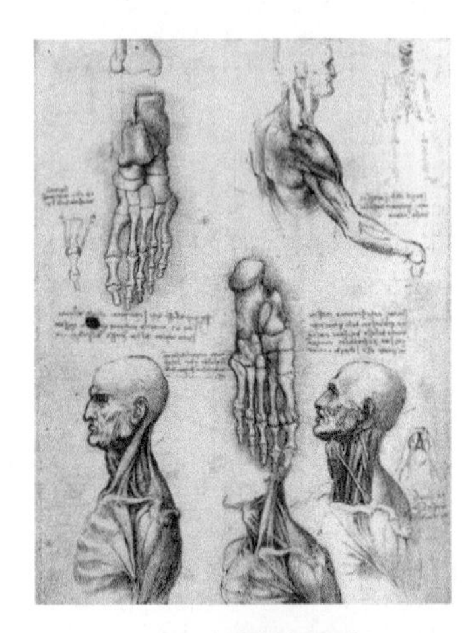

图2-11　人体解剖手稿

图2-12　圣母像草图

图2-13　《五个怪诞的男子头像》

图2-14　达·芬奇作品《最后的晚餐》（1495—1498年）

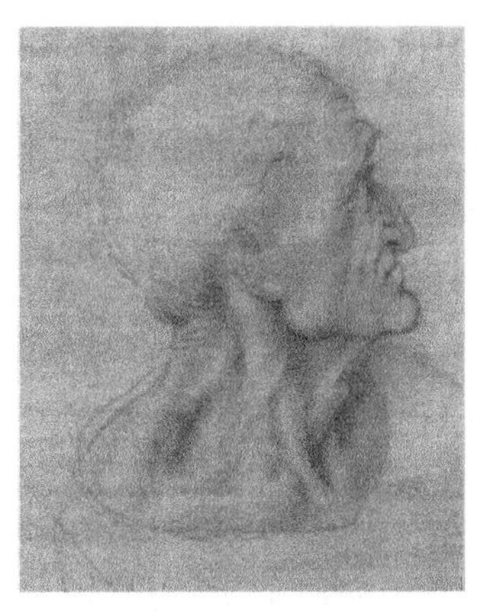

图2-15 《最后的晚餐》犹大草稿

图2-16 《最后的晚餐》詹姆斯草稿

图2-17 《最后的晚餐》圣徒草稿

图2-18 《最后的晚餐》素描草图

他也强调光线变化给画面效果带来的影响。他认为光线除了来自主要光源，还包括来自周围环境的反射间接光线。他使用明暗法（光亮和阴影的均衡）创造间接照明。所谓间接照明，是使用墙壁或屏幕来反射光线，这种理论被认为非常现代化，与今天摄影使用的方法基本一致。如《岩间圣母》（见图 2-4）中用明暗法处理背景，画中景物的暗部统一笼罩在阴影中，明暗交界线的过渡很柔和。在那个时代这种绘画方式还是比较新颖的，但达・芬奇已经把这种绘画手法运用得比较成熟。其作品色调柔和，整体性强，非常好地再现了自然的光影效果。《丽达与天鹅》（见图 2-19）画面背景有深度感，远山、村落、河流与前景开满鲜花的草地相呼应，画家对人生和大自然的讴歌和赞美跃然纸上。《抱貂女子》（见图 2-20）明暗的处理是这幅肖像画中最引人注目之处，达・芬奇用光线和阴影衬托出切奇莉亚优雅的头颅和柔美的面容，她怀中抱着的毛色光润、形态逼真的白貂使画面生动了起来。《最后的晚餐》（见图 2-14）中精准的透视和对背景光线的控制，使人有身临其境之感。达・芬奇认为“阴影具备宇宙间一些事物的共性”，如越是接近物体的阴影，越要画得深一些，不要让阴影忽然消失，而是要逐步向光亮处过渡。

图2-19　《丽达与天鹅》及《丽达与天鹅》素描手稿

图2-20　《抱貂女子》及《抱貂女子》素描手稿

达·芬奇对光影不是简单的模仿，而是以科学的态度进行研究，以精确的理论知识来支撑他的观点，如图 2-21 和图 2-22 所示，他分析了眼睛观察光影的三种方法来证明他的观点。同时他还分析了简单派生阴影的两种情况，一种是长度确定的，另一种是长度不确定的。正是因为他非常严谨地对这些事物进行了研究，所以他的绘画也十分严谨——他的画不是一种纯粹感性的东西，而是经过认真分析后得出来的科学成果。这种艺术与科学的结合，感性与理性的结合，为他的作品增添了无尽的魅力。

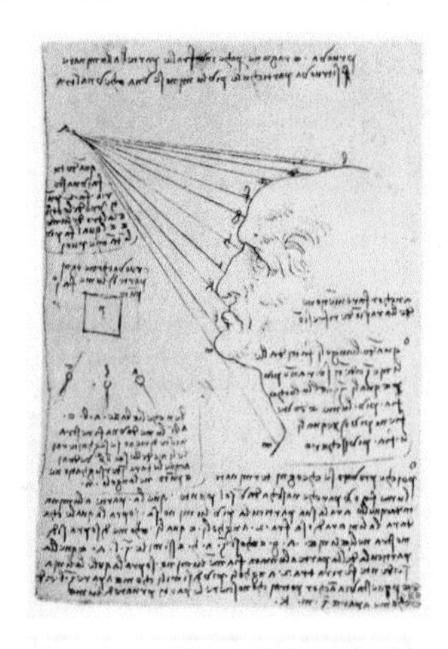

图2-21　光线对图像的影响研究

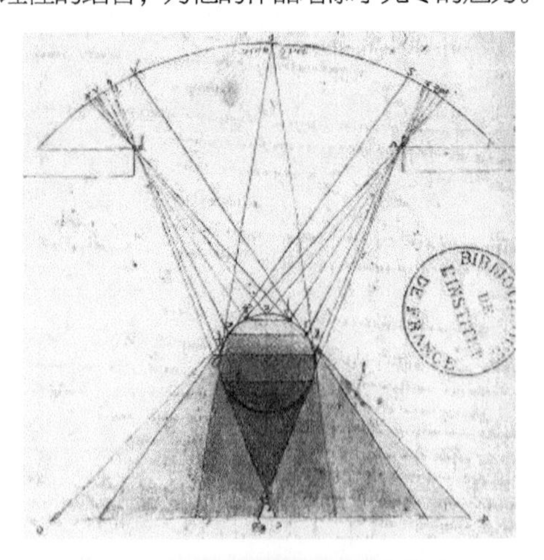

图2-22　球上阴影刻度的研究

达·芬奇的研究和发明还涉及天文、医学、军事和机械领域，他设计了飞行机械、直升机、降落伞、机枪、坦克、潜水艇、双层船壳战舰、起重机、纺车、机床、冲床、自行车等。他在数学和水利工程领域等方面也做出过重大贡献。图 2-23~ 图 2-27 所示为达·芬奇当时的创作设计素描手稿。

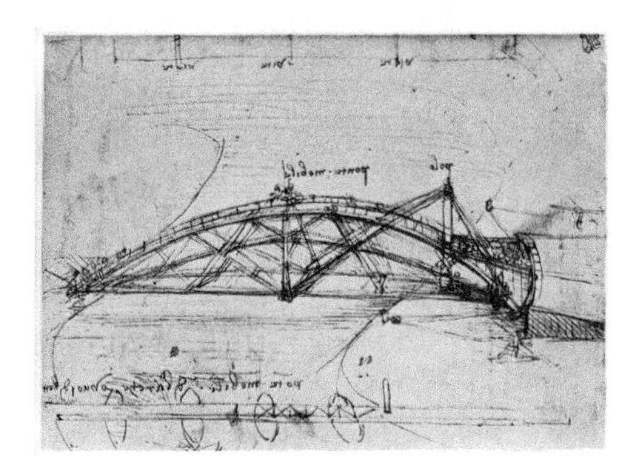

图2-23　绞肉机战车

图2-24　大炮铸造厂

图2-25　市中心建筑方案素描

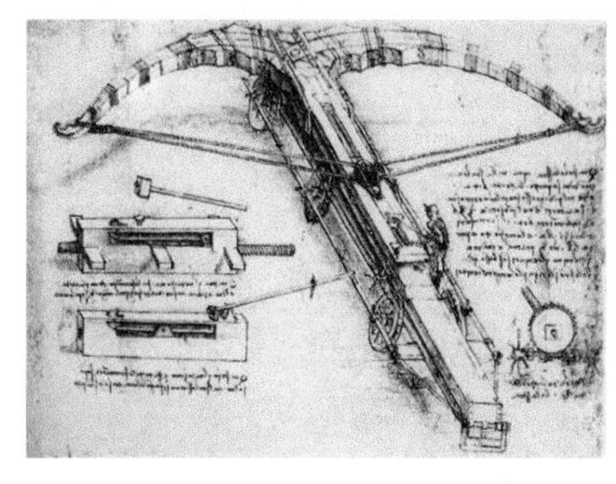

图2-26　巨弩素描

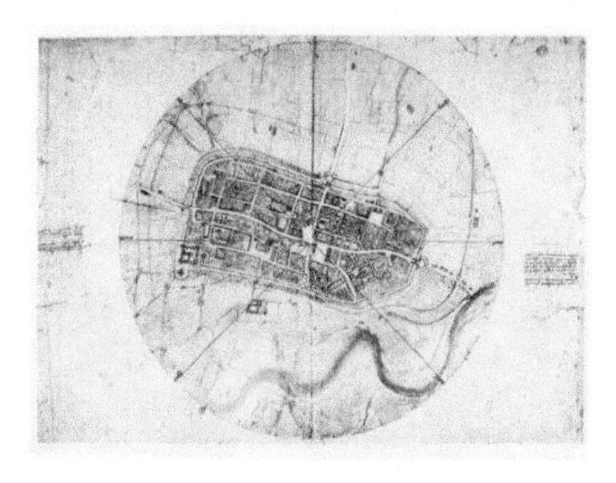

图2-27　伊莫拉规划

我们惊叹于达·芬奇非凡的创造力，被称为“巨人中的巨人”的他涉猎的领域广泛，艺术只是其中一个方向，但他严谨的研究态度和大量的实践和理论总结，给我们留下了非常宝贵的财富。他的大多数著作和手稿都没有发表，去世后交给了弟子梅尔齐，梅尔齐对其进行了分类、整理，但未完成，也未出版。这些著作和手稿遗失二百余年，直到 1817 年才重见天日，在乌尔宾诺图书馆被发现，世称《达·芬奇绘画论》。

② 米开朗琪罗

米开朗琪罗（见图 2-28）是一位伟大的艺术家，其涉猎领域广泛。他是雕塑家、画家和建筑师。他在世时以“ Disegno”著称（在意大利语中 Disegno 包含了素描和概念设计的意思，这个名词在文艺复兴时期被认为是所有艺术学科的基础）。他的作品富有哲学性的艺术特质，他用自己的素描作品完美地诠释了他自身的想象力和创造力。他经常把自己的创作过程和作品用素描形象地表现出来，以素描作为创作的依托。他把素描当作一种探索式的思维过程，从其素描绘制过程中留下的痕迹我们可以清晰感受到其思维活动轨迹。米开朗琪罗大部分素描稿都是为天顶壁画所绘制的草图，他在这些草图中反复推敲人物的神态表情、肢体动作和整体画面对于主题表达的准确性，并对人物场景细节进行斟酌，对构图进行调整把控。每一幅画都是通过这种直观的

图2-28　米开朗琪罗画像

素描形式反复推敲最后确定下来的，所以无论是他的画作还是雕塑，都充满了科学、严谨的张力，如图 2-29~ 图 2-33 所示。

素描过程对于米开朗琪罗来说，是一种可以直观感知的创作思维过程。他的素描造型理念是以线描的形式表现结构的形状，以线造型，光影为辅，用线的轻重、浓淡勾勒出肌肉和骨骼的轮廓，线条严谨且富有虚实节奏感。为了更好地理解人体结构，他也做过一些人体解剖研究，他的作品以人物"健美"著称，人物动作和肌肉的张弛完美契合，即使是女性和小天使的身体也描画得很健壮，如图 2-30 ~图 2-33 所示，因此他的作品充满力量与活力的美。例如，在图 2-29 中可以看到他画的壁画中的一个人物形象——一个女人扭转背部的动态，他在素描稿中反复对每个细节进行推敲，包括五官的表情表达、解剖结构的精准表达，素描起到了酝酿作品的作用。从米开朗琪罗的素描方式中可以体会到，不能为了画素描而画素描，应该养成用素描思考的习惯。

艺术是共通的，而素描正是其多种艺术创作的灵感来源。米开朗琪罗的作品代表了欧洲文艺复兴时期雕塑艺术的高峰，他创作的人物雕塑雄伟健壮、气魄宏大，如图 2-34 和图 2-35 所示。他的大量作品都在写实的基础上进行了非常巧妙的艺术加工，成为整个时代的典型象征。

不同于达·芬奇的艺术作品中充满科学的精神和哲理的思考，米开朗琪罗在艺术作品中倾注了自己满腔的正义与激情。人文主义思想和宗教改革运动深深影响着他的艺术创作，作品中常常以现实主义的手法和浪漫主义的幻想相结合，表现当时市民阶层的精神面貌。他创作的众多强健雄伟的艺术形象，都充满了生气与力量，但也包含了悲剧的色彩。这种悲剧性是以宏伟壮丽的形式表现出来的，他所塑造的英雄既是理想的象征又是现实的反映。这些都使他的艺术创作成为西方美术史上一座难以逾越的高峰，如图 2-36 和图 2-37 所示。

图2-29 《利比亚女先知》及素描稿

扫码观看微课视频

图2-30 米开朗琪罗的素描手稿（一）

图2-31 《圣彼得被钉上十字架》（局部）及素描手稿

图2-32 米开朗琪罗的素描手稿（二）

图2-33 米开朗琪罗的素描手稿（三）

图2-34 《大卫》大理石雕塑

图2-35 《哀悼基督》大理石雕塑

图2-36 《创世纪》壁画

图2-37 《最后的审判》

③ 拉斐尔·桑蒂（1483—1520 年）

图2-38　拉斐尔·桑蒂自画像

拉斐尔（见图 2-38）是意大利文艺复兴盛期著名的画家和建筑家。他是一位谦虚好学、博采众长的艺术家，他结合了达·芬奇和米开朗琪罗的艺术精髓。在他的画作中，既有达·芬奇对人物表情的刻画，又有米开朗琪罗对人物肢体动作的深入表现，再加上他自己独特的柔美风格和对细节的追求和把控，形成了他独具古典精神的秀美、柔和和圆润的风格，如图 2-39~ 图 2-42 所示。他善于表现人物性格特征和风度，擅长表现女性美，他塑造的众多圣母像最负盛名，如图 2-43 和图 2-44 所示，美术史上尊称他为“画圣”。他的作品总给人一种典雅、和谐、明朗的感觉，也代表了当时人们崇尚的审美趣味。

图2-39　两个使徒的头和手

图2-40　《雅典学院》素描草图

图2-41　拉斐尔的素描手稿

扫码观看
微课视频

图2-42　《博尔戈的火灾》和局部素描稿

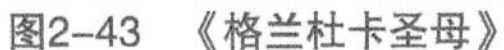

图2-43　《格兰杜卡圣母》

图2-44　圣母头像素描草稿

④其他西方艺术家

丢勒也是一名非常具有影响力的画家。他在素描领域的发展中，做出过具有历史意义的贡献。他以自己的天赋和想象能力创作出了很多素描作品，拓展了素描领域的范围，如图 2-45 ~图 2-47 所示。值得一提的是，他独特的弧形线条为后人开启了一扇美的大门。更重要的是，他巧妙地把南欧的人文思想、素描手法融入画中，形成了独特的线条语言和形式美感，使北欧的素描艺术既吸收了南欧的素描成果，又保持了北欧哥特式冷峻、强烈的崇高感，从而形成了独特的素描风格，并为德国的素描发展奠定了基础。在丢勒的影响下德国出现了门采尔、珂勒惠支这样的素描艺术家。

图2-45　《老人头像》　丢勒

图2-46　《手》　丢勒

图2-47　《母亲》　丢勒

由于人体解剖学和透视学在美术领域的发展，15 世纪的达・芬奇 、米开朗琪罗、拉斐尔、丢勒、荷尔拜因等一批艺术家，把素描艺术推向了高峰，在造型的精确、对解剖的精通方面达到了无可挑剔的地步，而 19 世纪的安格尔把这一重要的造型基础推到了极高的境界。安格尔认为画素描不是单纯的画轮廓，素描不仅由线条组成，它还具有表现力，有内在的形，有全局性，是艺术的雏形。他的素描不仅用线去反映形与结构，还能表现物体的质量感。他强调用线进行形体细节的深入刻画，在保持线条的干净和形体完整的前提下，使轮廓线条变得清晰明确，这种勾线工整、严肃、精致、流畅。安格尔严谨的铅笔素描成为新古典主义素描的典范作品，如图 2-48 ~图 2-51 所示。《帕格尼尼像》把素描造型从烦琐的因素净化为极单纯的线，创造了一位具有鲜明性格的音乐家的生动形象，如图 2-48 所示。

图2-48 《帕格尼尼像》 安格尔

图2-49 《让·查尔斯·奥古斯特·西蒙》 安格尔

图2-50 《玛丽与女儿克莱尔》 安格尔

图2-51 《纪尧姆·吉顿·勒蒂耶》 安格尔

19 世纪的法国画家塞尚将素描进一步纳入科学的范畴，提出了形体的几何形结构学说，奠定了近代素描造型的科学基础，在造型观念上对现代艺术产生了深远的影响。他的作品大都是他自己艺术思想的体现。他的作品忽略物体的质感及造型的准确性，强调厚重、沉稳的立体感，以及物体之间的整体关系，有时候甚至为了寻求各种关系的和谐而放弃个体的独立和真实性，如图 2-52 所示。从塞尚开始，西方画家从追求真实地描画自然，开始转向表现自我。

图2-52 塞尚的素描手稿

从 17 世纪开始，随着光影、体积、色调等领域的开拓，对虚实、强弱变化等节奏感、质感、量感的追求，又把素描引入了一个新的时期，这个时期的素描成为学院对未来画家训练多元化的课题。伦勃朗和印象主义画家们正是运用了独特的光的艺术语言，创造出了丰富多彩的艺术形式，如图 2-53 和图 2-54 所示。

图2-53　《门口的乞讨者》　伦勃朗

图2-54　《托比特的失明》　伦勃朗

19 世纪德国出现了两位杰出的素描艺术家，即门采尔与珂勒惠支。门采尔的素描高度真实而主动，技巧全面精湛，风格平易亲切，却又十分深刻。门采尔描写了大量的工人阶级，如图 2-55 和图 2-56 所示。珂勒惠支是一位热情讴歌无产阶级的伟大艺术家，他的素描线条粗犷有力、刚劲犀利，形象简括而充实，富有真挚的情感和极强的感染力，如图 2-57 和图 2-58 所示。

图2-55　门采尔的素描手稿（一）

图2-56　门采尔的素描手稿（二）

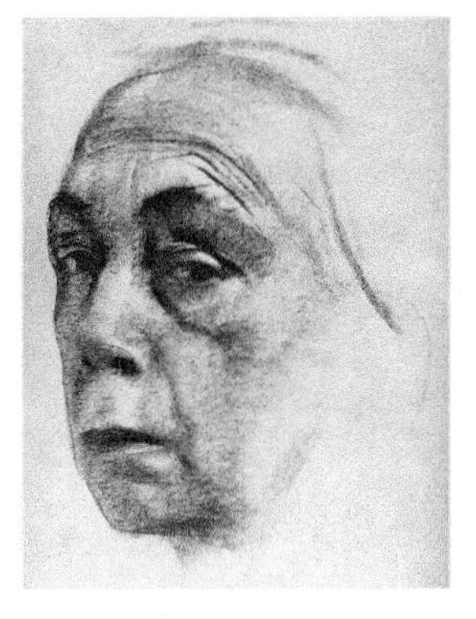

图2-57　珂勒惠支的自画像

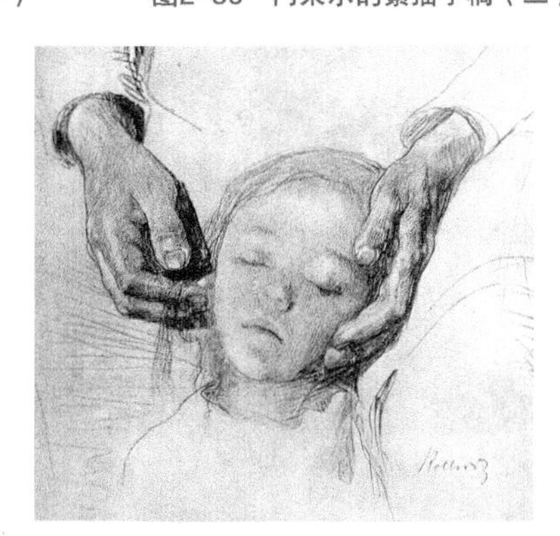

图2-58　珂勒惠支的素描手稿

19 世纪圣彼得堡美术学院的素描教育家契斯恰柯夫把欧洲的素描教学归纳为形体论的一系列学说，使素描教学更趋于系统化、科学化，培养了一代批判现实主义画家。列宾的素描就鲜明地体现了这一体系严格的现实主义特征，如图 2-59 和图 2-60 所示。

图2-59　列宾的素描手稿（一）

图2-60　列宾的素描手稿（二）

契斯恰柯夫的教学法强调对自然和生活的观察；强调科学论证的态度；强调观察、理解和表现的系统过程；在形体教学中继承了素描立体观察的原则，强调形体在素描中的核心地位。契斯恰柯夫的教学法主要有以下两点内容。

一是立体造型原则。这是强调用体面结构表现形体，反对为画线条而画线条的原则。创造性的概括归纳调子表现手法，“五大调子”——黑、白、灰、高光、反光既是科学规律又是艺术表现的手段，成为表现立体感的科学法则。

二是现实主义原则。他引导学生观察生活，主张从现实、自然中获得新鲜生动的感受；要求学生创造性地表现对象，而非客观地临摹自然；强调有质的东西，强调拓展和深化人物表现的内涵，以增强课堂习作中的真实感受与艺术魅力。

这些素描艺术的传统，使苏联早期的绘画在写实主义道路上产生了许多纪念碑式的艺术作品，后来也影响了我国的美术面貌，对我国的素描教学起了一定的积极作用。

（2）我国的素描

我国素描的历史，也就是我国传统线描和水墨技法的发展史。

我国以线造型的历史可以追溯到人类文明早期。如原始社会线条流畅的陶器纹饰，春秋时期的壁画、青铜器纹饰，先秦时期的帛画等，都说明线描早已成为我国绘画造型的基础，如图 2-61 和图 2-62 所示。

我国的绘画在两千多年前就有“ 绘事后素、素以为绚”之说，古代画家在绘画实践中已经认识到造型基础的重要性。魏晋南北朝时期，东晋顾恺之（作品见图 2-63）提出“ 以形写神”的见解。谢赫六法论中以骨法用笔、应物象形、气韵生动为核心，对我国传统素描的实践与发展产生了积极的推动作用。我国绘画的传统把“ 以形写神、形神兼备”作为造型艺术的最高境界。唐末经五代至北宋是我国传统绘画线描艺术发展的高峰。五代十国时期南唐画家顾闳中的《韩熙载夜宴图》（见图 2-64），表现了写实与装饰的完美统一。宋代画家李公麟的作品（见图 2-65 和图 2-66）将白描技法推向纯美的艺术境界，显示出画家的深厚修养和卓越技巧。

图2- 61　太原城郊王家峰北齐名将徐显秀墓葬壁画

图2-62　穿深衣的妇女（长沙陈家大山楚墓出土帛画）

图2-63　《洛神赋图》（局部）　顾恺之

图2-64　《韩熙载夜宴图》（局部）　顾闳中

图2-65　《西岳降灵图》（局部）

李公麟摹吴道子之壁画

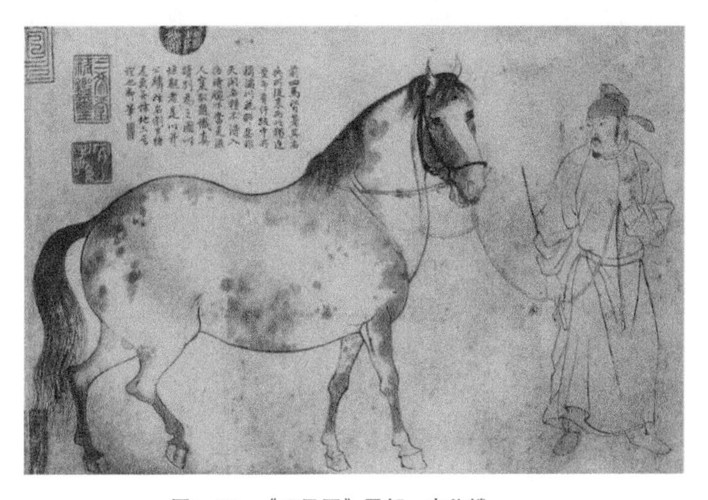

图2-66　《五马图》局部 · 李公麟

中国近代素描起源于 20 世纪初期的海外留学生。徐悲鸿学派（简称徐派）和苏联素描体系（简称苏派）共同构成了中国当代美术教育基础。徐悲鸿先生既吸收了法国的古典主义传统又兼得中国造型艺术之精髓，因此他的素描（见图 2-67 ~ 图 2-69）具有精深的写实功力又能达到传神的意趣，他是我国近代素描的一代宗师。他的人体素描概括洗练，而不失严谨的欧洲古典之风。他所倡导的“尽精微、致广大”的造型原则，对我国现代素描教学产生了重要的影响。

图2-67 《自画像素描》（1924年） 徐悲鸿

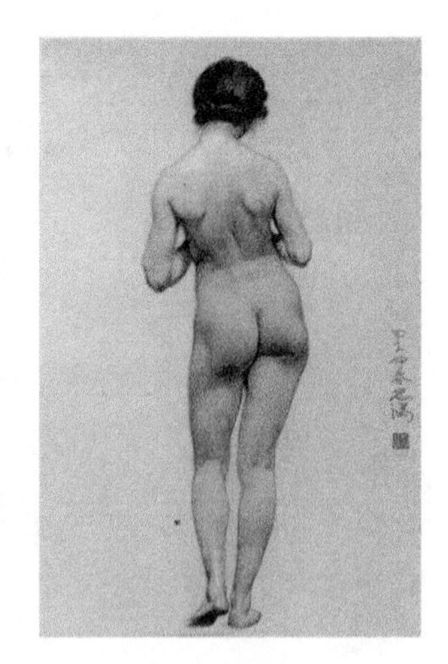
图2-68 《女人体素描》 徐悲鸿

图2-69 《女半身像素描》 徐悲鸿

从上文的素描发展脉络分析可以明确看出素描是培养造型能力的基础，它既是一种创作前收集素材、表现构思的手段，又是一种有独特审美价值的画种。

3. 素描的造型

徐悲鸿先生说过“素描是一切造型艺术的基础”。

造型能力指的是绘画者在作品创作时对物体自身的结构比例、与其他物体之间的结构比例、空间位置关系以及角度等的把握程度。

一般情况下，人们对美术作品的评价在于“像不像”。

人们对各种物体的认知和印象主要来源于其各不相同的外形特征。随着不断练习素描，学生们会接触到结构越来越复杂的物体，此时应如何理解复杂的结构？这就需要从基础的造型练习入手，如立方体、球体、圆柱体、棱柱体等。学生应通过对立体物体进行不同角度的摆放和搭配，尽可能了解对更多结构的视觉感受；通过对点、线、面之间的比例、位置、角度的比较，把所见的立体物体尽可能精准地再现于平面之上。就算到了现在可以用计算机软件制作立体物体的时代，在贴图方面也需要运用大量的素描知识，让结构简单的物体看起来更加立体和精致。

素描水平是反映绘画者空间造型能力的重要指标之一。素描是绘画的基础，建议初学绘画的人先学素描。素描是其他艺术形式的基础，如雕塑、木刻、制陶、建筑、影视、游戏等。除了纯艺术类以外，从传统工艺美术，到现代数字计算机动画（Computer Graphics，CG），无不需要扎实的素描美术基础。

作为虚拟现实应用技术专业的学生，我们为什么要学好素描呢？

一是虚拟现实应用技术的专业特点及技能要求。虚拟现实技术，是一种可以用于创建和体验虚拟世界的计算机技术，具有超越现实的虚拟性。作为一门先进的人机交流技术，虚拟现实技术已被广泛应用于视景仿真、虚拟制造、虚拟设计、科学可视化等领域。相关制作人员首先要掌握基础的造型能力，然后通过软件实现虚拟现实空间的设计制作，实现现实与虚拟世界的交流互动。

二是素描训练具有基础作用。由于设计者要在进行设计之前，将自己的想法以草图形式展示出来，甚至需要绘制效果图，所以需要设计者具备一定的艺术文化素质和较扎实的素描基础。设计者的艺术文化素质不是天生的，是需要专业的训练和培养的，是经过长期的艺术实践和学习形成的。

三是素描是设计与艺术的基础。素描重视的是线条、比例、透视、节奏、明暗等，这些要素有助于提升设计人员的形象思维能力。在素描训练的过程中，设计者的观察能力、空间思维能力、想象能力和素材积累能力等都潜移默化地得到了锻炼。如果脱离素描的训练、学习，只是利用计算机来设计，设计出来的作品就缺乏审美情趣。

虚拟现实技术，需要还原或创造虚拟的数字环境，必须熟悉物体的结构。即使有参考图，一个不懂结构的新手也是无法做出生动的数字还原的。关于如何布光和贴图，在空间中如何搭配色彩，需要具备系统的美术审美认知才能胜任，这些素质都是需要通过多年绘画学习得来的。图 2-70 所示为一张场景效果图的绘制过程。从素描开始，先找准场景建筑的结构，然后逐步细化、深化，这些都是在计算机制作前必须要有的步骤。图 2-71 所示为创作之前的场景设计素描，这需要学习者经常观察周围环境，为后面的学习打好基础。

图2-70 场景制作过程

图2-71 场景设计素描

除此之外，设计时还需要具备对材质的理解，掌握色彩构成关系、比例关系、疏密关系、结构概括等。这些都需要虚拟现实设计人员先从绘画基础开始学习。对于虚拟现实设计人员而言，建筑场景类素描和静物类素描的要求更高一些。

4. 结构素描与光影素描

素描按其表现手法，可以分为以研究和表现物象形体结构的结构素描和以光影、明暗为主要的表现手段的光影素描。

结构素描，又称形体素描，特点是以线条为主要表现手段，不施明暗，没有光影变化，强调突出物象的结构特征。结构素描以理解、剖析结构为最终目的，因此通常采用简洁明了的线条，如图 2-72 所示。

图2-72 结构素描

光影素描的特点是以线条为主要表现手段，并在此基础上施以明暗，有光影变化，强调突出物象的光照效果。光影素描的表现目的在于描绘光线变化对物体产生的影响，如图 2-73 所示。

图2-73 光影素描

光影素描更注重利用线条、细节来表现物体的立体感与明暗变化，适宜于立体表现光照条件下物象的质感、色度、空间距离，对真实地表达画面形象有较强的效果。结构素描则不同于光影素描，侧重于强调物象本质的结构特征，没有那么多明暗变化，只略微有一些明暗交界线和投影，主要靠线条的轻重来体现物体的体积感和空间感。几何体结构素描、光影素描练习分别如图 2–74 和图 2–75 所示。

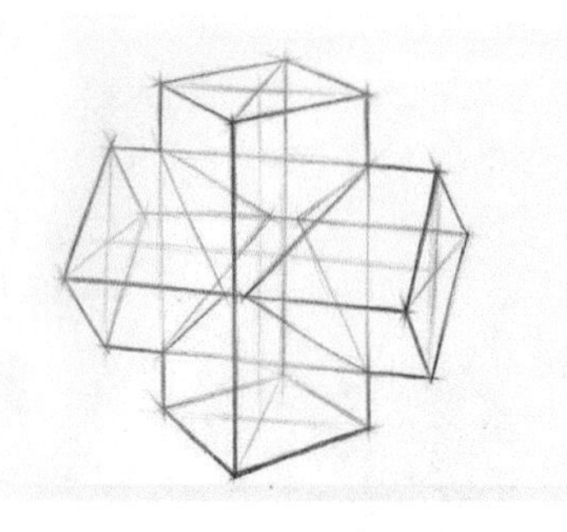

图2–74　几何体结构素描练习　　图2–75　几何体光影素描练习

素描的明暗关系：在光线（自然光源与人工光源）照射下，物体的表面产生了明暗的变化。光照的范围不同，物体的受光面面积也会产生相应的变化，表现出来的明暗关系也会有所变化，如图 2–76 所示。

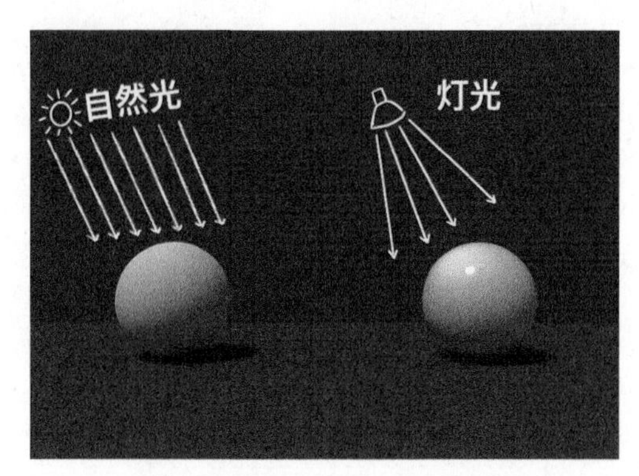

图2–76　球体在不同光照下的明暗关系

三大面（白、灰、黑）：一般受光面为亮面（白色），侧光面为半明面（灰色），背光面为暗面（黑色）。

“五大调子”（高光、灰光、明暗交界线、反光、投影）：高光指光线射在物体表面后形成的最亮的部分；灰光位于高光两侧，一侧渐为形体的边沿，另一侧与明暗交界线相衔接；明暗交界线位于亮面与暗面的交界处，它是暗面中最黑暗的层次，它不是线条，而是一部分层次；因为光线折射、与物体相邻的另一物体受光面的光线反射或环境光的作用，形成反光，一般情况下，强的反光仍比最深的灰光深；投影是指光线被物体遮挡后在物体上留下的黑影，如图 2–77 和图 2–78 所示。

扫码观看
微课视频

图2–77　不同光线位置和不同角度下的几何体

对一个初学绘画的人来说，学习素描要从简单的几何体开始，任何复杂的物体都可以由简单的几何形体构成。图 2-79 所示为从六棱柱逐渐过渡到圆柱的表达方式，其明暗的变化越来越细腻，日常生活中的柱子、树干等明暗表达和过渡都可以等同于圆柱的表达方式。要交替练习素描临摹和写生。素描临摹的意义主要是分析原作者对明暗关系的概括性处理，学习明暗归纳思维；素描写生的意义主要是在写生的过程中反复强化对形体表现的认知，熟悉各种绘画技巧，锻炼准确抓住形体比例的技能以及对物体的空间、质感的表达能力。

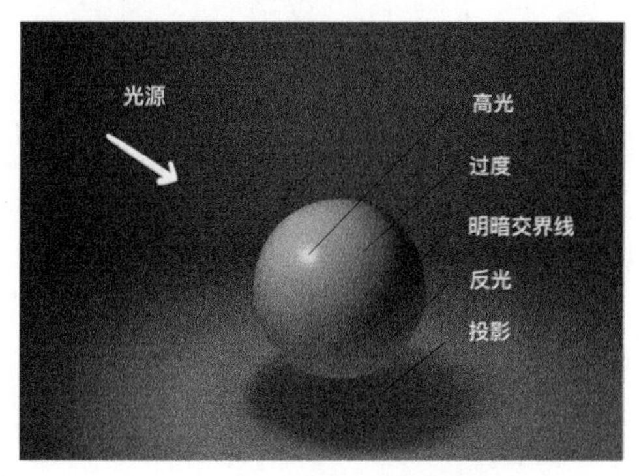

图2-78　球体的光影分析

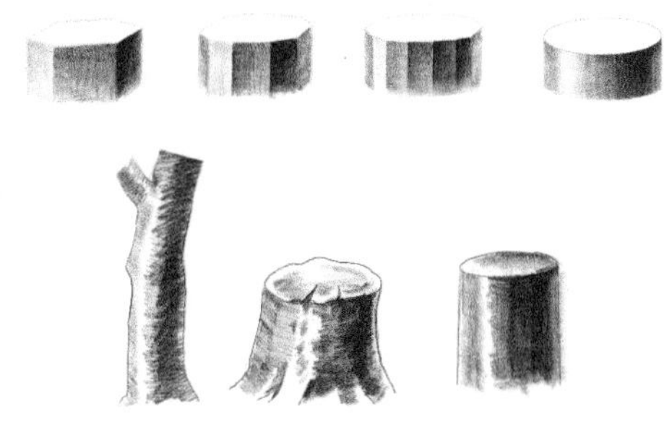

图2-79　从六棱柱过渡到圆柱的表达方式

对于学习虚拟现实技术的人来讲，研究结构素描有助于后期建模时对物体的理解，练习的时候从结构素描入手有很强的实际意义；光影素描可以帮助其理解光对物体的影响，对后期利用软件进行打光、材质制作和调整有实际的指导意义。在平时要多积累、多分析，即便没有条件动手画，也要多观察看到的任何物体，积累视觉感受，这样在后面的学习中才能做出更真实、自然的虚拟对象。结构素描与光影素描的对比如图 2-80 ~ 图 2-86 所示。

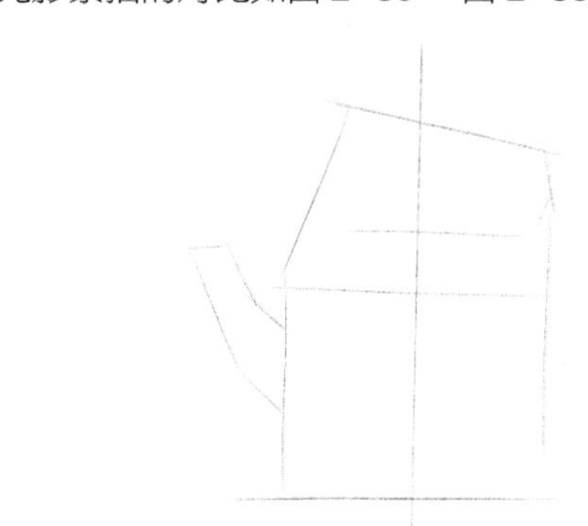

步骤一：结构素描起稿

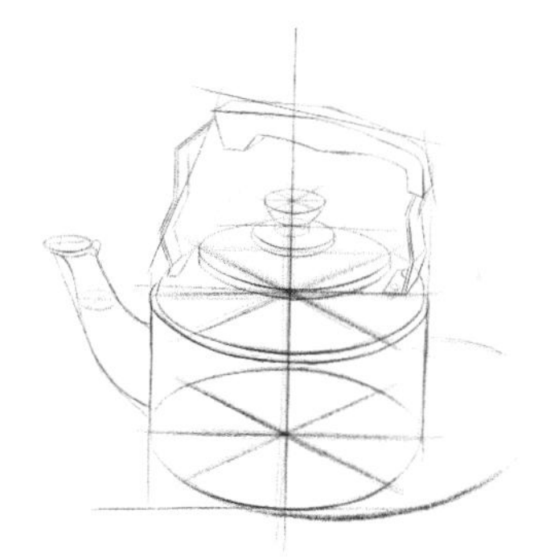

步骤二：寻找结构，画出隐藏的结构线

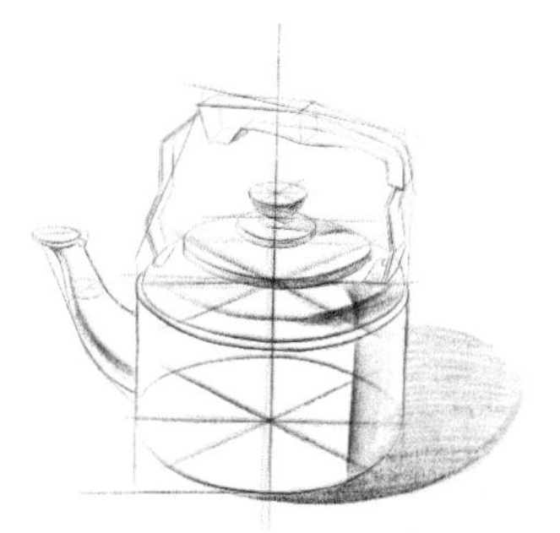

步骤三：继续深化画面，画出转折线和简单的光影

步骤四：用适当的光影辅助结构表现，调整完成结构素描

图2-80　同一物体的结构素描和光影素描对比练习

步骤一：光影素描起稿

步骤二：寻找结构明暗交界线，画出光影体积感

步骤三：继续深化画面，刻画细节

步骤四：利用光影变化刻画细节、表现质感，调整完成光影素描

图2-80　同一物体的结构素描和光影素描对比练习（续）

图2-81　光影素描

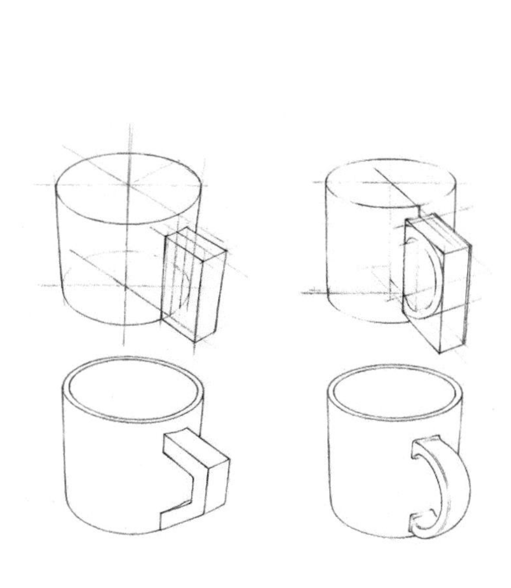

图2-82　结构素描（一）

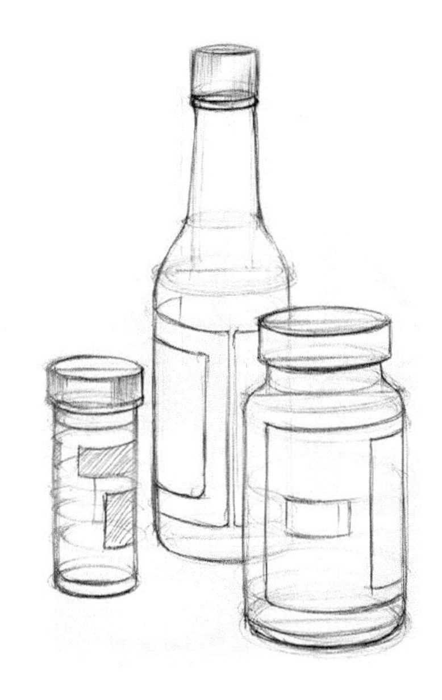

图2-83　结构素描（二）

图2-84　结构素描（三）

图2-85　结构素描（四）

图2-86　结构素描与光影素描对比

5. 速写简介

速写是一种快速的写生方法，属于素描的一种。它要求作画者用概括的手法、简练的线条，在较短的时间内能表达清楚对象的结构、特征、神态等要素。速写是提高美术造型能力和观察能力的重要途径之一，它能培养作画者敏锐的整体观察能力和准确、生动的表达能力。很多设计师和画家都通过速写来记录生活感受、积累形象、收集素材，然后再提炼加工进行创作。在前面的介绍内容里，可以看到达・芬奇的创作过程也是先勾画速写稿，然后提炼、细化素描稿，最后完成整体创作。

对初学者来说，速写是由造型训练走向造型创作的必然途径。顾名思义，速写的作画时间短，是短时间内对人或物体的绘画描写，作画者在没有充足的时间进行分析和思考的情况下，必然以一种简约、综合的方式来表现。这有助于培养概括能力，使作画者在短暂的时间内画出对象的特征。在进行速写训练时，要遵循由易到难、由静到动、由慢到快，循序渐进的原则。

速写的作画工具非常多，铅笔、炭笔、钢笔、圆珠笔、毛笔等都是常用的工具。由于铅笔便于修改，一般建议初学者使用。速写可以是纯线描的表现形式，也可以是线条结合明暗的表现形式。速写可以随处提笔练习，小到一粒瓜子，大到宏伟景观，只要是能看见的都可以进行练习，在不断的练习中提升对物体的结构形态的理解能力，提高手绘技能，为日后的创作及建模打下基础。

速写按照表达内容不同可以分为人物速写、人物慢写、动态速写、风景速写等。

（1）人物速写

人物速写，顾名思义是以简单而迅速的笔调表现人物动态形象的方法，包括其五官形象、服装动态及性格、人物身份等个性特点。人物速写能提高作画者对人物形象的记忆能力和默写能力，有利于作画者迅速掌握人体的基本结构，熟练画出人物的动态和神态，对创作构图安排和情节内容的组织有很大帮助。

在学习人物速写之前，要了解线条和人体结构的关系，一般靠近或紧贴身体的衣纹线是实线，宽松的部分用虚线表达。这里所说的虚线、实线，和数学概念里的虚线、实线是不一样的。虚线不是指断断续续的“蚂蚁线”，而是用笔力量减弱，画出的更为松散的线，可以是一条，也可以是两条或三条线组成的一组较粗、较松的轮廓线。实线是指很肯定、准确的一条线。图 2-87 所示是画家费欣的速写头像，其面部轮廓线肯定、利落，属于实线，实线一般用于表达贴近骨头的皮肤和贴近身体的衣纹。图 2-88 中，眉弓、下巴等位置为实线，脸颊、嘴巴周围肌肉较多，轮廓线用虚线表示，这样的轮廓线虚实结合，节奏感强；头巾交叉打结的位置有一些实线结合明暗，头巾轮廓用了一些虚线表达松软的质感。

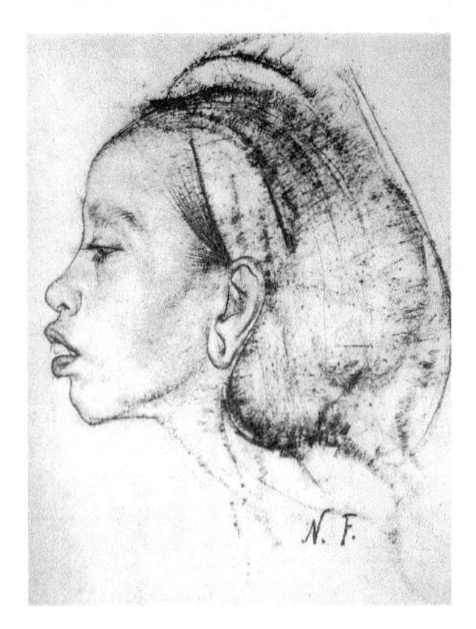

图2-87 速写头像（一） 费欣

图2-88 速写头像（二） 费欣

扫码观看微课视频

速写的线条可以比较随意，根据作画工具的不同，可以千变万化。线条的粗细、疏密也可以表达结构和光影关系，如图 2-89 ~ 图 2-91 所示。

图2-89　毛笔速写

图2-90　炭笔速写

图2-91　钢笔速写　伦勃朗

初学人物速写，应以临摹入手，市面上可以找到很多速写画册，初学者应优先挑选带有人物照片的速写范本。图 2-92 是一位同学的临摹作业。临摹的时候，除了要注意原作的整体关系，还要注意对衣纹的归纳、掌握用笔的虚实。常见的速写风格有两种：一种是有点接近国画白描风格的线描形式，用线的疏密来表现结构（见图 2-92）；另一种是用明暗辅助线条的速写，突出立体感，图 2-93 所示画面中线条结合明暗关系，使人物更加立体。

图2-92　速写临摹　张瑞相

图2-93　速写临摹　申紫阳

人物速写中，五官、手、脚、鞋的单项练习也是必不可少的部分。尤其是手、脚在角度不同的情况下呈现出来的形象差别较大，是人物速写学习中的难点。很多初学者都遇到过画不对手、脚的问题，画速写没有捷径，唯一快速的解决办法就是在理解结构的前提下进行大量的分析、临摹、练习。推荐大家看看伯恩 · 霍加思撰写的《动态素描人体解剖》《动态素描头部结构》《动态素描人体结构》

《动态素描着衣人体》这几本书，书中很详细地讲解了关于结构的处理办法，对学习有很好的指导意义。乔治·伯里曼写的《伯里曼人体结构绘画教学》非常简明地剖析了动态人体结构，也是美术学习中常用的教材，图 2-94 ~图 2-100 所示为该书封面和部分插图。

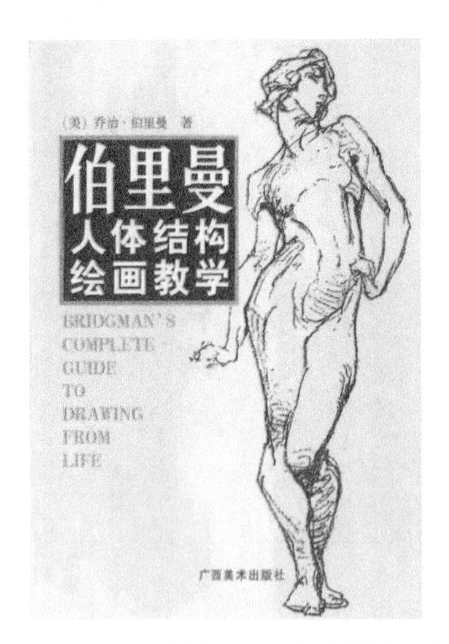

图2-94 《伯里曼人体结构绘画教学》封面

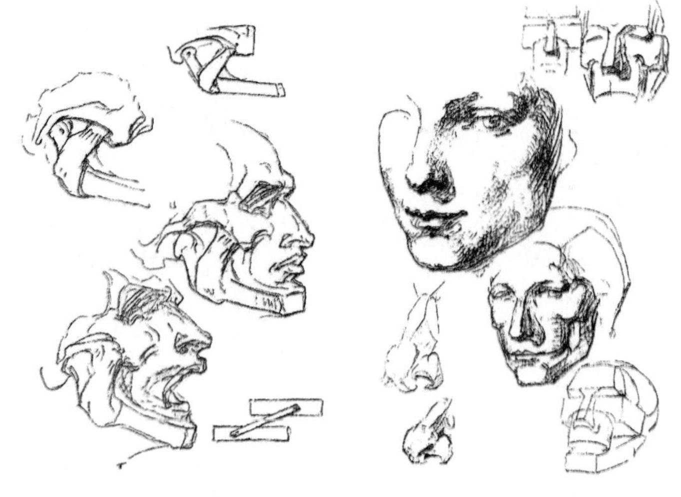

图2-95 《伯里曼人体结构绘画教学》部分插图（一）

图2-96 《伯里曼人体结构绘画教学》部分插图（二）

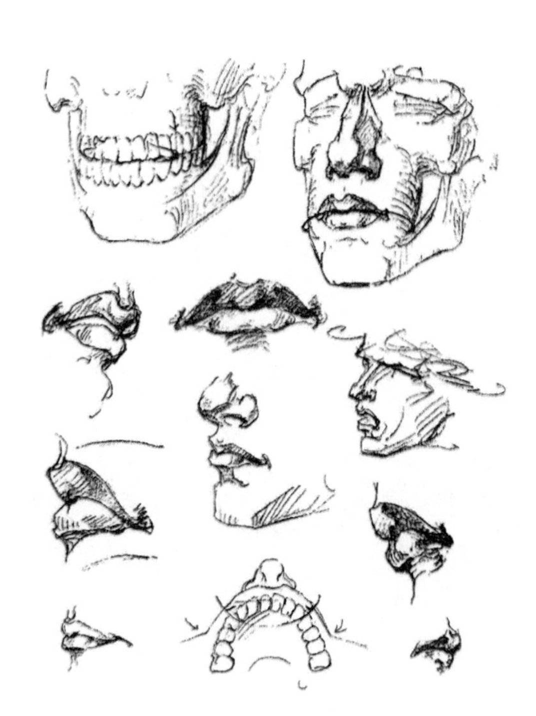

图2-97 《伯里曼人体结构绘画教学》部分插图（三）

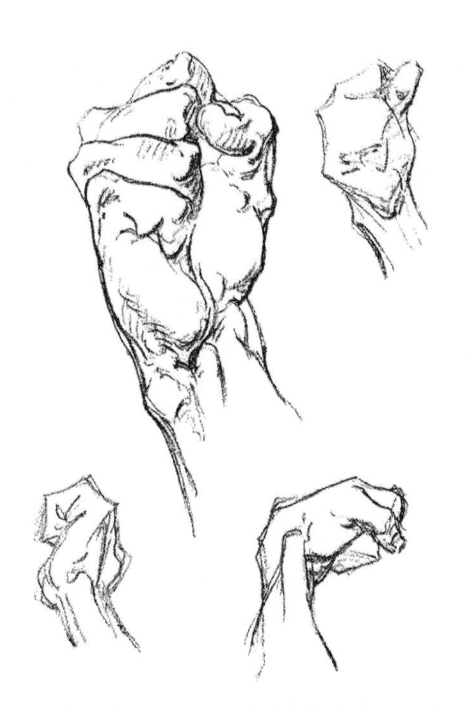

图2-98　《伯里曼人体结构绘画教学》部分插图（四）

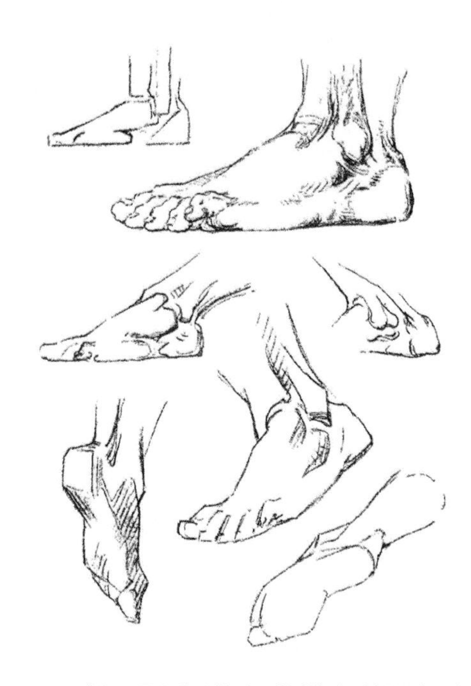

图2-99　《伯里曼人体结构绘画教学》部分插图（五）

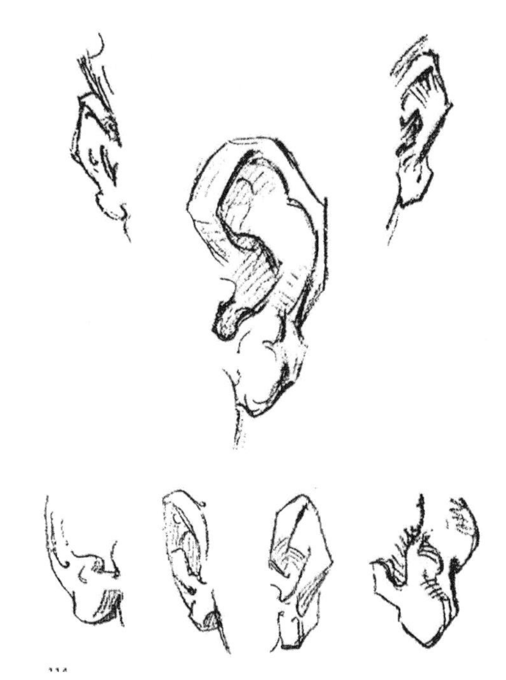

图2-100　《伯里曼人体结构绘画教学》部分插图（六）

（2）人物慢写

人物慢写一般是指在 15 ~ 30 分钟完成一幅作品，是培养人物全身速写能力的入门方法，不论是临摹、写生，都要兼顾步骤和整体表现，为动态速写打好基础。以下为人物慢写的一般步骤。

先用简练的辅助线确定人物的比例、动态关系和大概的透视结构关系，如图 2-101 所示。

根据辅助线来确定人物各部分的具体轮廓线和结构，注意大的关节转折关系和主要衣纹关系，如图 2-102 所示。

图2-101 人物慢写步骤一

图2-102 人物慢写步骤二

从头开始往下刻画各部分具体细节，刻画要概括，同时要注意人物的透视变化、衣纹的疏密与虚实变化，如图 2-103 所示。

强调五官、手、脚（鞋）的刻画，完善细节，适当增加不同质感纹理的表达，使画面更完整，如图 2-104 所示。

图2-103 人物慢写步骤三

图2-104 人物慢写步骤四

（3）动态速写

动态速写要求作画者抓住大的动态感觉，迅速勾勒出明显的动态线。因为动态变化较快，在动态速写中很多细节是靠经验和记忆来补充完善的。

动态速写看似简单，其实需要平时对动态多观察、多总结，画的时候要迅速记住人物的动态特征，确定主要的动态线、动势线，在人物动态变化之后，根据记忆和经验来补充完成，如图 2-105 和图 2-106

所示。

运动动态照片

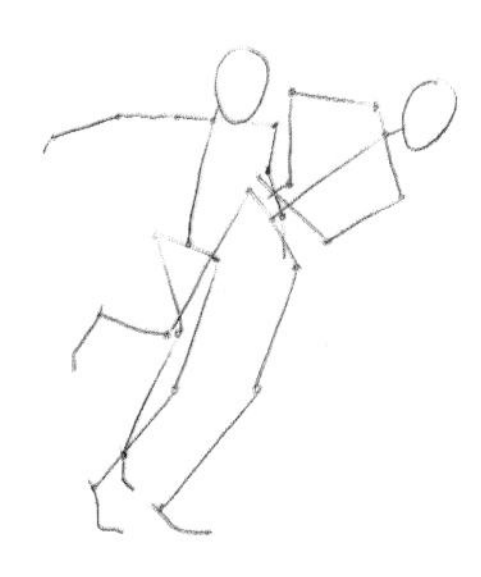

动态线

动势线

图2–105 动态速写分析图

画出人物动态轮廓

细化人物动态细节

进一步增加细节和光影并调整完善

图2–106 动态速写范例

对单个人物的练习基本熟练后，就可以开始进行组合人物的练习。组合人物速写往往描绘的是生活情节，可从情节考虑整体表现，人物之间应有交流、有呼应，不能单纯理解为多画一个或多个人，人物和人物之间、人物和环境之间都要有关联，这样才能表现出一个整体的场面和情节，如图 2–107 和图 2–108 所示。

图2–107 双人组合速写

图2–108 场景人物组合速写

（4）风景速写

风景速写在速写中也占很大的比重，是将在自然界中所见所感的物象快速、简要地表现出来的一种绘画形式。其运用不同的线条来表现自然界中的天、地、物三大关系，如山川河流、房屋建筑、花草树木等。风景速写又分为自然风景速写、乡村速写、建筑速写、城市速写等。

在风景速写中，非常重要的是取景。风景速写必须突出一个主体，必须有一个明确的表现意图，要确定画面中的重点或中心，其他的一切都是为了衬托主体。主体可以是宏观事物如建筑、山或河等，也可以是局部小景如树、一扇门、一扇窗等，在画之前要选择好要突出的主体。图 2-109 中画面主要刻画了一个摆满花盆、瓦罐的门口，细致刻画了木头门板和靠近门的部分石墙，别的地方做留白处理，很好地突出了主体；图 2-110 中画面描绘了一间在树林里的小木屋，只有主体和它周围做了相应细致的刻画，前面的草坪和后面的树都做了简化处理，创作者通过光影很好地控制了画面节奏。

图2-109 《门口》

图2-110 《木屋》

画大的场面时，要注意对画面中远、中、近三个层次的把握和控制。近景要仔细刻画，中景可以适当概括处理，远景简化处理，图 2-111 中画面中近景的人物和岩石刻画较为精细，中景岩石和房子概括处理，远处的山简化处理，这样能让景色显得更加深远。

在进行风景速写时，不是像拍照一样把看到的都记录下来，而是要根据表现的主题（或主体），对复杂的现实景观进行大胆的取舍。在绘画的过程中，为了突出主题（或主体）也可以适当借景、移景，将不是同一视点中的景物迁移到画面中来，以烘托氛围，强化意境。

图2-111 风景速写

在风景速写中，透视关系的表达尤为重要，不同的视点会产生不同的透视变化，对画面的空间感和视觉效果影响很大，所以，在作画时首先要确定好地平线及透视角度，然后根据基本的近大远小的透视规律画出透视关系。关于透视知识的详细内容，在后面的章节中会单独讲解。透视关系的运用要主动灵活，要围绕画面主题和形式需求来确定使用哪种透视，常用的速写透视为一点透视（平行透视）、两点透视（成角透视）、俯视（高视点）、仰视（低视点）。

图 2-112 是一幅比较典型的采用一点透视的画，画面描绘的是一个狭长的小巷，充满了生活气息，两边有高矮不一的墙体，有一条基本平整的巷道。这是比较常见的一种风景小场景速写，类似的场景还有田野里的乡间小路、公园里的林荫大道、拥挤的步行街等，这类的场景都常用一点透视来表达。图 2-113 所示的分析中，画面只有一个消

失点，物象结构的横线与视线平行。一点透视中，消失点不是只能位于中间，而是根据取景位置变化的，图 2-114 中的消失点在画面的靠右边位置。

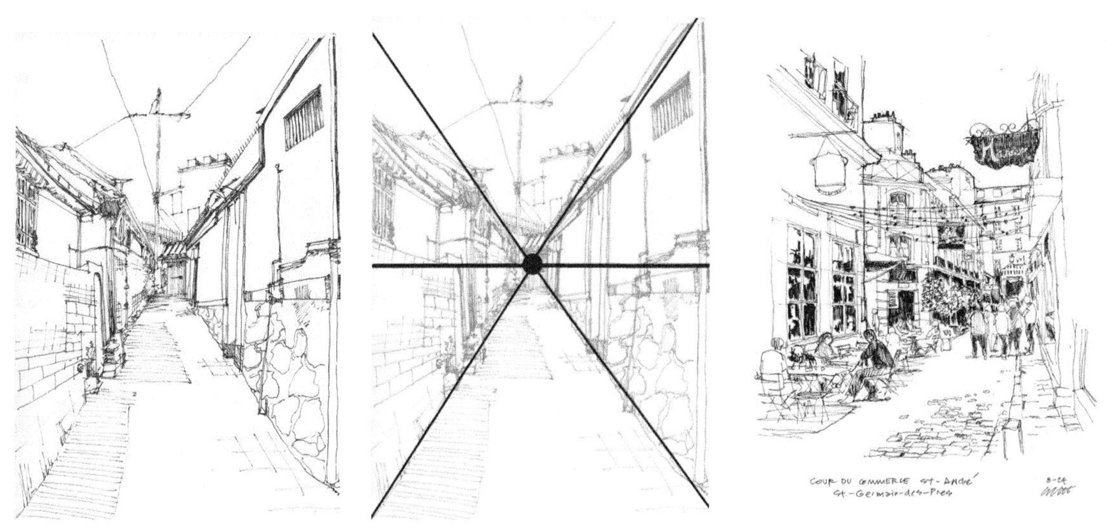

图2-112 《小巷速写》 王思博　图2-113 对《小巷速写》的透视分析　图2-114 步行街道

图 2-115 是一幅比较典型的采用两点透视的画，画面描绘的是公园里的一个小型建筑，作者在绘画时视点选择在转角的位置，我们能看到建筑的两个面。在图 2-116 所示的分析中，画面中有两个消失点，物象结构的竖线与视线垂直。图 2-117 和图 2-118 都是常见的两点透视。

图2-115 《公园一角》

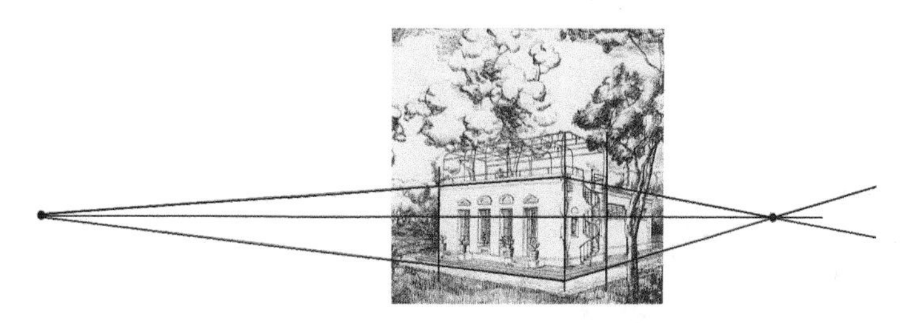

图2-116 对《公园一角》的透视分析

图2-117 古建筑结构速写

图2-118 凯旋门速写

风景速写里常用的还有俯视和仰视两种视角。俯视就是常说的鸟瞰视角，一般用于表现全貌、整体风景或建筑群。比如俯瞰群山、山下城镇等或站在高一些的楼层看下面，这种相对位置的从高处看低处都属于俯视。仰视则正好相反，是从低处看高处，一般用来突出所画物体高大挺拔的形象，图 2–118 中用的就是仰视视角，能突出凯旋门高大宏伟的气势。

风景速写构图的分类：三角形构图、“S”形构图、平衡线构图、垂直构图、对角线构图。

2.1.2 美术工具

1. 铅笔

素描一般用铅笔进行绘画，如图 2–119 所示。铅笔分软质笔和硬质笔两类，H 类（从 H 到 9H）为硬质笔，B 类（从 B 到 9B）为软质笔，介于两者之间的还有 HB 和 F，如图 2–120 所示。铅笔的笔杆上会标注铅笔的型号（不同品牌的同一型号铅笔绘画手感和效果会有偏差），常见的有 2B（考试答题卡要求使用的型号）、HB 铅笔。字母 H 是 Hardness 的简写，表示铅笔芯的硬度，H 前面的数字越大，表示笔芯中黏土成分所占比重越高，笔芯越硬，颜色也越浅。由于高 H 类笔芯较硬，所以如果用力用其绘画，容易对纸张纹理造成破坏。H 类铅笔较结实，适合表现丰富的排线效果（调子）。字母 B 是 Black 的简写，表示铅笔芯的颜色，B 前面的数字越大，代表笔芯中石墨成分所占比重越高，笔芯也越软。由于高 B 类笔芯更柔软，且画痕明显，所以高 B 类铅笔一般适合用于在纸张上轻描起稿，力度不大时不会对纸张纹理造成破坏，易擦除，但如果大面积使用高 B 类铅笔，易弄脏画面。所以，铅笔的软硬和画痕深浅有直接的关系，图 2–121 所示为不同硬度铅笔的画痕深浅。素描的用笔不是把所有的软硬笔全部用在一幅画上，一般在实际绘画中，很少用 H 类笔，而多用 B 类中的几种，素描常用的范围是 6B 至 2H。由于种类较多，因此铅笔能很好地表现层次丰富的明暗调子。对于初学者来说，比较好掌握的铅笔型号有 2H、HB 和 2B。作画时可配合用笔的轻、重、缓、急等技巧来表现色调、质感等。

图2–119　铅笔

画素描时，执笔的方式比较灵活，常用的执笔方式有 3 种，如图 2–122 所示。图 2–122（a）所示为排线时常用的手势，多用小指作为支撑，掌心向外用拇指和食指捏住铅笔，晃动腕关节来排出两头尖中间粗的一排排线条；图 2–122（b）所示为勾画细节时常用的执笔方式，和我们平常写字的执笔方式一样；图 2–122（c）所示为速写和勾画轮廓时常用的执笔方式，通过不同的力度和角度可以刻画出轻重、粗细不同的线条，使线条充满张力。

9H　　H　F　　HB　　2B　　9B

硬　　中性　　软

图2–120　铅笔软硬度

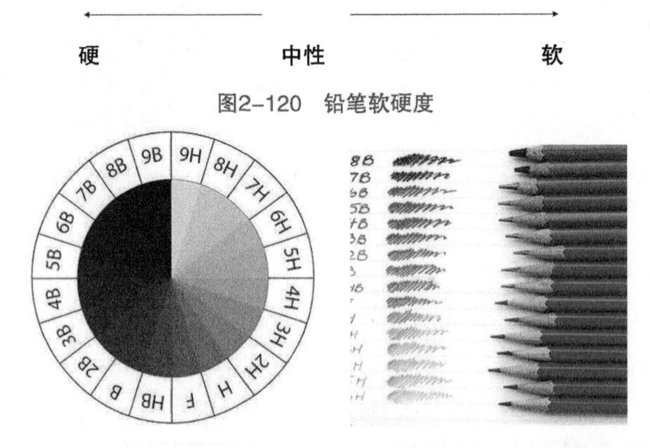

扫码观看
微课视频

图2–121　铅笔硬度与画痕深浅

(a)

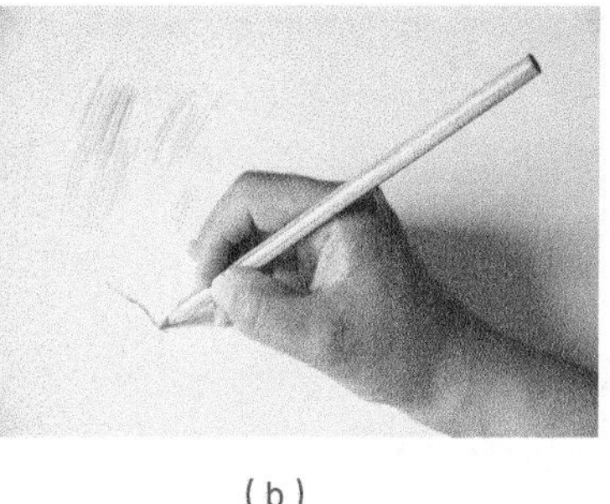
(b)

(c)

图2-122 常用的几种素描绘画执笔方式

2. 木炭条

木炭条也是较常用的素描绘画工具，如图 2-123 所示，木炭条一般用柳枝烧制而成，其特点是松软、颜色纯黑、颗粒较细、层次多变、表现力强，适合不同纸张，易修改；但对于绘画者的技法要求很高，掌握难度较大，对于初学者不推荐使用，有兴趣可以尝试。

3. 炭精条

炭精条与木炭条不同，其质地较硬、颗粒较粗，适合在较光滑的纸张上绘画，炭精条如图 2-124 所示。用炭精条作画不易修改，要求下笔严谨，其笔触粗犷、潇洒，对于初学者不推荐使用。木炭条和炭精条的主要成分是一样的，木炭条比炭精条使用起来更干净、方便一些。木炭条和炭精条有硬度区分，但它们绘画的表现力是基本一样的。炭精条对作画者的熟练度要求更高一些。

图2-123 木炭条

图2-124 炭精条

4. 素描纸

素描一般选用比较厚实而有纹理的纸张（纹理面为正面）。由于绘画工具的不同，素描对用纸的要求也有所区别。比如，用铅笔作画不宜选用纹理密度过大的纸张，因为这种纸张表面光滑，附着力差，经不住长时间的摩擦。木炭条和炭精条素描对纸质的要求相对宽松一些，普通的素描纸和水彩纸即可。而钢笔素描用纸不仅需要薄厚适当、韧性强、纹理密度大，还要具有一定的吸水性。另外，素描本和速写本具有携带方便、易于保存的特点，适合用来做课外临摹练习与写生，素描纸如图 2-125 所示。

可以用来画素描的纸张有很多，常用的有铅画纸、卡纸和水彩纸。铅画纸表面颗粒粗，纸质松，易上铅，宜用于画短期作业。双面白卡纸表面颗粒细，较光滑，能显示丰富的色调变化，加上纸质密实硬挺，经得起反复修改、刻画，适合用来画中、长期作业。水彩纸表面有网状纹路，适合用来制作一些特殊的画面效果。

素描纸的大小也有很多规格，常用的为 4 开或 8 开的画纸。单张素描纸需要搭配相应尺寸的画板辅助作画。有硬皮的素描本可以利用本子本身的硬度作画，也便于携带，如图 2-126 所示。

图2-125　素描纸

图2-126　素描本

5. 橡皮

橡皮分为两种，即白橡皮和可塑橡皮，如图 2-127 所示，主要用于清除误笔，有时候也用于特殊需要。

白橡皮有型号区分，常见的有 HB 橡皮、2B 橡皮、4B 橡皮等，B 前面的数字越大，橡皮越软。软质白橡皮清除力度强，硬质白橡皮适合做细致的修改。可塑橡皮更加柔软，可以根据需要捏成不同形状，粘除误笔。图 2-128 所示为白橡皮和可塑橡皮常见的使用方法，若要清除发腻的调子，必须先用可塑橡皮粘去发亮的腻子层，再用白橡皮清除，否则画面很容易被蹭脏，注意要先粘后擦。另外，将白橡皮用刀切出尖角或将可塑橡皮捏出尖角可以用来提亮高光及小的细节，还可在灰底上像排线条那样，擦出一组漂亮的白色纹理。

初学者使用白橡皮即可，但是普通白橡皮容易擦花画纸，推荐使用比较软的 4B 美术橡皮。

图2-127　白橡皮和可塑橡皮

图2-128　白橡皮和可塑橡皮常见的使用方法

6. 擦纸笔

擦纸笔质地柔软、干燥，可用来掸淡过重的深色调，揉擦深色调以去腻并使之丰富柔和，擦拭过硬、跳、乱的铅笔痕使之虚化柔和，擦拭灰调以使灰调变深，如图 2-129 所示。沾满铅灰的擦纸笔也可直接当画笔来用，运用得当还能产生丰富的效果。

此外，铺完大调子后，可用纸、布，甚至手指擦一遍，能快捷地使色调变丰富，加快作画速度，如图 2-130 所示。

对于初学者，不推荐使用擦纸笔，有兴趣可以尝试使用。

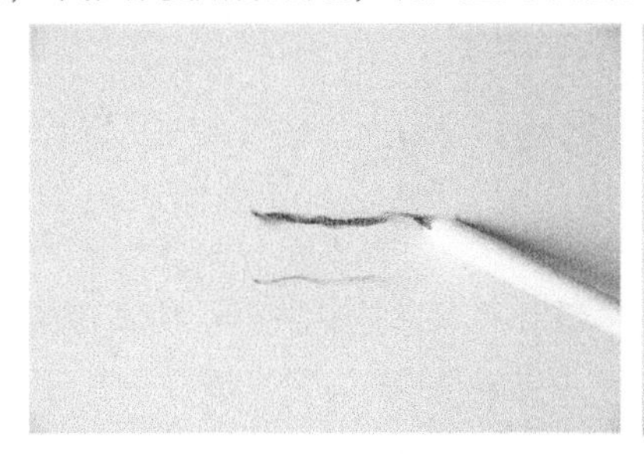

图2–129　擦纸笔的使用

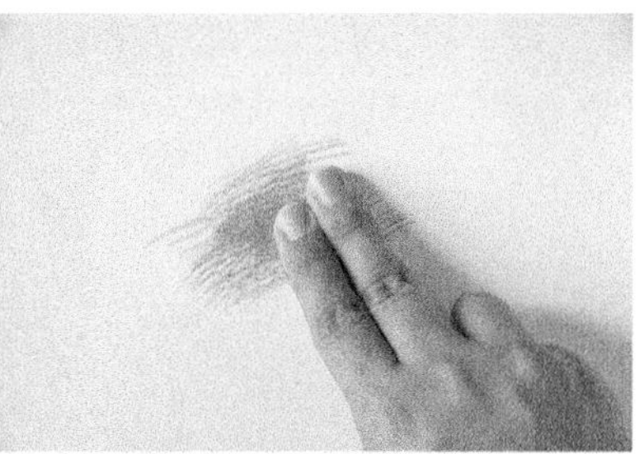

图2–130　用卫生纸擦拭调子和用手指擦拭调子的方式

2.1.3　色彩基础

1. 色彩的产生

扫码观看
微课视频

色彩是光从物体反射到人眼所引起的一种视觉感受，是非常有表现力的要素。色彩在人们的日常生活中起着重要作用，一个正常人从外界接收的信息大部分是由视觉器官输入大脑的。在白天人们能看到丰富的色彩，到了晚上在漆黑的环境中就什么也看不见，因此从人们的视觉经验得出结论：没有光就没有色彩。这些都是通过色彩的区别与明暗关系反映的，而视觉的第一印象往往是对色彩的感觉。

光通过三种形式——光源光、反射光、透射光进入人的眼睛后，人便可以感知到色彩：光源色、表面色、透过色。

光源色是光源自身的色彩。人的眼睛能够直接感受霓虹灯、装饰灯的绚丽色彩，但过强的光（如太阳光、高亮度的灯光）直接进入眼睛时人是看不到色彩的。一天不同的时段中日光色彩的变化对景物颜色的影响，揭示了光源与色彩的关系。

表面色是光作用于物体表面，物体对其反射而形成的。反射光是光进入眼睛十分普通的形式。物体表面呈现不同的颜色是由于物体表面具有不同的吸收光与反射光的能力。

透过色是透射光作用于物体的颜色。透射光是光源穿过透明或半透明的物体后再进入眼睛的光线。透过色会因为透过物而发生变化。比如常见的红灯笼，光源是暖白色的光，透过红色灯笼布或者纸，就形成了红色光。

英国科学家牛顿揭开了光色之谜，他把太阳白光用三棱镜分解成红、橙、黄、绿、青、蓝、紫七色光，同时，七色光通过三棱镜还能还原成白光，牛顿认为这七种颜色是七原色。后来物理学家大卫 · 鲁伯特进一步发现了染料原色只有红、黄、蓝三色，其他颜色都可以由这三种颜色混合而成。生理学家托马斯 · 杨根据人眼的视觉生理特征提出了新的三原色理论，明确了色光的三原色不是红、黄、蓝，而是红、绿、蓝（蓝紫）。此后，人们才认识到色光和颜料色彩的原色及其混合规律是有区别的。

2. 色彩的划分

（1）原色、间色、复色

原色：眼睛看到的色彩都由三种颜色组成，是不能再分解出其他颜色的三原色。三原色分为色光三原色以及色彩三原色，色光三原色（RGB）分别为红、绿、蓝，色彩三原色（CMY）则是青色、品红、黄色，如图 2-131 所示。色光三原色中：红色（Red），用英文首字母 R 表示；绿色（Green），用英文首字母 G 表示；蓝色（Blue），用英文首字母 B 表示。电子产品屏幕显色都是靠色光三原色的不同比例混合来实现的，色光的叠加会使颜色越来越亮，多光叠加会变成白色。色彩三原色中：青色（Cyan），用英文首字母 C 表示；红色不是大红，是品红（Magenta），用英文首字母 M 表示；黄色（Yellow），用英文首字母 Y 表示。颜色的叠加会使最终颜色越来越暗，最后到黑色。

就绘画而言，所用颜色混合规律是色彩三原色的混合规律，常见的印刷品基本用的是色彩三原色，如四色印刷，就是 CMYK，K 是指 Black，这里的 K 用的是 Black 的尾字母。

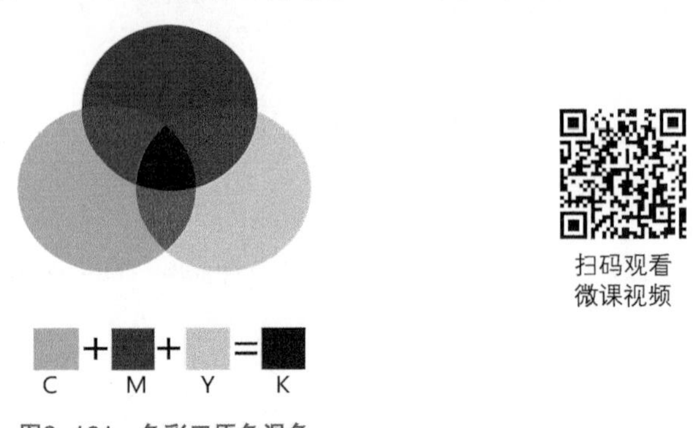

图2-131　色彩三原色混色

间色：原色中两个原色等量混合后的颜色称为间色，又称为三间色、二次色。例如，红 + 黄 = 橙、黄 + 蓝 = 绿、红 + 黄 = 紫。这里的橙、绿、紫就是标准的间色。

复色：由任何两种以上的颜色混合而成的颜色被称为复色，也称为三次色、再间色。复色包括除原色与间色以外的所有颜色，是最丰富的色彩。它可以是间色和相邻的一个原色混合后的颜色，如红 + 橙 = 红橙、黄 + 橙 = 黄橙，这里的红橙、黄橙都属于复色；也可以是两个间色混合，比如橙和绿混合。复色中包含了所对应的原色，只是各原色的混合比例不同，如图 2-132 所示。

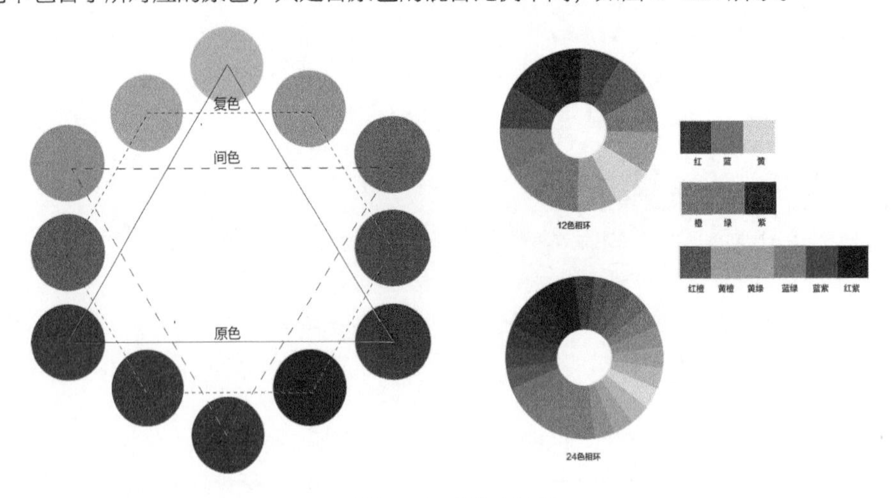

图2-132　颜色变化图

（2）色性、冷色和暖色

色性：色彩的冷暖倾向被称为色性。绿、紫等一些兼有冷暖感觉的颜色被称为中性色，色性的冷暖关系是相对的。例如，当黄色和红色比较的时候，黄色就偏冷一些；当黄色和蓝色比较的时候，黄色就偏暖一些。

冷色和暖色：冷色和暖色的产生，是建立在人的生理感觉和情感联想的基础上的。色彩都具有冷色和暖色两类相对的倾向，蓝色让人联想到大海、冰山、蓝天等，所以是冷色；黄色让人联想到火焰、太阳等，所以是暖色。色彩感觉中，橘红色是比较暖的颜色，天蓝色是比较冷的颜色，如图 2–133 所示。

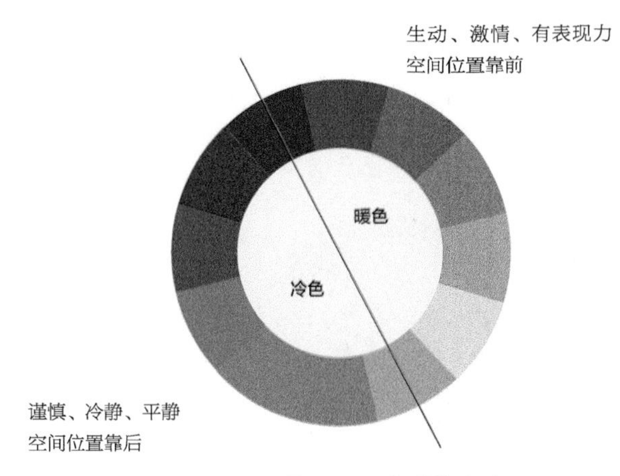

图2–133　色彩的冷暖

（3）同类色、类似色、对比色、互补色

同类色：色环中任意 15 度夹角内、色相相同而明度不同的颜色，或以某一色为主分别包含微量的其他色，这几个色互为同类色，如图 2–134 所示。

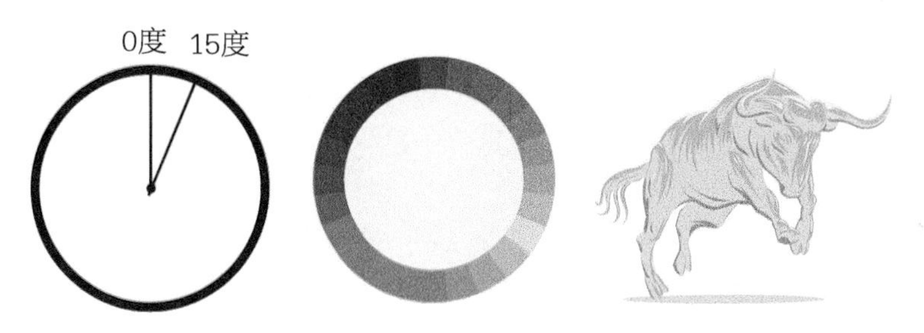

图2–134　同类色

类似色：色环中相隔 60 度角内相邻接的色称为类似色，也叫邻近色，某种颜色和其邻近色的复色亦为类似色，如图 2–135 所示。

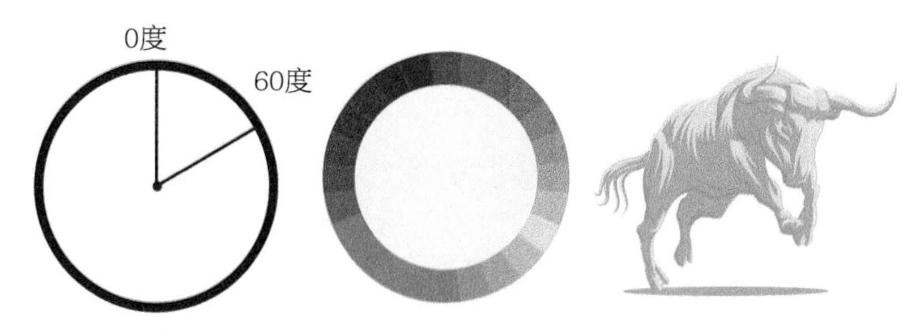

图2–135　类似色

对比色：色环中间隔 120 度左右的颜色互为对比色。例如，24 色相环上，间隔 120 度左右的三色对比有红 – 黄 – 青、橙 – 绿 – 青紫等。对比色之间存在着明显的冷暖对比，如图 2–136 所示。

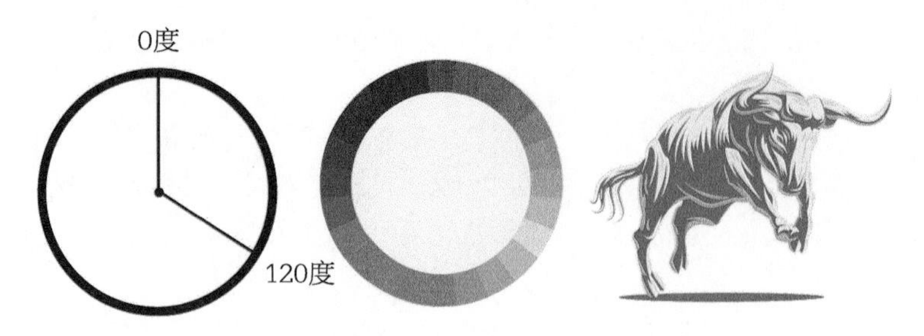

图2-136　对比色

互补色：三原色中任何一原色与其他两原色混合成的间色互为补色。红色与绿色互补，黄色与紫色互补，蓝色与橙色互补，如图 2-137 所示。

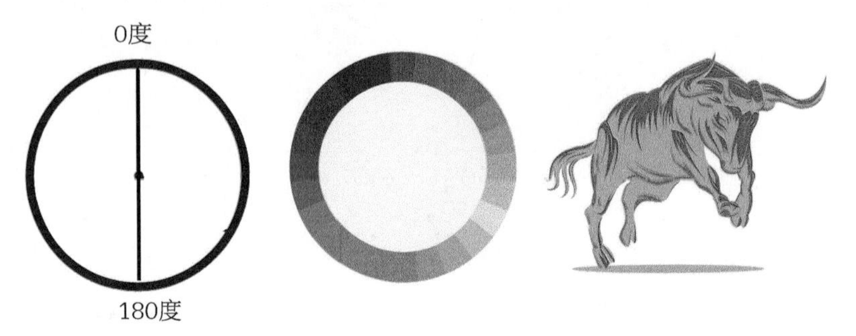

图2-137　互补色

（4）固有色、光源色、环境色

固有色：物体在常态光源下呈现出来的色彩。习惯上把白色阳光下物体呈现出来的色彩效果总和称为固有色。一般来讲，物体呈现固有色最明显的地方是受光面与背光面的中间部分，主要变化为明度和色相的变化，此处颜色饱和度最高。

光源色：由不同光源体形成的色光叫光源色，是光源照射到白色光滑不透明物体上呈现出来的颜色。不同光源发出的光，光波的强弱、比例性质不同，形成不同的色光。

环境色：物体固有色受到周围环境的影响，产生混合色光，就是环境色。物体表面受到光照后，能反射到周围的物体上，尤其是光滑的材质具有强烈的反射作用，此现象在物体暗部反映较明显。环境色有助于加强画面相互之间的色彩呼应和联系，能够微妙地表现出物体的质感，丰富画面中的色彩。

对这三种颜色的理解，可用一个石膏立方体举例。石膏立方体在日光下是白色的，白色就是它的固有色；如果拿一盏蓝色的灯来照射这个立方体，那立方体会呈现出蓝色，这个蓝色就是光源色；如果把石膏立方体放在红色的衬布上，红色会反射到立方体上，在立方体的暗面会有明显的红色，这个红色就是环境色。

3. 色彩三要素

扫码观看
微课视频

色彩由色相、明度、纯度（饱和度）组成，这三个特性被称为色彩三要素，也叫色彩的三种属性。根据色彩三要素的标准可以把色彩分为无彩色系和有彩色系两类。

无彩色系是指黑色、白色以及黑白两色混合而成的各种深浅不同的灰色系列。无彩色系只有明度的变化，色相和饱和度都为 0，如图 2-138 所示。

有彩色系是指可见光谱中全部的色彩，它以红、橙、黄、绿、青、蓝、紫为基本色，基本色之间以不同比例混合、基本色与无彩色之间以不同量混合所产生的千千万万的颜色都属于有彩色系。有彩色系中的任何一种颜色都具有三大属性，即色相、明度和纯度，如图 2-139 所示。

图2-138　无彩色系的明度变化

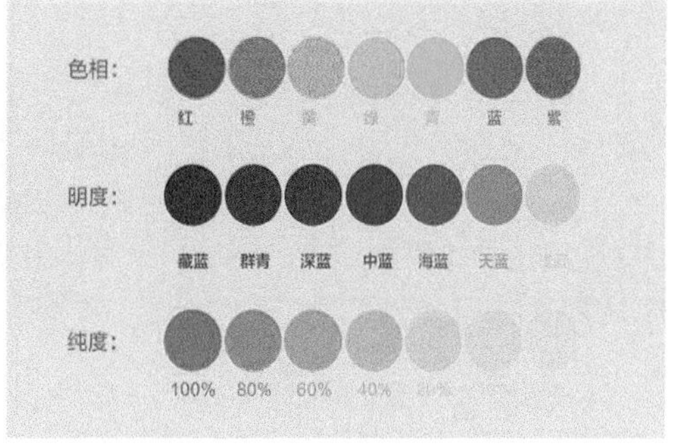

图2-139　有彩色系的色彩三要素

色相是物理性的光刺激人视觉神经而产生的感觉，指能够准确地表示颜色的色别名称，如群青、翠绿、柠檬黄、橘黄、玫红等。色相是色彩的首要特征，也是区别不同色彩的必要标准。

明度是指色彩的亮度或明暗度，不同的颜色会产生不同的明暗程度。明度有两种情况。一种是同一色相不同明度。如同一颜色在不同光线照射下明度不同，同一颜色加黑或加白产生各种不同的明暗层次。另一种是不同颜色的不同明度。每一种颜色都有与其相应的明度，如黄色明度最高，蓝紫色明度最低，红、绿色明度居中。

纯度是指色彩的纯净度，表示颜色中原色成分所占的比例，一般用来表现色彩的深浅和浓淡，是颜色鲜艳程度的评判标准。色彩中含有黑色或者白色成分越多，则色彩的纯度越低，含有黑色或者白色成分越少，则色彩的纯度越高。原色的纯度最高，颜色纯度降到最低就会失去色相变为无彩色系，也称之为灰度。

4. 色彩与心理

色彩会通过视觉引发心理上的变化，不同的色彩能使人的视觉产生兴奋感、沉静感、明快感、忧郁感、华丽感和朴素感等，并引起相应的情绪反应。这种感受与明度、纯度、色相三者息息相关。暖色与高纯度、高明度的颜色让人感觉兴奋、明快、华丽和活泼，冷色与低纯度、低明度的颜色让人感觉沉静、宁静、质朴和忧郁。在色彩运用中，利用色彩心理效应的原理，可以营造出理想的情绪氛围。比如用红、黄、橙色可以营造出节日、宴会等欢乐活跃的气氛，用蓝、绿、紫色可以营造出清凉、宁静、神秘的氛围。明亮鲜艳、对比强烈的色调给人华丽的感觉，深沉灰暗、协调一致的色调给人朴素的感觉。

5. 色彩的情感

人们对色彩的好恶受到年龄、性格、情绪、职业、居住环境等很多客观条件的影响，对于色彩的感受每个人都不是完全一样的，但综合各调查资料，仍然可以得到一些共性倾向。随着年龄的增长，人们对色彩的喜好逐渐由暖变冷，明度和纯度由高变低。一般儿童喜欢鲜艳明亮的色彩，老人喜欢素净深沉的色彩；乡村色彩单调，人们偏爱以鲜艳的色彩点缀，城市生活色彩纷繁，人们在这种环境中倾向于清淡素雅的色彩。

人们的色彩好恶也随着时代的变化而变化，色彩的流行受到当时社会、经济、文化等因素的影响。我国历史上夏代尚黑、商代尚白、周代尚红、秦代尚黑、汉代尚黄等说明人们对色彩的好恶是一直变化着的。随着科技的进步，新兴特殊材料的不断研发，增添了许多以前没有的颜色，目前国际流行色协会每年都会发布多种流行色预测。

色彩还有很多约定俗成的象征意义。例如，红色象征喜庆、热闹、热血，也象征多疑、嫉妒；绿色象征理想、和平、自然、生命，也象征宁静、清冷；紫色象征权威、高贵，也象征神秘、忧郁等。

6. 色彩的应用

色彩不仅是绘画艺术的语言，还是所有视觉现象内容的组成部分。画面上色彩运用得好，能增强感染力和真实感，对于深化形象、抒发情感、烘托气氛，生动形象地表现对象具有独特的作用。

色彩的透视变化规律：当物体距离视点越远时，色相就越冷，色彩的纯度就越低，浅色物体明度越低，深色物体明度越高；相反，当物体距视点越近时，色相就越暖，纯度越高，浅色物体明度越高，深色物体明度越低。

7. 色彩的对比与协调

色彩很少单色应用，只要两种或两种以上的颜色综合运用，都会产生色彩的对比。色彩对比的种类繁多。以色彩性质划分，有色相对比、纯度对比、明度对比；以色彩形象划分，有形状对比、面积对比、位置对比、虚实对比、纹理对比；以色彩的心理划分，有冷暖对比、轻重对比、动静对比、胀缩对比、进缩对比、新旧对比；以对比色数划分，有双色对比、三色对比、多色比对、色组对比、色调对比；以观察方式划分，有同时对比、连续对比等。它们构成了色彩设计的基本手段。

常用的色彩对比关系为色相对比、明度对比、纯度对比、冷暖对比、面积对比。下面举例分析这几种对比关系的特点。

（1）色相对比

不同色相并置的色彩对比称为色相对比，根据各色相在色环上的相互距离和角度，色相对比（见图 2-140）可分为邻近色对比、同类色对比、中差色对比、对比色对比、互补色对比。

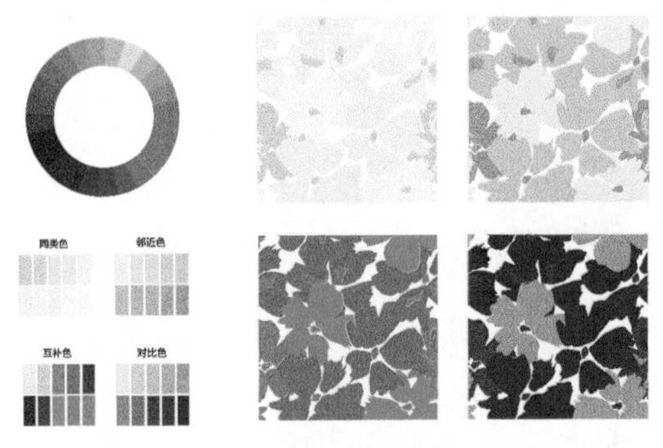

图2-140　色相对比

（2）明度对比

建立在明暗差别基础上的色彩对比方式称为明度对比。明度对比的强弱取决于明暗的差别程度，色彩的层次感、空间感主要来自明度对比，如图 2-141 所示。

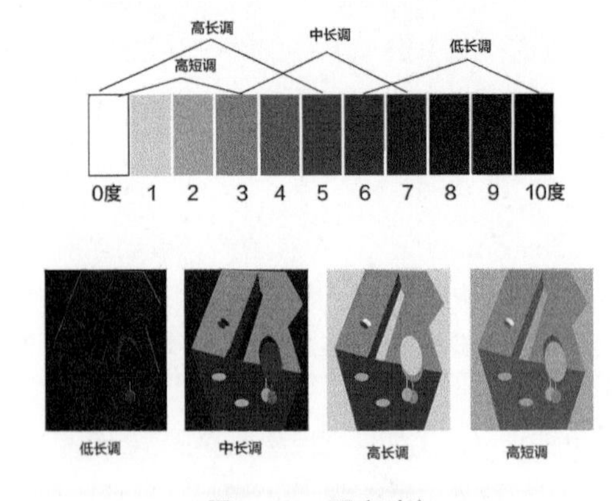

图2-141　明度对比

（3）纯度对比

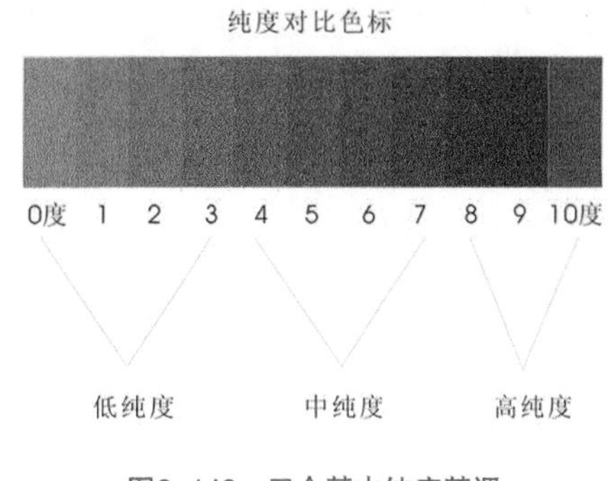

图2-142　三个基本纯度基调

建立于纯度差别基础上的色彩对比方式称为纯度对比。纯度对比强弱取决于色彩鲜艳与灰暗的差别程度。根据纯度对比色标，可以划分出 3 个纯度基调，0 ~ 3 度为“低纯度”，4 ~ 7 度为“中纯度”，8 ~ 10 度为“高纯度”，如图 2-142 所示。高纯度色面积占七成称为高纯度基调或鲜调，中纯度色面积占七成称为中纯度基调或中调，低纯度色面积占七成称为低纯度基调或灰调（浊调）。图 2-143 所示为不同纯度比例所形成的画面感受。高纯度基调（鲜调）代表了积极、强烈、冲动、外向、快乐、生气、聪明、活泼；中纯度基调（中调）代表了稳定、文雅、可靠、中庸；低纯度基调（灰调、浊调）代表了平淡、自然、简朴、消极、陈旧、无力。

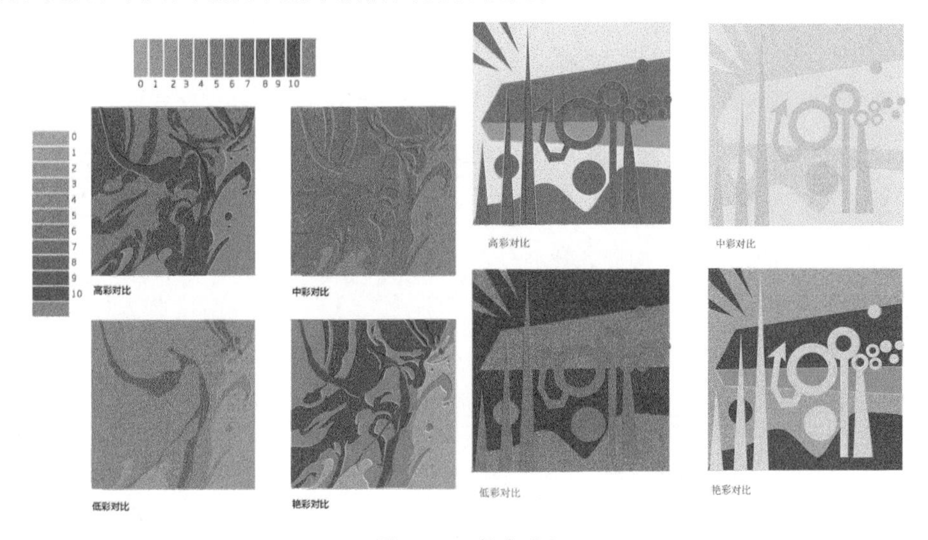

图2-143　纯度对比

（4）冷暖对比

因色彩感觉的冷暖差别而形成的色彩对比称为冷暖对比。人们平常感受到的冷暖都来自不同色彩的对比，冷暖颜色的对比会加强颜色各自的冷暖倾向。

（5）面积对比

面积对比是指因各色块在构图中所占比例不同而形成的对比关系。色彩面积占据的比例不同，会形成不同的色调。面积对比的结果是：使用面积越大的色彩，越能充分表现色彩的明度和纯度；面积越小，越容易形成视觉上的辨别异常。

2.1.4　透视基础

1. 透视

透视是指在二维的平面上利用点、线和面描绘物体空间关系的方法。将所见景物准确地描绘在平面上，即为该景物的透视图。透视图通常用来表达构思，在广告艺术、建筑学、室内设计、雕塑设计、装饰设计、工业设计以及其他相关行业里，都是借助图将设计者的构思传达出来的。透视的基本规律是“近大远小，近实远虚”，利用这样的对比能更好地营造画面上物体的远近空间感。

透视有色彩透视、消逝透视、线性透视。其中常用的是线性透视。线性透视是文艺复兴以来，逐步形成的塑造形体、再现空间关系的方法，是画家理性解释客观世界的产物。在画面中，线条表现得越明显空间深度感越强。

线性透视是把三维空间的形象表现在二维平面上的方法，可使画面有立体感。透视要遵循的几个规律为原线、变线、灭点。

2. 透视的几种表现

一点透视，即平行透视。它是指物体在画面中有一个面与地平线平行的透视，物体线条在画面中只有一个消失点。在只有一个物体时，一点透视图所能表现的范围如图 2-144 所示。在图 2-144 中，视点在物体的左、中、右、上、下等不同的位置时，所描绘的透视图共有 9 种。其多用于表现庄重、稳定的建筑空间，如图 2-145 所示。

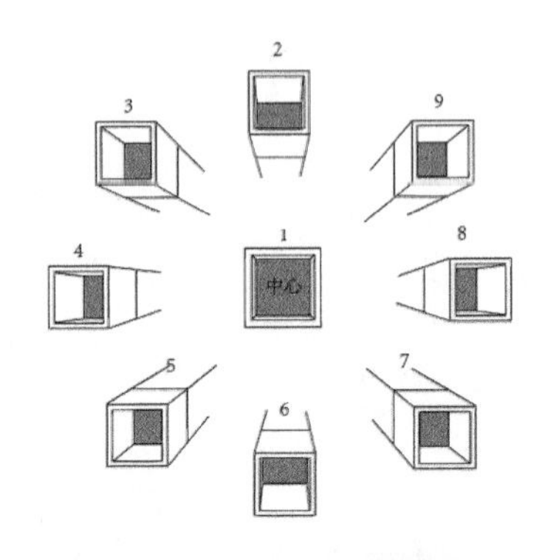

图2-144　一点透视视点

图2-145　一点透视的运用

两点透视，也叫成角透视，它能表现物体的立体效果和各种变化。两点透视是常用的作图法，如图 2-146 所示。用这种透视作图时，由于要描画物体的宽度面和深度面的关系，使各面成为透视面，所以需要宽度线的消失点和深度线的消失点。常用的两点透视作图角度有 45 度·45 度、60 度·30 度、75 度·15 度等。其透视效果比较自由、活泼，反映空间比较接近于人的真实感觉，能较准确地表现一个物体，如图 2-147 所示。

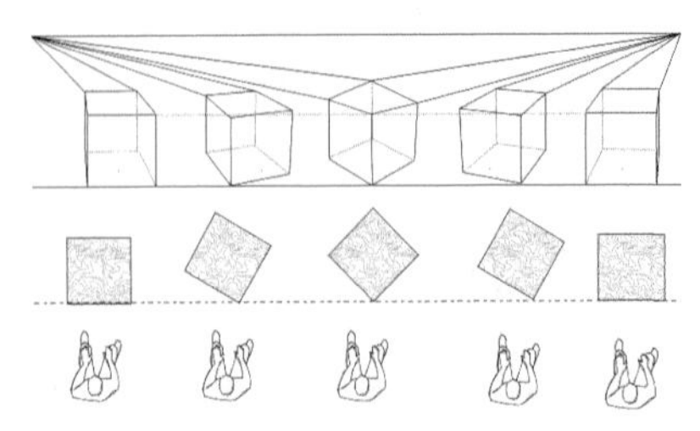

图2-146　两点透视分析

图2-147　两点透视场景图

三点透视有三个消失点，其高度线不完全垂直于画面。三点透视又称倾斜透视，其有两种情况。

a. 物体本身就是倾斜的，如斜坡、瓦房顶、楼梯等。这些物体的面对于地面和画面都不平行而是倾斜的，不是近低远高的面，就是近高远低的面。

b. 物体本身垂直于地面，因为其过于高大，平视看不到全貌，需要仰视或俯视来观看，如超高层建筑。其中第三个消失点的主视线必须和画面保持垂直，必须使其与视角的二等分线保持一致，如图 2–148 所示。

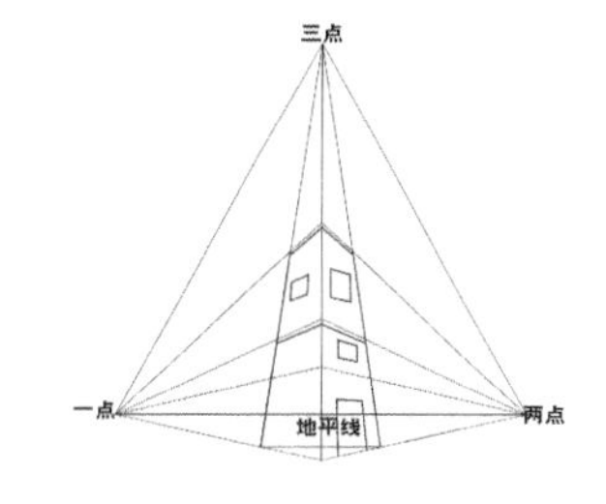

图2–148　三点透视图

倾斜透视适合表现高大宏伟的景物，仰视景物险峻高远，有开朗之感；俯视景物动荡欲覆，有深邃之感。

上面所讲的几种透视多是以直线举例的，以便于说明基本规律，但客观存在的各种物体的构成除直线外，更多的还是曲线。曲线种类很多，变化很大，总的来说可分为规则曲线（正圆、椭圆等）和不规则曲线（人物、动物、山石、花树、图案花纹等）。

圆形透视有两种情况，一种是平行于透视画面，不发生透视形状变化的圆；另一种是垂直于透视画面，圆的透视形状为椭圆形，其形状随着透视状态的不同而呈现不同的椭圆形状。椭圆长轴和短轴的交点不是圆心，圆心在最长直径的正中，最长直径与最短直径在圆心处相交。最长直径将椭圆分为远近两部分，近的部分略大，远的部分略小。圆形的透视跟正方体的透视有一定的相似处，都遵循着近大远小、近长远短的规律。

圆的透视的基本特征如下。

a. 平行于透视画面圆的透视形状不发生变化，只发生近大远小的透视变化，如图 2–149 所示。

b. 垂直于透视画面圆的透视形状，在视域范围内为标准椭圆形。同样面积的圆，离心点越近，椭圆形越窄；离心点越远，椭圆形越宽，如图 2–150 所示。

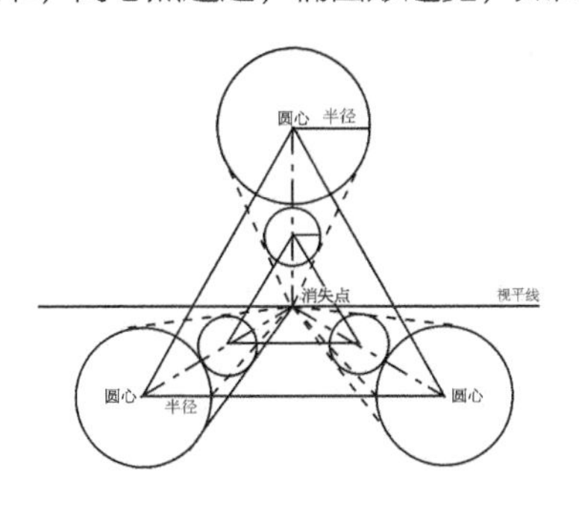

图2–149　平行于透视画面圆的透视

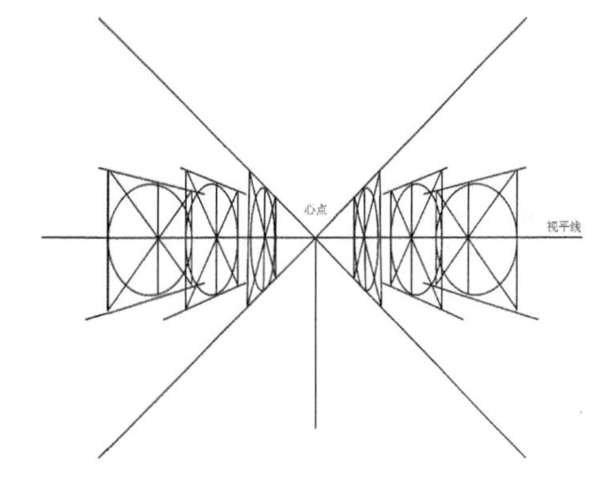

图2–150　垂直于透视画面圆的透视

不规则曲线透视的基本特征如下。

a. 平面曲线的透视，仍然体现出近大远小的特征，其透视图形仍然是曲线。只有平面曲线所在的面与视轴和视平线（平视时为地平线）重叠时，平面曲线为一条直线。

b. 平面曲线不平行于画面时，平面曲线发生近大远小、近疏远密的变化。

c. 平面曲线平行于画面时，平行曲线不发生透视形状变化，保持原状。

不规则曲线透视的画法：在平面曲线的平面图上，用直线分割的方形网格将平面曲线分割，使平面曲线部分容纳在网格之中，根据透视的基本规律，在一点透视、两点透视、倾斜透视等不同的透视画面中建立网格，再把网格中的平面曲线按分割后的坐标位置近似画出，便得到平面曲线的透视图（“网格透视”），如图 2–151 所示。

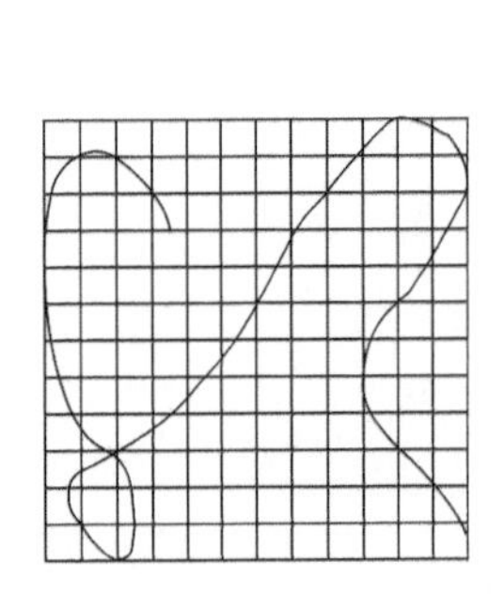
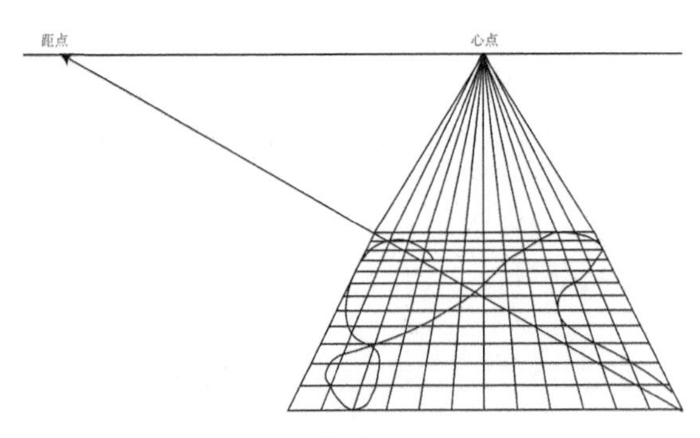

图2-151　不规则曲线的透视画法（网格透视法）

3. 仰视、俯视

仰视图是在仰视视角下的图景，或指视线由下向上投射所得的视图，如图 2-152 所示。仰视透视趋向于表达高大挺拔的视觉效果。

俯视图是由物体上方向下做正投影得到的视图，也叫顶视图、鸟瞰图。俯视透视趋向于表达完整、宏大的大场景。

图2-152　仰视图

4. 构成

“构成”作为设计的基础知识，涵盖了大量视觉形式的基础理论，是一种造型概念，其含义是将几个不同形态的单元重组成一个新的单元。起源于包豪斯设计学院的“三大构成”至今仍是设计院校的专业课程之一。

三大构成包括平面构成、色彩构成、立体构成，如图 2-153 所示。

平面构成是视觉元素在二维空间的构成规律，是在二维平面内将元素按照一定原理进行分解、组合，从而构成多种理想的视觉形式的造型设计。其构成形式主要有重复、近似、渐变、变异、对比、集结、发射、特异、空间与矛盾空间、分割、纹理及错视等。

平面构成

色彩构成

立体构成

图2-153　三大构成

色彩构成是从人对色彩的知觉和心理效果出发，用科学的分析方法，把复杂的色彩现象还原为基本形态要素，依照一定的规律去组合、重构这些形态要素之间的关系，使之呈现出新的色彩效果 。它与平面构成及立体构成有着不可分割的关系，色彩不能脱离形体、空间、位置、面积、纹理等而独立存在 。

立体构成是在三维空间中将造型要素按照一定的构成原则，组合成具有个性美的立体形态的构成方法。立体构成也称为空间构成，涉及建筑设计、景观设计、室内设计、工业造型、雕塑、广告设计等行业。立体构成有半立体构成、线立体构成、面立体构成、块立体构成和综合材质立体构成。

2.2 形体的塑造训练

通过前面章节的学习，我们基本了解了一些美术的基础知识，下面通过示例来进行绘画练习，在画之前，先简单了解一下画面的构图。

构图，即绘画时根据题材和主题的要求，把要表现的形象适当地组织起来构成一个协调、完整的画面。一般初学者在构图中常出现的问题有以下 6 种，如图 2-154 所示。

a. 空。其解决方法为：丰富画面求得充实（将物象放大一些或添加一些道具以及运用衬布的变化来充实和丰富画面）。

b. 满。其解决方法为：缩小物象求得对比（缩小物象，增加“透气”的空间）。

c. 偏。其解决方法为：调整重心求得稳定（调整道具的空间位置，保持重心稳定，取得统一而富于变化的构图）。

d. 板。其解决方法为：打破物象求得对比（打破完全对称的布局）。

e. 聚。其解决方法为：疏密对比求得变化（形成前后左右疏密有致、高低错落、互相呼应的布局）。

f. 散。其解决方法为：主次对比求得变化（通过聚与散、主与次的对比，在变化中求统一）。

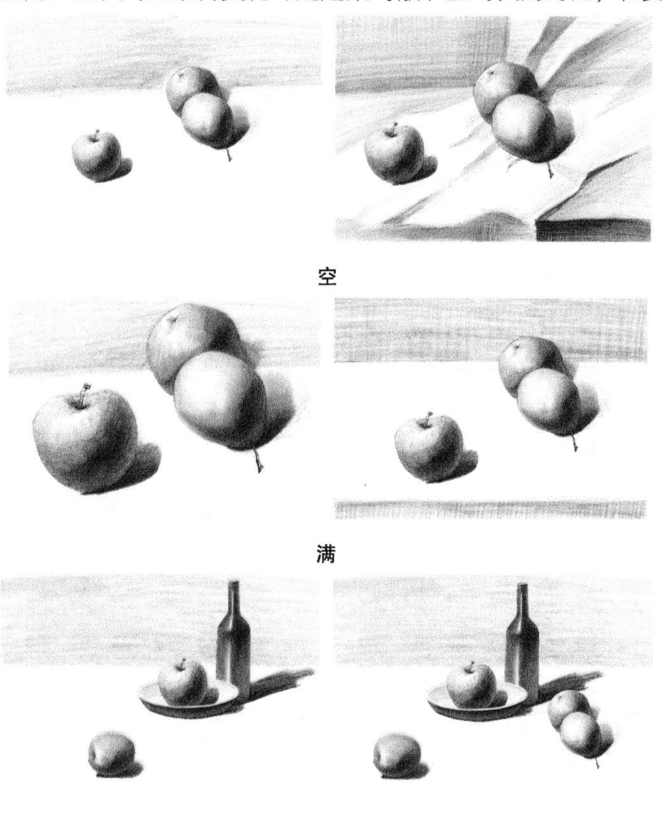

图2-154　构图常见错误分析（左边为错误构图，右边为正确构图）

图2-154 构图常见错误分析（左边为错误构图，右边为正确构图）（续）

从上面的示例中可以总结出画面构图的基本原则是均衡与变化、大小与多少、高低与疏密。常用的构图形式有三角形构图（正三角形、斜三角形、倒三角形）、四边形构图（菱形、梯形、斜四边形）、圆形构图和曲线构图这四大类。

正三角形构图在力学上是最稳定的，在心理上给人以安定、坚实、不可动摇的感觉。注意，正三角形构图的边线容易产生多个对象处于同一条直线上，造成构图贫乏、空间紧缩的弊端，所以起稿时对正三角形构图的边线需谨慎思考。斜三角形构图给人的感觉是稳定、均衡、持久但又不失灵活性。倒三角形构图与正三角形构图相比，效果完全相反，给人一种运动、不稳定的感觉。三角形构图如图2-155所示。

正三角形构图

斜三角形构图

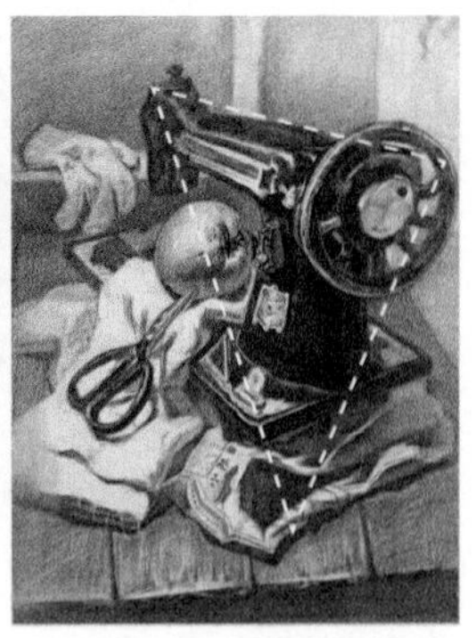

倒三角形构图

图2-155 三角形构图

四边形构图给人以稳重、庄严、平和的感觉。梯形构图的画面稳定性较强。菱形（注意菱形可以简约地看成由两个三角形构成）构图较正三角形构图的优点在于底线比较容易把握，不易产生多个对象处于同一条直线上的问题。四边形构图如图 2-156 所示。

梯形四边形构图

菱形四边形构图

图2-156 四边形构图

圆形是封闭、整体的基本形状，圆形构图通常指画面中的主体呈圆形。此构图在视觉上给人以旋转、运动、收缩和扩张的审美效果，如图 2-157 所示。

曲线构图（曲线的组合和延伸）给人以优美的韵律感，给画面增添活跃的气氛。它具有穿针引线的作用，可以把画面中散乱无关联的景物联系起来，形成和谐、统一的整体，如图 2-158 所示。

图2-157 圆形构图

图2-158 曲线构图

一般来说，如果画面要表现单一的物体，只要控制好主体在画面中的位置和大小即可；如果是表达物体的组合，就要考虑更多的构图因素。好的构图一般符合下面这些美的规律：集中而不单调；稳定而不呆板；饱满而不滞塞；活泼而不散乱；有主有次；有远有近；疏密相间；黑白有致；考虑动势；不分割画面。下面就单个石膏体进行范例讲解。

2.2.1 案例：石膏结构素描训练

形体结构是艺术造型中的重要因素，形就是物体的剪影，体则是形的体积，结构即为连续组合的体积。在绘画时，不论是采用线条、明暗或色彩等绘画手法，都要准确表现物象的形体结构。有体一定有形，有形不一定有体。形是平面，体是空间，结构是连续的体积。下面以基础的立方体为例进行形体结构的分析、练习。

在进行绘画之前，首先要观察石膏立方体，确定要表达的角度，分析能看到的每个面的透视比例。立方体每个面大小一样，每条边长度相等，所以初学者在画的时候很容易犯经验错误——把每个面画得尽量相同，其实犯这个错误就是因为画的时候没有考虑透视对形体的改变。为了更准确地理解形体结构和透视的关系，要在确定立方体的绘画角度以后，认真观察每个面的比例关系。

其绘画步骤如下。

1. 起稿

确定物体位置，一般情况下，选择常见的侧面俯视角度，这样能看到三个面的关系。要先用几根线条来框出主体的位置范围，在这个范围内，用概括的线条定出结构特征，勾画结构走向，如图 2-159~ 图 2-161 所示。

图2-159　起稿（一）

图2-160　起稿（二）

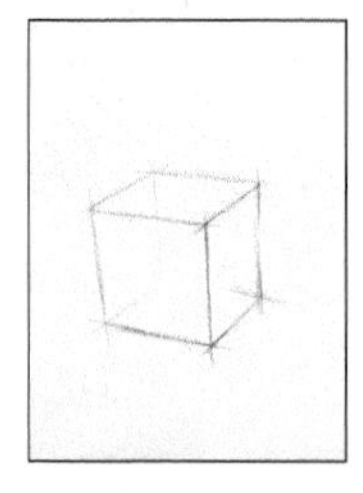

图2-161　起稿（三）

扫码观看
微课视频

2. 确定明暗

确定明暗交界线，逐步将暗面的调子由明暗交界线向暗部投影的边缘进行勾画，表现转折关系，并丰富暗部细节。结合橡皮进行调整，将亮部的颜色进一步完善与界定，并对结构走向加以完善，如图 2-162 所示。

3. 局部深入

使用较细的铅笔不断对亮灰颜色进行丰富，加深明暗交界线，不断完善画面细节，如图 2-163 所示。

4. 整体调整

将暗面的颜色进一步丰富，亮面的过渡灰色要以整体的画面效果为主进行塑造，同时将暗部转折进一步交代。整个绘画过程是从整体到局部，再回归整体，如图 2-164 所示。在画单个物体的时候，要注意近实远虚的表现。

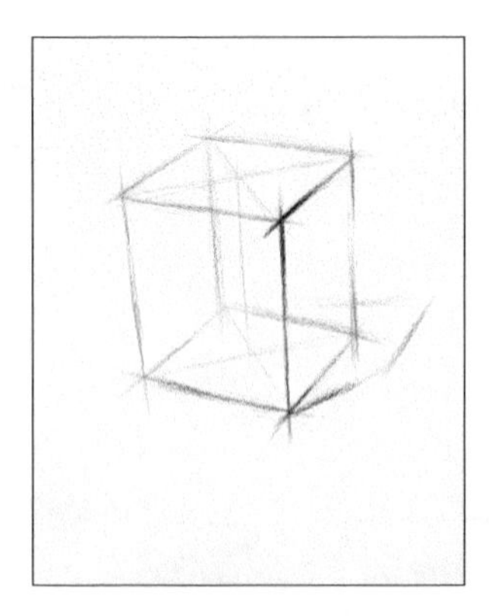

图2-162　确定明暗

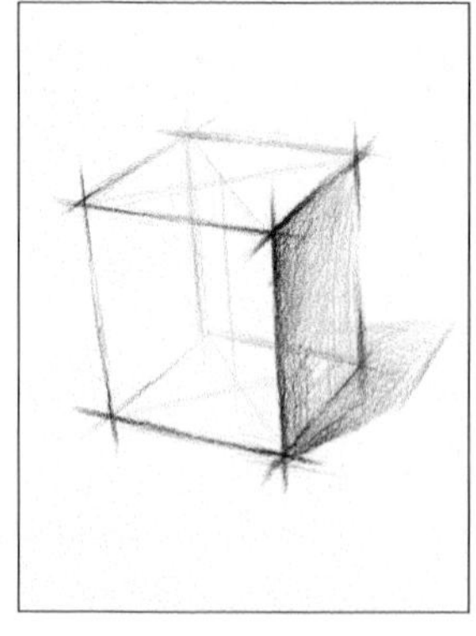

图2-163　局部深入

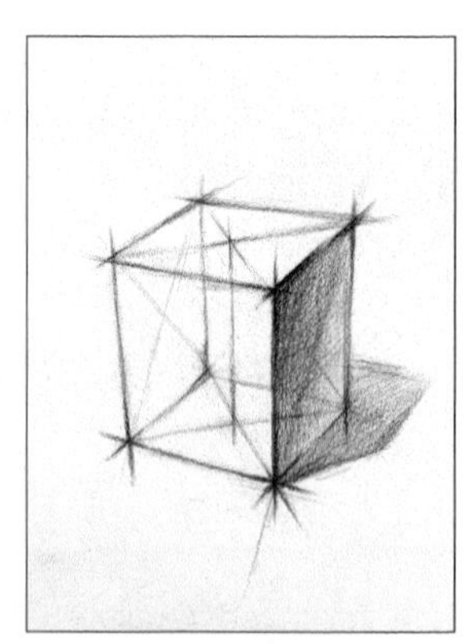

图2-164　整体调整

近处：实，结构线条清晰、细节刻画深入、线条轻重对比强烈。

远处：虚，结构线条相对模糊、细节刻画较少、线条轻重对比弱。

2.2.2 案例：静物结构素描训练

练习完单个几何体之后，来学习静物组合的结构素描。静物组合，不是单个物体的简单叠加，它的难点在于对静物之间画面关系的整体把握，如遮挡关系、构图选择、虚实结合（一般近处的物体实，远处的虚）。下面以一组静物为例进行形体结构的分析、练习。

静物结构素描学习者要掌握如何利用线条表现出形体结构，让画中的静物具有立体感，凸显静物的结构。静物结构素描绘画一般分为 6 个步骤。

1. 分析静物的结构

在开始作画之前，首先要观察和分析所要描绘的静物的基本结构，可以先在草稿纸上单个地勾画出各物体的基本造型，把复杂的静物结构归纳为简单的几何结构组合，并进一步分析各物体造型的基本结构，这样有助于理解各物体造型结构的来龙去脉，如图 2-165 所示。

图2-165 分析单个物体结构

2. 确定基本构图，勾画形式构图

构图一般是需强调的重点，在构图阶段也可在草稿纸上大体地勾画出几个形式的构图，比较哪个构图形式更能安排好静物内容，更能形成生动凝练的画面。在构图时要注意主次分明，将主体安排在视觉中心位置，同时也要注意画面的均衡与呼应关系，如图 2-166 所示。

图2-166 确定构图及各主体位置

扫码观看
微课视频

3. 按照静物比例关系，勾画大体轮廓

在画出大的几何形态的基础上，进一步画出各个形体的基本比例关系。比例关系不是固定的，它随人视角的变化而变化，在结构素描绘画中要注意描绘同一视角下的各种比例关系，要通过物体之间相互比较而形成大、小、方、圆等相互比例关系，如图 2-167 所示。初学者容易在确定相互比例关系过程中出现各种错误，如火锅画得小，而鸡蛋画得大，碟子画得小，而苹果画得大，这是因为缺少反复比较。

图2-167　反复比较确定对的比例关系

4. 注意结构关系，以免素描结构单调

在确定了正确的比例关系之后，要进一步默画出物体的各种结构，这一步骤是结构素描中形体塑造的关键。画物体结构时，既要防止勾轮廓式地画结构框，也不能光画看得见的结构关系。结构的交代要从整体出发，从透视解剖的角度出发，通过理解默画出各种结构面的转折与延续，要注意理解形体的穿插，防止单调和空洞，如图 2-168 所示。

图2-168　通过理解默画出看不见的结构线

5. 深入塑造形体，强调空间关系

静物结构素描摆脱了明暗光影的影响，去除了明暗调子的描绘，它着重表现物象形体结构中各个部分之间的组合和运动规律，在深入塑造形体时要注重理性因素，强调理解，强调线条的准确性和表现性，如图 2-169 所示。在用结构素描默画的深入刻画阶段，处理物体的主体与空间关系、局部与整体关系时，理性思维应占据较大的比重，但同时也不要忽视感性思维的作用，缺少了感性思维的深入刻画，容易造成画面僵硬、缺乏活力。塑造时，要突出结构素描中线条严密、互相交错的节奏变化。

图2-169　深入塑造形体结构

6. 整理调整

当完成了深入细致的刻画之后，必须进行整体调整这一过程，以求造型更准确，形体更厚实，画面的整体效果更统一、概括、生动。

2.2.3　案例：色彩构成训练

前面的章节讲解了色彩的基本知识，对于色彩构成的学习，任何一个单项练习都不足以应对复杂的彩色世界，尤其是针对虚拟现实空间的设计。色彩构成能力是一种复合型能力，它要求既要懂得色彩归纳的一般知识，也要了解色彩构成的一般形式法则。以下通过对一幅照片的色彩构成处理来进行实践。

色彩归纳是艺术设计学习系统中很重要的一个环节，是从色彩写生到色彩构成的过渡。它不仅能训练我们的色彩感觉，同时能训练我们的理性思维方式，以及训练我们处理色调的能力。色彩归纳不同于色彩写生。色彩写生多用写实的方法，是以实物为对象直接进行客观色彩描绘，着重培养我们的观察、分析能力。色彩归纳是在面对客观物体的感性基础上，强化主观表现和理性的设计意念，它的特点是概括、提炼、主观、理性，以设计专业的造型需要和思维发展为取向，其训练的目的在于为艺术设计服务，带有较强的创新和主观意识。

色彩构成和色彩归纳有相似的地方，色彩构成也有在形态上偏写实的构成，另外还有对归纳的颜色和形态进行打散重组。其更加主观抽象，设计感和装饰感更强。色彩写生、归纳和构成如图 2-170 所示。

色彩写生　　色彩归纳　　色彩构成

图2-170　色彩写生、归纳和构成

扫码观看
微课视频

色彩归纳一般有“明暗归纳”“结构归纳”“平面归纳”和“创意归纳”四种表现方法。前三种归纳法是基本表现技法，后一种归纳法带有创造的成分。这里主要介绍前三种。

a.“明暗归纳”依托光照对物体产生的明暗变化的影响，与光影素描画法同理，它是对物体丰富的明暗变化采用减法进行归纳。其是指参照物体在光照下产生的“两大部”（受光部、背光部）、“三大面”（亮面、灰面、暗面）、“五大调子”的明暗变化规律，根据需要选择一项进行明暗归纳，再结合进行形态、色彩、空间的归纳、提炼和程序化处理。这种表现形式的画面效果，既有一定的光感、立体感和空间感，又富有一定的装饰意味。

b.“结构归纳”依托物体造型结构，与结构素描画法同理，它不考虑光线对物体照射的影响，对物体做平光处理，从形态构造、体面转折着手，抓住物体轮廓线并分出大的结构转折面，注意物体固有色及其明度形成的整体对比关系，进行构形、构色、明度的处理。以这种方法绘出的画面，基本上是一种平面效果，物体略有一点凹凸感，装饰趣味较浓。

c.“平面归纳”依托物体的外形轮廓，与纯线条表现的素描形式相似，对物体的立体形态做平面处理，排除物体的明暗变化和结构表现，对丰富的色彩变化做整色提炼，是一种类似投影、剪纸效果的表现形式。其注意物体的外形特征，以及各物体色相、明度、纯度的对比，把握画面色调倾向和主要色块构成，抛弃透视变化，强调平面组合。这种表现形式的画面具有平面装饰效果。

色彩归纳的基本原理是在画每件物品时，用三到五套色彩概括表现每个对象，运用构图的一般规律进行主次分明、虚实结合的整体构图。静物色彩归纳的表现技法有推晕法、色块法、色块勾边法，如图 2-171 所示。

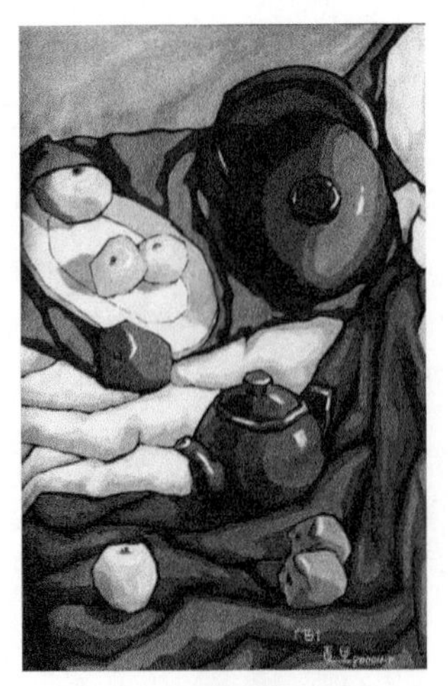

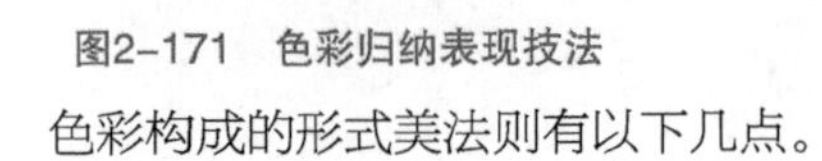
推晕法　色块法　色块勾边法

图2-171　色彩归纳表现技法

图2-172　色彩均衡

色彩构成的形式美法则有以下几点。

1. 色彩的均衡

均衡是形式美的基本法则之一。从物理学上讲，均衡是左右对称的状态；从造型艺术上讲，均衡是作为要素的形、色、质等在视觉中心轴线两边的平衡，以及视觉上的安定感。

色彩的均衡并不一定是各种色彩所占有的量均等，如面积、明度、纯度、强弱的配置绝对平均，而是依据画面的构图，取得色彩总体感觉上的均衡，如图 2-172 所示。

2. 色彩的节奏与韵律

色彩的节奏是色相、纯度、明度、面积、形状、位置等有秩序的重复，并由此表现出形与色的组织规律性。它的产生有赖于重复、渐变、突变、运动等形式，它是构成美的基本形式之一。

a. 重复节奏：重复节奏由单色或单元色的重复构成。一种是连续重复排列，如同一色相、同一明度、同一纯度、同一面积的单色的连续重复排列，或由多种色相、多种明度、多种纯度、多种面积构成的一个色彩单元的连续重复排列。另一种为交替重复排列，由两个或两个以上的单色或单元色进行方向、位置、色调等交替的重复排列，但它的构成必须依据一定的格式和规律。

b. 渐变节奏：渐变节奏是重复节奏的一种特殊形式，可以理解为重复过程中的逐渐变化的节奏。渐变的过程可以是递增或递减的间隔。直接渐变指在某一种色中递次混入另一种色而产生的色变过程。其具体形式有色相渐变、明度渐变、纯度渐变、冷暖渐变、补色相混渐变。明度渐变如图 2-173 所示。

对比渐变指在色彩的渐变过程中插入对比因素，从而构成由强对比到弱对比的序列渐变。其具体形式有色相对比渐变、明度对比渐变、纯度对比渐变、面积对比渐变。纯度对比渐变如图 2-174 所示。

图2-173　明度渐变

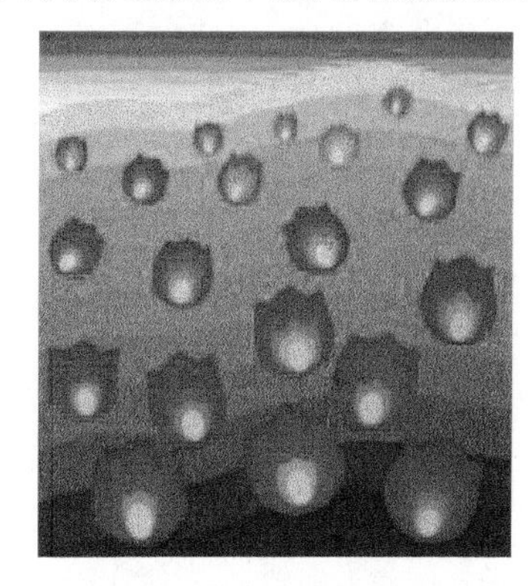

图2-174　纯度对比渐变

c. 突变节奏：突变节奏是指在色彩有秩序地变化时突然引入非秩序的因素，打破原有规律。它可以是在原有统一规律的色调中引入强烈对比的颜色，也可以是在以某一形状为主的色块中加入不同形状的色块。

d. 运动节奏：运动节奏是指通过强烈的明暗与色相对比、不对称的布局、重心偏移等方法，用线与色彩的结合，使画面产生运动感，如直线辐射和延伸、波纹线流动、涡纹线产生向心感与离心感。

3. 色彩单纯化

色彩单纯化是指在配色过程中色彩统一性倾向的表现。色彩单纯化的配色原则，主要表现在色彩配色过程中色彩的“ 整齐划一”和“高度概括”两方面。概括配色如图 2-175 所示。

图2-175　概括配色

4. 色彩的主次

色彩设计往往需要多种色彩搭配构成，在这些色彩的组织搭配中有一些色彩处于画面的主要地位，起到主导色彩的作用，这种色彩称为“ 主色”；其他色彩则处于相对次要的地位，起到陪衬主色的作用，这类色彩称为“宾色”。主宾色的搭配，构成了色彩视觉的基本层次。

5. 色彩的呼应

色彩的呼应在色彩设计中表现为各种色彩不应孤立地出现在画面的某一方，而应在与它相对应的一方（如前后、上下、左右等）配以同种色或同类色构成呼应关系，如图 2-176 所示。色彩的呼应有两种基本形式：局部呼应和整体呼应。

图2-176　色彩的呼应

6. 色彩的点缀

色彩的点缀是利用色彩面积强对比的手法，以小面积的鲜亮色在大面积的灰暗色调中加以点缀，从而达到激活画面的效果。点缀色在色彩构成中具有“ 画龙点睛”的神奇效果，如图 2-177 所示。

图2-177　色彩的点缀

7. 多样统一

多样统一原则是色彩构成的基本法则，只有各种色彩按照一定的层次与比例，有秩序、有节奏地相互联结、相互依存、相互呼应，才能形成和谐优美的色调。

学习完以上色彩归纳和色彩构成的基础知识后，再通过对实例的分析进一步理解色彩构成的方式方法。图 2-178 中包含的三张图均为人物头像，但表达技法不同。其色彩构成的主观表达从光影概括到高度抽象，色彩的形态和颜色完美契合。第一张图色彩统一，是红色系的明度和纯度的变化，包括淡粉色的背景、棕红色的衣服和红色的嘴唇，人物皮肤的颜色有明显的明度变化，用 4 套同色系不同明度的颜色，很好地表达了光影结构。第二张图，淡绿色的背景和前面粉红色的头巾形成了互补色对比，整体画面也是通过明度渐变表达了人像的色彩结构。第三张图抽象概括了人物画面，用平面的方式，结合高纯度的大面积红色系和小面积蓝色系，冷色和暖色的对比强烈；两种色系之间用明度稍高的淡紫色穿插，使画面看上去更加协调；红色、白色相间的耳钉和红白条纹的部分衣服，小面积白色的应用使整个画面鲜活起来。

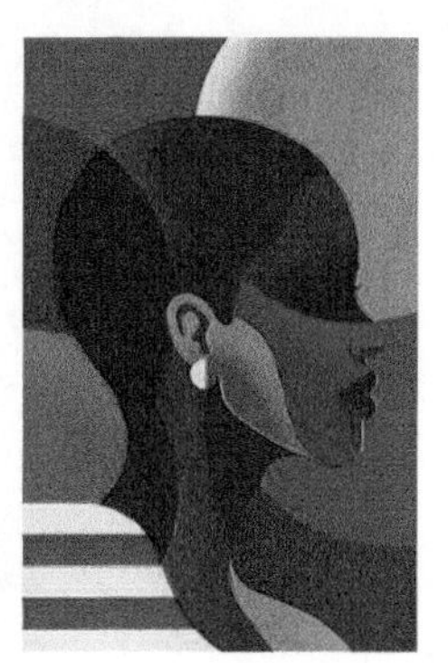

图2-178 人像色彩构成

《蒙娜丽莎》是一幅经典的人物肖像画，原作是写实风格的油画，通过对原画人物光影、颜色、结构的分析（见图 2-179）可以进行以下三种风格的色彩构成。第一种可以明显感受到光影结构，统一的低饱和度颜色，色相、明度随着结构转折的推移组成了这个和谐的画面。第二种是在原作的基础上进行形态上的归纳，用几何形体的色块提炼加工，装饰感很强。第三种的处理方式非常巧妙，所有色块形状都用大小不同的圆形叠加切割形成，虽然看上去形状不同，但仔细观察，每个形状之间都有所联系，给人的感觉是简洁而严谨，设计感很强；同时，用色脱离灰绿色调，大胆运用了互补色，人物的橘黄色和背景大面积的蓝紫色对比强烈有力，人物面部的亮面黄色和暗面蓝色也是互补色，整个画面暖色里有小面积冷色，背景的大面积冷色里有小面积主体暖色，头和手有连续的上下颜色呼应，袖口和头部背景有蓝绿色调的呼应，整体画面节奏明快、协调统一。

图2-179 《蒙娜丽莎》的色彩构成

前面的两个案例分析基本是在原有图形构图基础上的色彩构成变化，下面来看一组更加抽象的色彩构成方式，即对形体和颜色的打散重组。图 2-180 中的两张图都是来自同一组静物的提炼变形，从图上可以看到，这组静物里有吉他、红酒瓶、两个苹果、一串葡萄、彩色衬布、一个盘子和高脚杯。同一组静物，不同的人有不同的主观色彩感觉，描绘出的色彩构成也就不同。图 2-180 中，左边这张用色大胆，整体暖色调，其中穿插部分小面积冷色调，构成冷暖对比，整体用色纯度较高，画面热情奔放，倾斜的构图让整个画面充满活力，给人一种参加愉快的流行音乐舞会的感觉，轻松又富有活力；右边这张图用色严谨，图中有大面积的黑白灰，小面积的高纯度黄色和红色的点缀激活了画面，增添了画面的感情色彩，整体颜色感觉偏硬朗、偏理性。

图2-180　静物色彩构成

接下来学习一种目前比较流行的色彩构成的方式——空间混合的色彩构成方式。空间混合，可以是特定的统一形状的马赛克式的混合，如圆形、方形或其他形状的混合，图 2-181 所示为四种不同形式的《蒙娜丽莎》的色彩空间混合；也可以是根据结构而定的不统一的色彩形状的混合。图 2-182 所示为用日本浮世绘海浪做的空间混合色彩构成，左边由规则的正方形色块构成，右边由根据颜色面积做的不规则图形的色块构成。这两种都富有形式美。

图2-181　规则图形的色彩空间混合

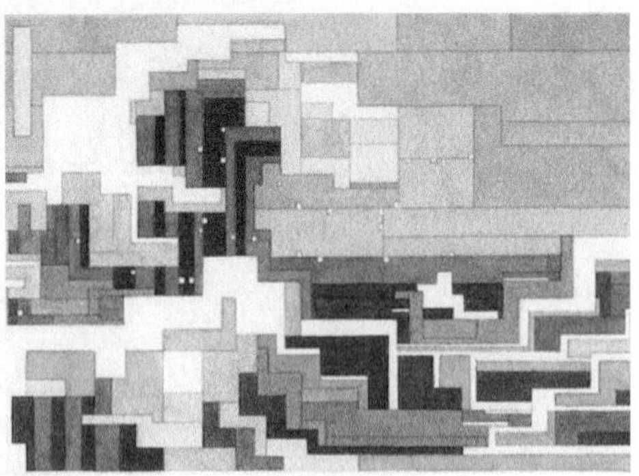

图2-182　规则图形和不规则图形的色彩构成比较

关于不规则图形的空间混合色彩构成，一般制作方法如下。首先，分析图片结构和明暗，不规则图形的排布一般是以图片的明暗结构关系为依据的，用线条斜向分出几个大的色块，在大的色块里根据面部五官结构划分小的转折色块。色块可以分得比较细致，也可以比较概括，根据自己的审美感受而定，如图 2-183 所示。其次，根据素描关系的明暗，根据明度找相应的颜色。整个画面的色彩不宜过多，一般控制在 5 ~ 7 种，可以根据明度要求重复使用，这样能使整个画面色彩有呼应，感觉丰富而有序。如果是手绘，那么调好的色彩在涂色之前要在草稿纸上试一下，或者可以单独涂几个色条，大概摆放一下位置，确定后再涂在作品纸上；如果是计算机软件制作，改动相对容易一些，但由于可试颜色过多，所以在画之前，要基本确定大的色彩感觉和色彩范围。最后进行整体调整。

图2-183　不规则图形的空间混合色彩构成

扫码观看
微课视频

2.3　从平面到三维建模的准备

平面即二维空间，是指仅由长度和宽度（在数学中为 X 轴和 Y 轴）两个要素所组成的平面空间。我们生活中接触的很多美术形式都是二维空间的形式，如照片、书籍等。

三维空间的三维为长、宽、高，是点的位置由三个坐标决定的空间，也就是数学中的 X 轴、Y 轴和 Z 轴。长、宽、高组成了立体世界，人能看到、感觉到的世界，客观存在的现实空间就是三维空间。

三维建模特指基于计算机、互联网的数字化的三维技术，也就是三维数字化。三维建模的物体可以是现实世界的实体，也可以是虚构的物体。任何自然界存在的东西都可以用三维模型表示。三维建模技术已经广泛应用于各种不同的领域，图 2-184 所示为三维

图2-184　三维汽车模型

汽车模型。

随着三维技术的不断进步，当前越来越多的内容以三维的方式呈现给用户，包括网络视讯、电子阅读、网络游戏、虚拟社区、电子商务、远程教育等。甚至对于旅游业，三维技术也能够起到推动的作用，如一些世界名胜、雕塑、古董在互联网上以三维的形式来让用户体验，这种体验带来的震撼程度要远超二维环境。

以发展势头迅猛的电子商务为例，海量的商品需要在互联网上展示，特殊化、个性化、真实化商品展示显得尤为重要。但由于三维模型制作成本的制约，这些需求只能暂时以二维的照片或视频来满足，从而造成传递给消费者的商品信息不够全面、翔实、逼真，降低了消费者的购买欲望和购买准确度。而三维商品展示技术可以在网页中将商品以立体的方式交互展示，消费者可以全方位观看商品特征，直观地了解商品信息，其效果和消费者直接面对商品相差无几。很多厂家采取了伪三维效果（序列照片旋转），来临时代替三维模型的展示，可见未来市场对三维建模这一技术的渴望程度。

图2-185　三维空间事物的二维展示

那么，什么是从平面到三维建模的准备呢?

首先，在生活中有很多行为是在二维和三维空间进行转换的。如绘画、摄影，是要将三维空间的事物用二维空间来展现，如图2-185 所示。把立体的空间变成平面的形式就是三维到二维的转换。二维到三维的转换要做的就是将这个过程倒过来，此时要准备的就是二维数据。

二维数据也就是平面的信息。利用现有技术和工具还原建立一个三维立体的空间需要借助很多形式，常见的就是平面信息，如数据图纸、照片、图片。对这些平面信息进行解读，便可以建立一个数字立体的三维空间，完成三维建模。

了解了二维、三维的概念后，下面将更深入地讲解三维模型制作的流程步骤。

2.3.1　数据采集的概念

采集就是获取、收集、搜罗。

数据是信息的表现形式，是指对客观事件进行记录并可以鉴别的符号，是对客观事物的性质、状态以及相互关系等进行记载的物理符号或这些物理符号的组合。

这里涉及的数据是指计算机数字化建模需要的各种数值以及图形、图像、声音等。采集数据就是获取这些信息。

制作三维模型用到的数据，是需要用较多的二维画面信息来转换的。一般来讲是通过摄像、测量尺寸、三维扫描等手段采集物品的外观、材质、空间尺寸等信息。现在的网络数字化手段更利于数据的利用与保存。

2.3.2　图像数据的采集

图像信息一般通过拍摄照片（摄影）而获得。

1839 年，法国画家达盖尔对水银进行实验，以自己发明的底片和显影技术，结合哈谢尔发明的定影技术和维丘德发明的印相纸，制成了世界上第一台照相机，如图2-186 所示。

图2-186　世界上第一台照相机

照相机的成像原理证明照片能真实、准确地记录客观世界的信息。拍摄是数据采集的重要手段之一。从拍摄形成的图像文件中可以获取很多信息。

1. 图像信息数据

（1）材质

简单来说，材质就是物体看起来是什么质地。可以将材质看成材料和质感的结合，它是物体表面各可视属性的结合，这些可视属性是指表面的色彩、纹理、光滑度、透明度、反射率、折射率、发光度等。例如，通过照片呈现的这些信息数据，我们就可以判断出被拍摄物是金属还是水泥等。

（2）空间结构

空间是对二维的拓展，是对物体 360 度的理解。也就是说从二维的图像中可以获得被拍摄物体立体关系的信息。把纸面上的二维信息还原成三维信息，这就需要用到之前介绍过的透视的知识点。

2. 拍摄的工具

拍摄不同种类的物品需要用不同的专业设备，如单反相机、卡片相机、手机相机、专业摄影设备等。

图2-187　佳能EOS 80D单反相机

（1）单反相机

单镜头反光式取景照相机，又称作单反相机。它是指用单镜头，并且光线通过此镜头照射到反光镜上，通过反光取景的相机。图 2-187 所示为佳能 EOS 80D 单反相机，为单反相机中的一种型号，其优、缺点如下。

优点：成像清晰，可用于多种场景，可以更换镜头与变焦等。

缺点：携带不便，专业性较强，操作复杂，机械振动和噪声较大。

（2）卡片相机

卡片相机是指普通的数码相机，即非单反、非微单的小型数码相机。小巧的外形、相对较轻的机身以及超薄时尚的设计是此类数码相机的主要特点。图 2-188 所示为尼康 COOLPIX A 相机，为卡片相机中的一种型号，其优、缺点如下。

图2-188　尼康COOLPIX A相机

优点：时尚的外观、超大的液晶显示屏、小巧纤薄的机身，操作便捷。

缺点：手动功能相对薄弱、超大的液晶显示屏的耗电量较大、镜头性能较差，一般不能更换镜头；对焦、拍摄的速度相对较慢；电池不耐用，照相的功能跟单反相机有点差距。

（3）手机相机

手机作为现代人随身携带的通信工具，同时也成了十分便捷的拍摄工具，能让人们用一种更平和、细腻、朴实的心态来观察并记录生活中的点点滴滴。随着拍照手机技术的日益成熟和手机价格的下降，手机摄影日益普及。近年来，手机的摄影功能日趋完善，流行化的手机摄影必将成为新型摄影的重要部分。在数据采集过程中，在没有专业设备的情况下，也可以用手机拍照，但是必须保证手机相机像素较高，拍摄出来的画面清晰度较高。

（4）专业摄影设备

上面说到的拍摄设备是基础的、初级的。虽然只有基础的拍摄设备也可以完成数据采集，但是如果有更专业的摄影设备，图像数据的采集会更加容易、方便。

① 微距镜头

微距镜头多用于拍摄微小物体，或者用来拍摄超近距离的物体；不仅适用于拍摄花卉和景物，还可拍摄人像、风光等，是一种通用性很高的镜头。图 2-189 所示为微距镜头。

图2-189　微距镜头

对于单反相机来说，微距拍摄能力由镜头决定。现在，差不多每一支镜头皆有微距功能。

一般镜头的最高解像度和最高反差度是在焦点无限远时表现出来的，但微距镜头刚好相反，它的最高解像度和最高反差度是在焦点较近时表现出来的，故要拍摄高素质的微距照片，必须选择微距镜头。

② 聚光灯、柔光箱

聚光灯照射出来的光可分为主光、辅光、轮廓光和装饰光，聚光灯如图 2-190 所示。主光：是被拍摄物体的主要照明光线，对物体的形态、轮廓等起主导作用。在拍摄的时候，一旦确定了主光，画面的基础照明和基调就得以确定。辅光：其作用是提高主光所产生的阴影部位的亮度，让阴影部位呈现出一定的质感和层次，减小反差。轮廓光：用来勾画被拍摄物体的轮廓，让被拍摄物体产生立体感和空间感。装饰光：用于体现被拍摄物体的局部或细节。

图2-190　聚光灯

柔光箱由反光布、柔光布、钢丝架、卡口四部分组成，如图 2-191 所示。它不能单独使用，属于影室灯的附件。柔光箱装在影室灯上，使发出的光更柔和，拍摄时能消除照片上的光斑和阴影。

图2-191　柔光箱

柔光箱的作用就是柔化生硬的光线，使光变得更加柔和。其原理是在普通光源的基础上通过一两层的扩散，使原有光线的照射范围更广，成为漫射光。

③ 反光板、吸光板

反光板是拍摄时所用的照明辅助工具，如图 2-192 所示，用锡箔纸、白布、米菠萝等材料制成。反光板在景外起辅助照明作用，有时作主光用。不同的反光表面，可产生软硬不同的光线。反光板面积越小，效果越差。

图2-192　反光板

吸光板的作用是减光，如图 2-193 所示。使用黑色吸光板是运用减光法来减少光量。把黑色吸光板放在被拍摄物体上方，可以减少顶光。这时光束来自黑色吸光板下，就像是来自大树下或门廊下，从而能引导光线的方向。

④ 背景台、旋转展示台

背景台可作为拍摄静物时的背景，也叫拍摄台，如图 2-194 所示。背景台可以有效减少后期处理的工作量，提高工作效率。

图2-193　吸光板

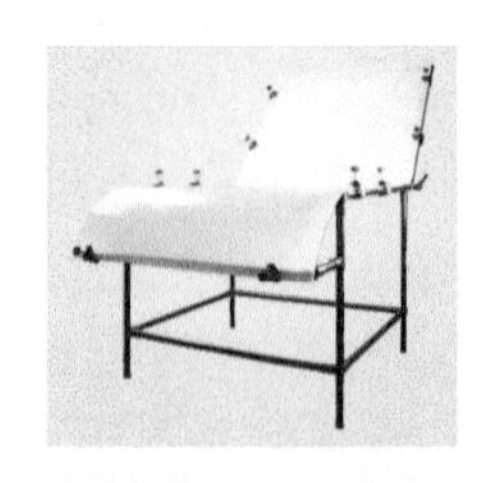

图2-194　背景台

旋转展示台可以自动旋转 360 度，方便拍摄静物的全方位照片。

⑤ 三脚架、垂直 90 度俯拍杆

三脚架是用来稳定照相机的一种支撑架，以达到某些摄影效果，如图 2–195 所示。三脚架的定位非常重要。三脚架按照材质分类可以分为木质、高强度塑料材质、铝合金材质、钢铁材质、火山石材质、碳纤维材质等。

图2–195　三脚架

一般人在使用数码相机拍照的时候往往忽略了三脚架的重要性，实际上照片拍摄往往离不开三脚架的帮助，如星轨拍摄、流水拍摄、夜景拍摄、微距拍摄等方面。三脚架的作用无论是对于业余用户还是专业用户都不可忽视。常见的就是在长时间曝光中使用三脚架，用户如果要拍摄夜景或者带涌动轨迹的图片，需要更长的曝光时间，这个时候想要相机不抖动，则需要三脚架的帮助。所以，选择三脚架时考虑的第一个要素就是稳定性。

垂直 90 度俯拍杆如图 2–196 所示。其一般用来俯拍静物，通常配合三脚架使用；可以稳定拍摄物体的俯视图。

图2–196　垂直90度俯拍杆

⑥闪光灯、引闪器

闪光灯是加强曝光量的工具之一，如图 2–197 所示。尤其是在昏暗的地方，打闪光灯有助于让景物更明亮。其全称为“电子闪光灯”，又称高速闪光灯。电子闪光灯通过电容器存储高压电，脉冲触发使闪光管放电，完成瞬间闪光。通常电子闪光灯的色温约为 5500 开尔文，接近白天阳光的色温，发光性质属于冷光型，适合拍摄怕热的物体。

图2–197　闪光灯

引闪器一般都是在摄影棚里配合各种灯具使用的。引闪器装在相机上，频段接收器连接其他闪光灯具。引闪器的主要用途是让闪光灯的实用性不被局限，使用引闪器能够做出更多的效果，而且能令照片中的闪光跟环境光融合得更自然，如图 2–198 所示。

⑦小型摄影棚

小型摄影棚自带聚光灯、补光灯、反光板等，可以轻松拍出理想的效果。其缺点是对被拍摄物体的大小有要求，要求被拍摄物体的体积远远小于摄影棚的体积，否则会影响拍摄效果。

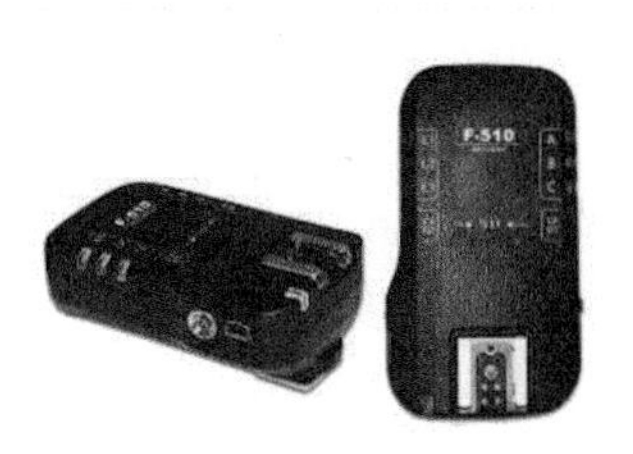

图2–198　引闪器

3. 拍摄的技巧

通过摄影采集数据时应根据实际情况与条件来进行拍摄，与绘画素描一样，不只需要许多专业的工具设备，还需要专业的技巧。下面是摄影的一些小技巧。

a. 换用更好的拍摄设备。比如专业的数码单反相机一般能够拍出比普通相机更加清晰的照片。

b. 尽量保持拍摄设备在拍摄时稳定。条件允许的情况下，使用三脚架是非常好的选择。将相机安装在一个三脚架上可以防止相机晃动。尽量将相机靠近被拍摄物体，并且注意不要引入不必要的阴影。

c. 调焦轨能够使相机以非常小的增距沿着 X 轴和 Y 轴移动，能够精确控制相机的位置和画面的景深。通过频繁移动三脚架来达到理想的位置是非常麻烦的。

d. 确保拍摄时正确对焦，避免模糊。

e. 在光线充足的环境下拍摄。必要时用摄影灯等专业设备。

f. 在拍摄时，若被拍摄物体的背景为黑色，拍摄出来的照片看起来就比较清楚；背景为鲜艳的绿色则方便后期将被拍摄物体从图片中提取出来。

g. 被拍摄物体背光部分过暗时，使用一个白色的卡片或将一张铝箔纸包在卡片上，将光线反射在被拍摄物体背光部分以照亮物体上的阴影部分。

h. 应尽量远离那些色彩明艳的景物（如新刷好油漆的建筑物的外墙、大型遮阳棚等），否则那些景物的色彩会映射到被拍摄物体上，造成偏色。

i. 注意不要在顶光时让人物站在水泥地上拍照，因为水泥地表面较平整且颜色浅淡，会产生自下而上的“脚光”，往往会造成一种不正常来光的效果。

j. 在拍摄某物体时，先拍摄物体的 6 个基本方向，即正、背、左、右、顶、底；然后从 45 度角拍摄物体；最后拍摄结构复杂的细节位置，方便后期三维模型制作人员参考。

2.3.3 测量数据的采集

测量是对非量化实物的量化过程。测量数据主要指几何量，包括长度、面积、高程、角度等。

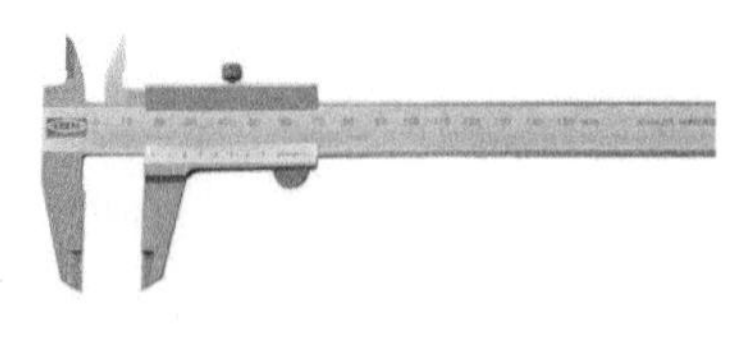

图2-199 游标卡尺

1. 测量的工具

（1）游标卡尺

游标卡尺是一种比较精密的量具，通常用来测量精度较高的物品。它可测量厚度、宽度和高度，还可用来测量槽的深度，如图 2-199 所示。

游标卡尺在工业制图中常常使用，主尺一般以毫米为单位，还可分为十分度游标卡尺、二十分度游标卡尺、五十分度游标卡尺等。在一般的物品制作中精确到毫米就可以了。

（2）直尺

直尺是生活中常见的测量工具，通常用于度量较短的距离或画出直线。在测量中，可以用直尺画出简略图，在图上标记尺寸数值，如图 2-200 所示。

图2-200 直尺

直尺不便于测量较大和造型复杂的物体。

（3）卷尺

卷尺是日常生活中常用的测量工具，可以测量较长物体的尺寸或距离，如图 2-201 所示。

由于卷尺的柔软特性，它可以用于测量圆柱周长，或者弯曲的物品。卷尺在测量中是较常用的工具。卷尺的最小分度值为 1 毫米。

图2-201 卷尺

（4）激光测距仪

激光测距仪是利用激光对目标的距离进行准确测定的仪器。这类测距仪测量距离一般为 40 ~ 250 米，测量精度高，如图 2-202 所示。

在较大物体、大型场地与房屋尺寸测量中，激光测距仪实用性强、准确、便捷。

（5）摄影测量

图2-202 激光测距仪

摄影测量是从照片中提取三维信息的艺术和科学。该过程涉及拍摄物体、结构或空间的重叠照片，并将其转换为二维或三维数字模型。也就是说，按照特定、专业的拍摄要求拍摄要测量的物体或场景，通过特定的软件编辑、输出即可得到需要的数据及模型。

摄影测量主要有两种类型：空中测量和近距离测量。空中测量：

利用飞机制作可以转换为三维模型或数字地图的航空摄影的过程。现在，可以使用无人机完成相同的工作。无人机使人们更容易、安全地获取难以进入或无法进入的区域的图像，在这些区域使用传统测量方法是危险或无法完成的，如图 2–203 所示。近距离测量：使用手持相机或安装在三脚架上的相机获取图像的方法。此方法输出的不是地形图，而是较小对象的 3D 模型。

测量师、建筑师、工程师经常使用摄影测量在真实世界的基础上创建地形图和模型。

图2–203　空中测量

（6）3D 扫描仪

3D 扫描仪是较先进的测量工具，能够在室外和户内环境下进行激光扫描，真正具有移动性、快速性和可靠性。其可用于快速获得大大小小的建筑物的平面图，包括房屋、学校、商场等。它能迅速、高分辨率地捕获物体外形，并可以还原物体鲜艳的色彩。其应用范围巨大。

其扫描的数据可以直接生成图纸或 3D 模型文件，能大大节省人力成本。

但是，3D 扫描仪并不是万能的，它局限于本身造价、使用成本过高；只有客观真实存在的物体才能够被扫描，不能够反馈出被扫描物体的材质特性；扫描数据量巨大不便于编辑，并且不具有创造性。所以虽然 3D 扫描仪在未来可以节省很多人力成本，但依然无法代替 3D 建模师的创造力。

2. 图纸的制作

进行测量后，为了记录这些数据，要把测量的数据标注在绘制的图纸上，这就是图纸绘制。

下面简单介绍一下专业的平面图纸——CAD 图纸。

设计师使用 Auto CAD 软件绘制 CAD 图纸是为了能够让施工的内容展示得更加清晰、完整。建筑施工图包括总平面图、平面图、立面图、剖面图和构造详图。结构施工图包括结构平面布置图和各构件的结构详图。生活中常见的是住宅平面图，如图 2–204 所示。

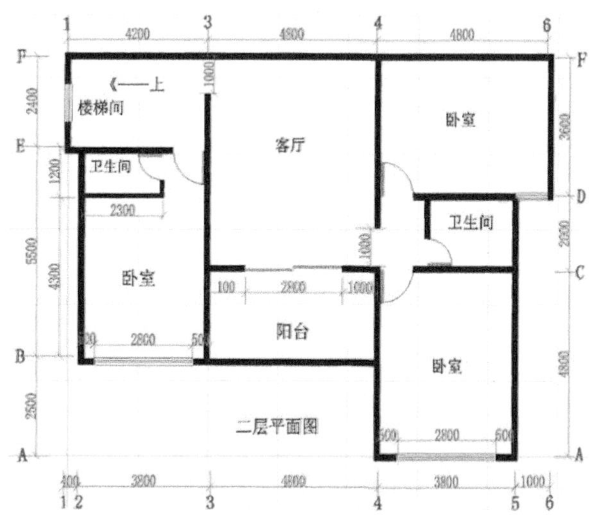

图2–204　住宅平面图

通过精确的数据和对几何形体的标注，我们可以制作出非常精确的模型数字文件。

绘制精细的平面图纸有利于进行三维建模，并能大大提高三维建模的准确性。但是在不具备专业制图能力的情况下还能有效记录测量的数据信息吗？答案是肯定的！因为需要的是数据信息的准确性，用什么形式表示出来并不是很重要。所以可以走“捷径”，在“实例静物的数据采集”中将具体讲解。

2.3.4 实例静物的数据采集

以一张桌子的数据采集为例，介绍数据采集具体的操作。

a. 拍摄工具：单反相机（尼康 D90）、三脚架。

拍摄方向尽量保持为物体的正前方。拍摄桌子的顶面、正面、侧面、背面和底面。因为桌子为对称的造型，所以侧面拍一个即可。如果拍摄物不是对称的就需要两侧都拍摄。为桌子的各个角度拍摄高清照片，如图 2-205 所示。注意：一定要是高清照片！

图2-205 从不同角度拍摄桌子

通过拍摄的图片可以得到材质数据和空间结构数据。

材质数据：桌面为木质，有浅黄色贴片木纹，反光并不强烈；桌腿为金属材质，黑漆喷涂，有反光；桌脚有垫片，为黑色胶制品，基本不反光。

空间结构数据：桌面呈俯角为 30 度的等腰梯形，桌腿以及桌子背面的钢架结构为正方柱形，桌脚有圆柱形垫片；金属架是焊接而成的。

b. 测量工具：卷尺。

从各个方向上按照长、宽、高依次测量。通过拍摄测量时卷尺与实物的同步照片获得桌子各部分的尺寸数据，用详细的照片代替制作专业平面图的尺寸标识，如图 2-206 所示。

准备好充足的平面数据后就可以准确重建物体的三维模型了，如图 2-207 所示。

桌面宽度

桌面正面短边长度

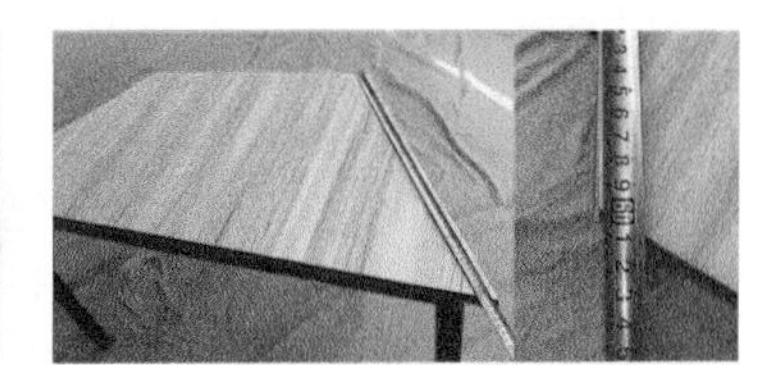
桌面侧斜边长度

桌面背面长边长度

桌面厚度

桌腿正面短边支架长度

桌腿支架高度

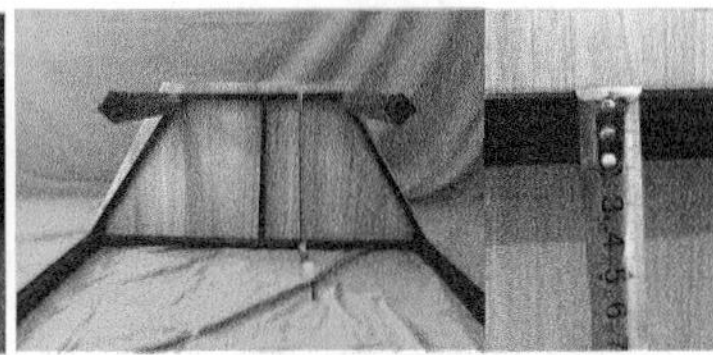
桌腿支架厚度

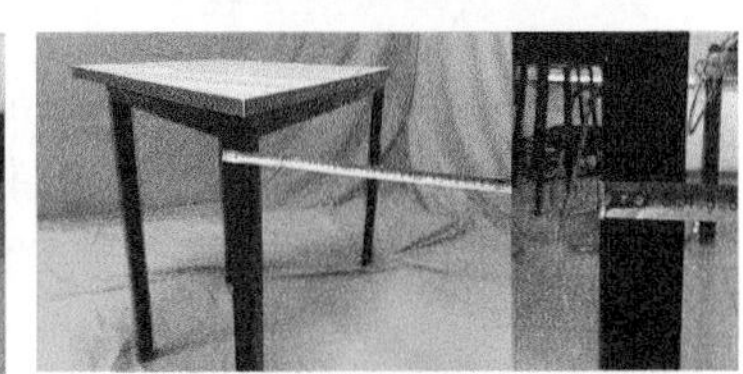
桌腿宽度

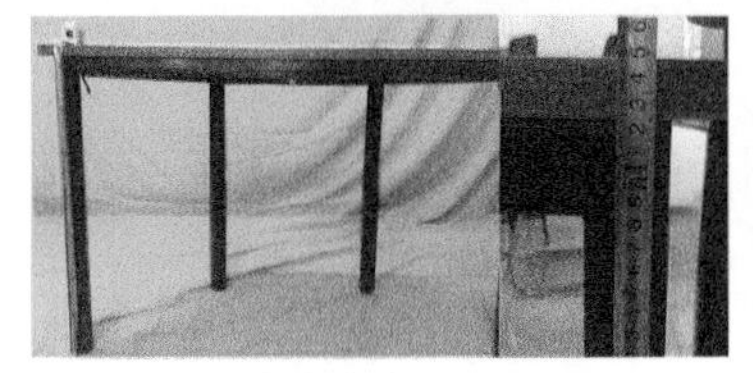
桌腿高度

桌腿垫片厚度

桌腿背面长边支架长度

桌腿侧面支架长度

图2-206 用卷尺测量

图2-207 物体三维模型

通过本节的学习我们知道了在建模前要了解和准备的内容，在后面学习建模时可以对建模的规则、规律有更好的理解。

本章小结

本章通过对美术史的简单梳理，让大家明白了素描、速写等绘画的历史发展脉络。素描是艺术创作和表达的基础，大家要掌握基本的绘画能力和鉴赏能力，对物体形态和光影塑造的对比关系心中有数。色彩和物体是分不开的，我们常见的物体都是色彩和形态并存的，色彩构成告诉我们怎样让画面中缤纷的色彩统一、和谐，通过色彩带动观众情绪，增强画面感染力。透视学原理的掌握有助于大家在后期进行建模操作时根据自己想表达的主体快速、准确地选取角度。素描、色彩、透视等的学习和练习为以后的学习打下扎实的美术基础。

本章练习

简答题

（1）艺术史上的文艺复兴三杰分别是谁？他们的艺术成就和代表作分别是什么？

（2）素描的三大面和五大调子指什么？结构素描和光影素描的区别在哪里？

（3）简述色彩三要素和它们之间的关系。

（4）色彩构成的形式美法则有哪些？

（5）透视规律一般分为哪几种？其特点和作用分别是什么？

材质贴图的绘制

第3章

3.1 PBR 制作原理与制作软件

PBR 全称 Physically-Based Rendering，即基于物理的光照。PBR 制作的技术方案，一开始是应用于离线渲染领域，典型的案例就是迪士尼的动画电影《无敌破坏王》。图 3-1 所示为《无敌破坏王》的截图。

图3-1 《无敌破坏王》截图

在 2006 年的 SIGGRAPH 大会上，PBR 成为热门话题。在后面的几年中，迪士尼、皮克斯、Epic Games、EA 等公司，都在 SIGGRAPH 大会介绍了其在电影、动画片、游戏中如何应用 PBR 技术。

虚幻 4 引擎并不是游戏业界第一个使用 PBR 技术的引擎，但是凭借虚幻引擎的影响力，以及后来免费、开源的推广，其在行业内产生了无可替代的影响力。Epic Games 公司不仅是虚幻引擎的开发商，他们还不断将虚幻 4 引擎的强大性能发挥到极限。本书后面也将用这款软件进行制作。图 3-2 所示为虚幻 4 引擎的标志。

图3-2 虚幻4引擎的标志

PBR 技术对于 3D 引擎十分重要，它使得实时渲染有了突破性的发展，所以我们可以在今天的 CG 电影、动画、游戏中清晰地看到金属、皮革、玻璃、布料等不同材质的逼真表现。以从业者的角度看，更重要的是一种 PBR 材质能在不同的光照环境下得到正确的渲染效果。图 3-3 所示为同一银色金属材质在不同场景中的渲染效果，这让 3D 美术工作者可以更直观地调整物体的材质特性，并使得材质更具真实性。

这是怎么做到的呢？首先要从物理、数学的层面来理解其原理。

图3-3 同一银色金属材质在不同场景中的渲染效果

3.1.1 PBR 原理及应用

1. PBR 技术原理

PBR 是指使用基于物理原理和微平面理论建模的着色、光照模型，以及使用从现实中测量的表面参数来准确表示真实世界材质的渲染理念。用直白的语言说明，就是按照世界的客观规律，在数字模型的世界，模拟现实世界的物质属性。当然这种属性仅限于视觉。因为光作用于视觉器官，所以要了解 PBR 原理就需要了解光以及光是如何与物体表面材质交互的。

（1）光与视觉

我们在现实生活中看到的某一物体的颜色其实并不是这个物体的真实颜色，而是其反射和散射得到的颜色。换句话说，那些不能被物体吸收的颜色，即被反射或散射到人眼中的可见光代表的颜色，就是我们能够感知到的物体的颜色。

图 3-4 中红色玫瑰花的表面主要反射和散射红色光线。只有红色的光能从玫瑰花表面散射或反射到人眼中，而其他颜色的光则被吸收，转化为其他形式的能量。人眼接收到红色玫瑰花反射和散射的红色光线，所以看到的是红色而不是其他颜色。

只有可见光才能被人眼感知，而可见光仅覆盖完整电磁波谱中非常有限的区间。光谱图如图 3-5 所示。

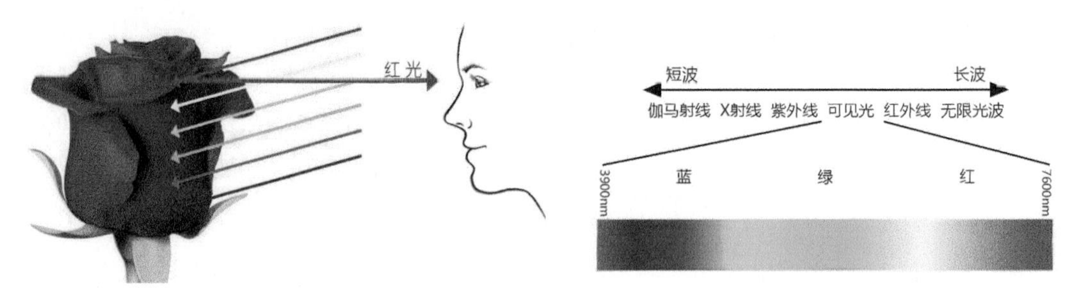

图3-4 玫瑰花反射和散射红光

图3-5 光谱图

（2）光与介质表面的交互类型

当一束光线入射到物体表面时，由于物体表面与空气两种介质之间折射率的快速变化，光线会发生反射和折射。

真实世界中，大多数表面看似光滑的物体，如果放大观察其实都是不平滑的。这种微观的起伏变化导致每个表面点反射（和折射）不同方向的光。物体材质的外观组成就是这些反射和折射光的聚合结果，如图 3-6 所示。

① 反射

光在与物体表面交互时，物体表面上的每个点都会以略微不同的方向对入射光进行反射，如图 3-7 所示。最终的表面外观就是许多具有不同表面方向的点的集合。

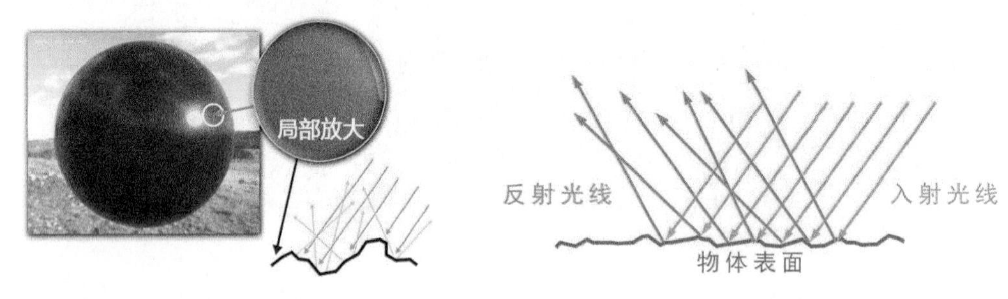

图3-6 物体材质的外观组成

图3-7 物体表面的反射

在微观尺度上，表面越粗糙，反射越模糊，因为表面光的反射偏离原角度更多，变化更多。图 3-8 所示为表面粗糙度对材质外观的影响，从左到右粗糙度越来越小。

② 折射

从表面折射入介质的光，会发生吸收和散射，而介质的整体外观由其散射和吸收特性的组合决定。

散射：折射率的快速变化引起散射，光的方向会改变（分裂成多个方向），但是光的总量或光谱分布不会改变。

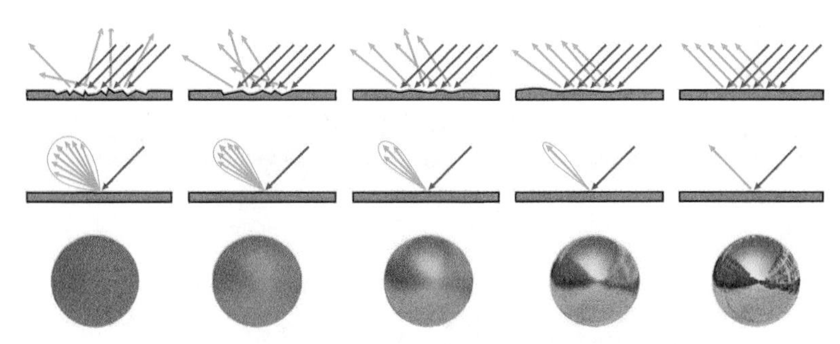

图3-8　表面粗糙度对材质外观的影响

除了散射，光还会因为遇到物体表面发生次表面散射、漫反射、透射、吸收等物理变化，这些都会影响物体的视觉效果。对于 PBR 原理不用过多涉及此环节，简单了解即可。

（3）不同物质与光的交互总结

上面讲到光线入射到两种介质之间的平面边界时，会发生反射和折射，而根据材质光学性质的不同，光会有不同的变化，从而得到不同的材质外观。现在对物体材质和半透明介质进行总结。物体材质分为金属和非金属两大类。

金属类：这里说的金属并不是生活中遇到的金属类，如金、银、铜、铁等。金属类的概念指的是物体被光照射后，物体外观发生了与金属受光同类型的变化的情况。所以这个类型可以包括物理属性为非金属的物质，如光滑的丝绸、激光反光材质等。表面为磨砂质地或者反光性差的物理属性的金属则可以不归为此类。

非金属类：物体整体外观主要由其吸收和散射的特性组合决定。简单来说，除去上面说的金属类，其他的基本上可以归为非金属类，如皮肤、木头、土壤等。

半透明介质：半透明介质具有强散射性质，散射方向完全随机。根据材质不同，半透明介质透射的光有相当多的部分被散射，所以不能被清晰地看到。

在有些渲染器中，会直接采用折射率来表示材质的属性，图 3-9 所示为一张渲染器中折射率、粗糙度的渲染效果对比图。图中横向由左到右折射率增加，纵向由上到下粗糙度增加。观察该图的各种属性的材质，就可以从视觉上直观感受到多种不同的物理属性的区别。在后面介绍制作的章节将用到这些规律。

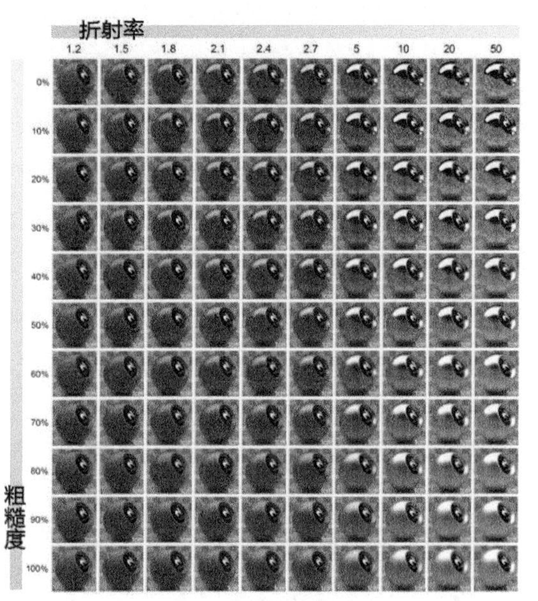

图3-9　折射率、粗糙度渲染效果对比

2. PBR 技术应用

经过长时间的发展，PBR 技术及其渲染的效果突飞猛进，是计算机图形学的下一代渲染技术。它在实时渲染和离线渲染领域都有着非常广泛且深入的应用。

（1）电影和动漫

使用 PBR 技术渲染的真人电影及各类动漫电影的数量非常多，比如早些年的《阿凡达》《飞屋环游记》，近期的《阿丽塔：战斗天使》《流浪地球》《驯龙高手 3》等。

电影《阿凡达》中的一些角色完全是计算机做成的 3D 数字模型，如图 3-10 所示。

电影《阿丽塔：战斗天使》的主角阿丽塔是通过 PBR 技术渲染出来的虚拟角色，她与真人演员和真实环境无缝地融合在了一起，如图 3-11 所示。

图3-10　《阿凡达》截图

图3-11　《阿丽塔：战斗天使》截图

电影《流浪地球》的虚拟场景如图 3-12 所示。

（2）实时游戏

PBR 技术应用于 PC 游戏、移动游戏、主机游戏等游戏领域。相信接触过游戏的人大多体验过次世代效果的魅力。

移动游戏《绝地求生：刺激战场》的次世代场景如图 3-13 所示。

单机游戏《极品飞车：复仇》的动感瞬间如图 3-14 所示。

图3-12　《流浪地球》场景

图3-13　《绝地求生：刺激战场》场景

图3-14　《极品飞车：复仇》场景

（3）计算机辅助设计与制造、计算机辅助教学

计算机辅助设计与制造（Computer Aided Design/Computer Aided Manufacturing，CAD/CAM）：计算机图形学刚起步时，便应用于此领域，PBR 技术的引入，帮助设计人员设计出与实物相差无几的产品。

计算机辅助教学（Computer Assisted Instruction，CAI）：利用逼真的 PBR 技术，渲染出教学内容所需的虚拟场景，佐以动画技术，使得教学更加形象、生动、有趣。

电路板设计预渲染效果如图 3-15 所示。跑车概念设计效果如图 3-16 所示。室内家装设计效果如图 3-17 所示。

图3-15　电路板设计预渲染效果

图3-16　跑车概念设计效果

图3-17　室内家装设计效果

（4）科学计算可视化

气象、地震、天体物理、分子生物学、医学等科学领域采用PBR技术可更真实地模拟自然规律，有助于科学家的新发现和高校教学。

计算机模拟出的 DNA 双螺旋结构如图 3-18 所示。

（5）虚拟现实技术

虚拟现实技术通常需要佩戴眼镜或头盔等显示设备，多用于军事、教学、模拟训练、医学等领域。而虚拟现实技术引入 PBR 技术，让数字模拟的材质还原现实世界的事物属性，并运用到虚拟现实世界中进行物体模型的制作，能更逼真地模拟现实世界，让体验者身临其境。

VR 场景效果如图 3-19 所示。

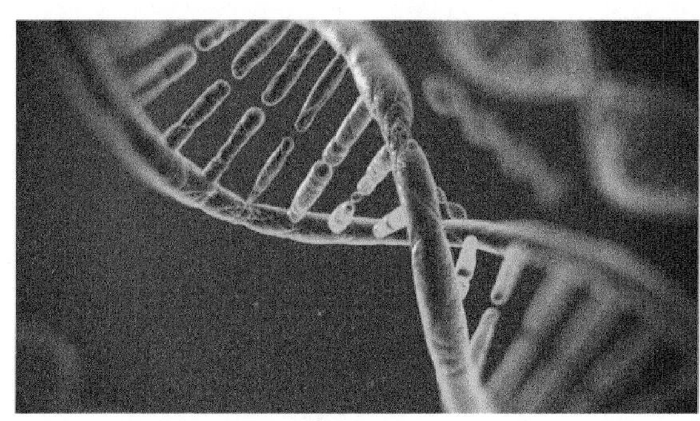

图3-18 计算机模拟的DNA双螺旋结构

图3-19　VR场景效果

对于虚拟现实技术的制作，可以从艺术还原和生产效率的角度来看待 PBR 技术的优势。

a. PBR 技术消除了创作的不准确性，因为其方法和算法基于准确的物理公式，所以使创作逼真的外观效果更容易，完成的效果在所有照明条件下看起来都很准确。

b. PBR 技术提供了一个工作流程，让不同的制作者可以合作创作。

计算机硬件和渲染技术的进步使我们现在可以更真实地模拟光的物理特性。在 PBR 技术中，软件通过“节能”的方式和双向反射分布函数（Bidirectional Reflectance Distribution Function，BRDF）处理繁重的物理规则，因此人们可以解放出来，将更多的时间花在数字艺术的创造性方面。PBR 技术的物理过程不是需要关注的重点，重要的是基于这些物理的规律创造需要的数字艺术品。

3.1.2　PBR 制作软件介绍

1. Substance Painter 软件介绍

Substance Painter 是 Allegorithmic 公司制作的一个 PBR 美术制作工具，是一种 PBR 贴图绘

制软件。用户可以在该软件中导入模型文件，绘制并输出符合 PBR 流程的贴图文件，再将模型和贴图文件导入 UE4 引擎中，即可呈现符合物理效果的模拟真实物体的数字艺术效果。图 3-20 所示为 Substance Painter 软件图标。

此软件功能强大，提供了大量的画笔与材质，用户可以设计出符合要求的图形纹理模型。该软件的智能选材功能，提供了大量的材质素材，用户可以随意挑选使用。该软件中拥有大量的制作模板，用户可以在模板库中快速找到理想的设计模板。图 3-21 所示为 Substance Painter 软件界面。

图3-20　Substance Painter软件图标

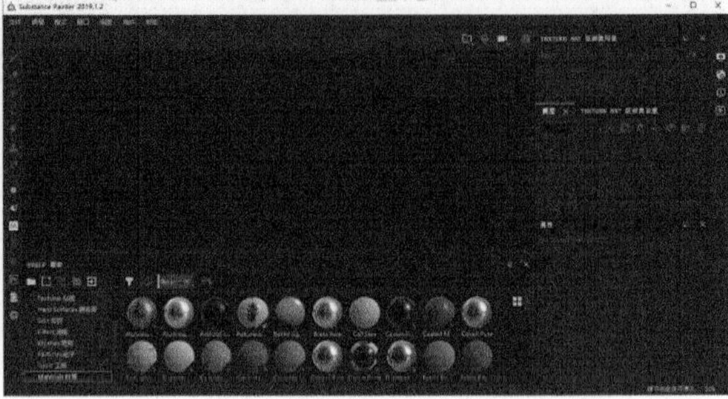

图3-21　Substance Painter软件界面

2. Substance Painter 软件安装

a. 首先需要进入 Substance Painter 软件的官网。在网页中单击相应下载按钮进行下载（根据系统版本选择），此软件可以提供 30 天的试用期限，如图 3-22 所示。

物质画家

试用我们的3D绘画软件30天

图3-22　Substance Painter官网下载页面截图（部分）

b. 下载完成后打开安装程序，进行安装。在安装对话框中，可以查看软件的协议，建议阅读软件的相关说明，单击“Next”按钮，如图 3-23 所示。

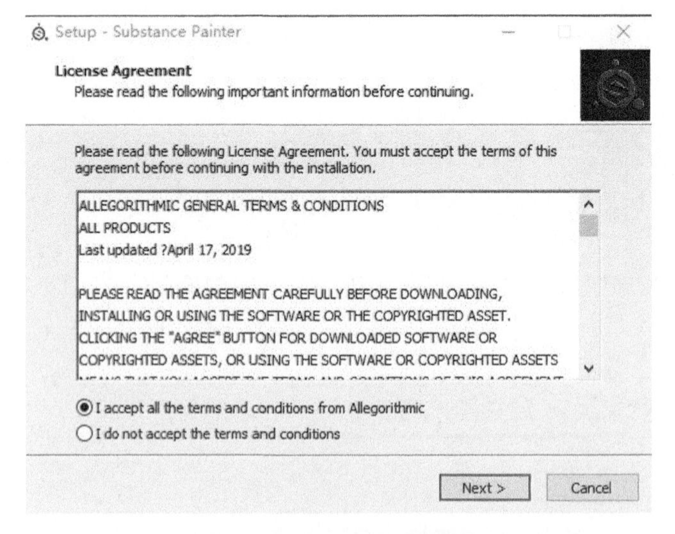

图3-23　Substance Painter安装界面（一）

扫码观看
微课视频

c. 选择软件的安装路径，默认为 C：\Program Files\Allegorithmic\Substance Painter，单击“Next”按钮，如图 3-24 所示。

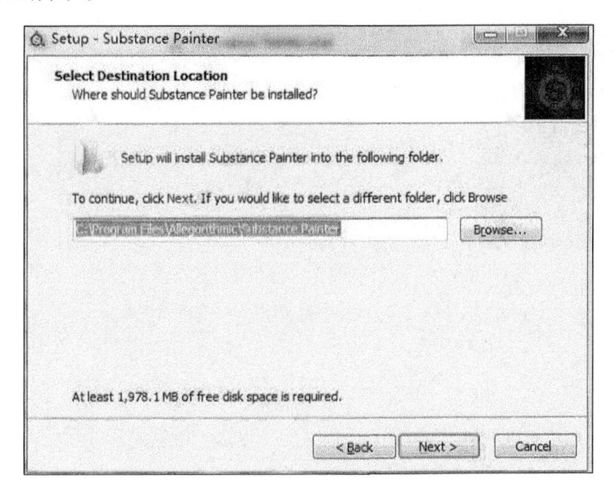

图3-24 Substance Painter安装界面（二）

d. 选中“Create a desktop shortcut”复选按钮可以在安装结束以后在计算机桌面建立软件的图标，单击“Next”按钮，如图 3-25 所示。

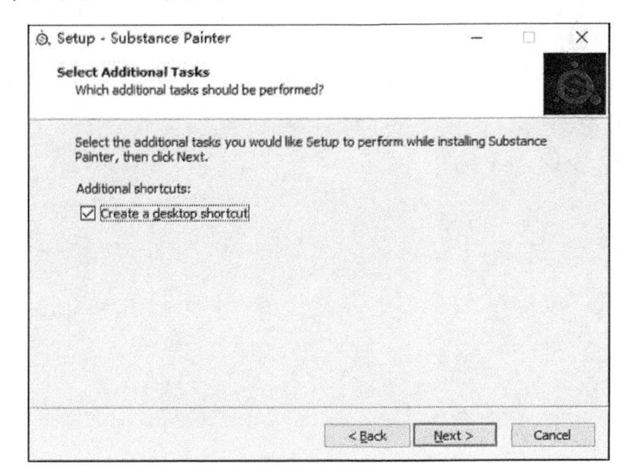

图3-25 Substance Painter安装界面（三）

e. 单击“Install”按钮以后就可以开始安装，如图 3-26 所示。

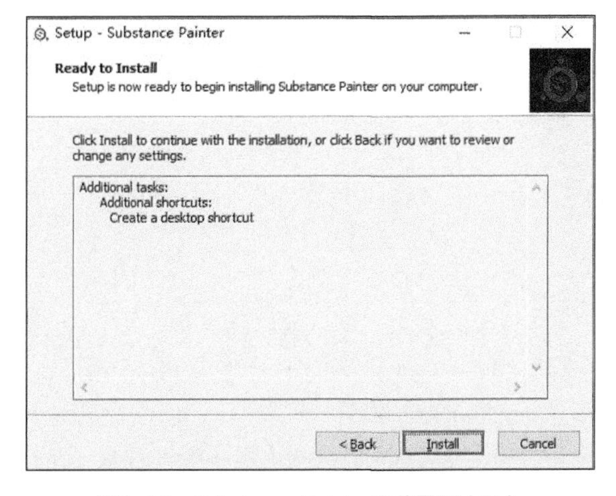

图3-26 Substance Painter安装界面（四）

3.1.3 软件界面介绍

图3-27 Substance Painter主菜单栏

Substance Painter 的界面分为几个面板，可以重新排序，调整大小甚至隐藏。

1. 主菜单栏

主菜单栏中包括文件、编辑、模式、窗口、视图、插件、帮助七个菜单，如图 3-27 所示。

（1）文件

文件菜单如图 3-28 所示。

① 新建

执行该命令可新建文件，“新项目”面板中包括导入模型与基础贴图文件、设置贴图尺寸、显示模式效果等导入选项，如图 3-29 所示。导入模型格式一般为三维模型，为 FBX、OBJ 等模型格式文件。导入贴图一般为 JPG、TGA 或 PNG 格式文件。

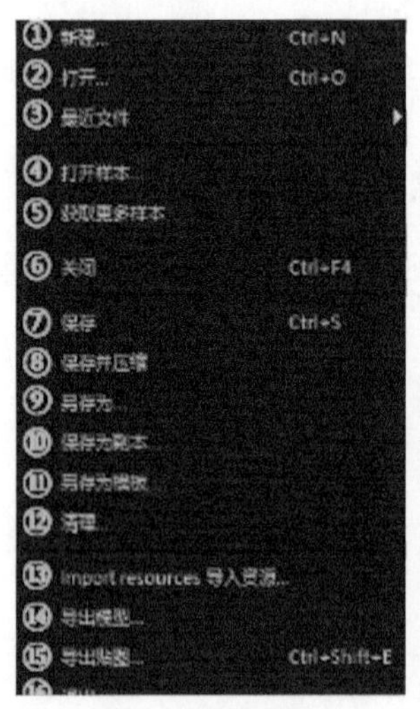

图3-28 文件菜单

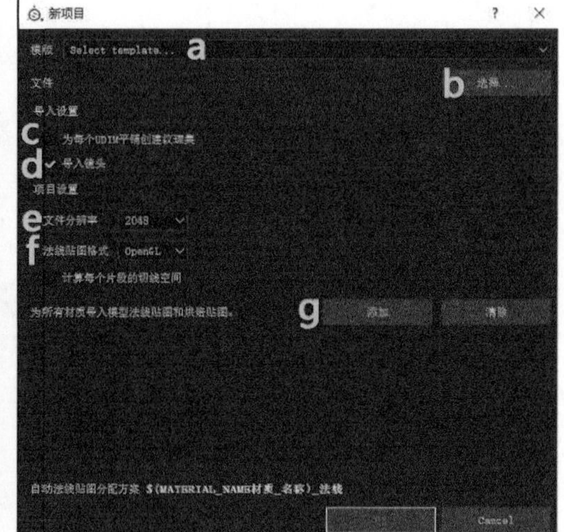

图3-29 “新项目”面板

a. 模板：允许指定一个模板，该模板将定义项目的默认设置（纹理设置、着色器、显示设置和烘焙设置）。模板是 SPT 文件，可以通过“文件”菜单创建并保存在 Shelf 文件夹中，以便于与团队成员共享。

b. 文件：单击“选择”按钮以指定要加载的模型文件。模型文件可以为以下格式：FBX（Autodesk FBX）、ABC（Alembic）、OBJ（Wavefront OBJ）、GLTF（GL Transmission Format）等。通常使用 FBX 格式文件。

c. 为每个 UDIM 平铺创建纹理集：导入过程将为每个 UV 范围（UDIM 贴图）创建一个纹理集。通常不选中。

d. 导入镜头：如果模型文件中包含摄像机，则将它们导入项目中并作为预设进行可视化访问。

e. 文件分辨率：为每个纹理集定义项目的默认纹理分辨率。在应用程序内部进行操作时，分辨率可以达到 4K（4096 像素 ×4096 像素）；而在导出时，分辨率可以达到 8K（8192 像素 ×8192 像素）。在制作过程中也可以随时通过“纹理设置”更改分辨率。

f. 法线贴图格式：定义项目的法线贴图格式，可以是 DirectX（$X+$，$Y-$，$Z+$）或 OpenGL（$X+$，$Y+$，$Z+$）。根据不同引擎对法线贴图的设定，选择相应法线贴图格式。

g. 为所有材质导入法线贴图和烘焙贴图：单击“添加”按钮将纹理文件加载为模型贴图。

② 打开

执行该命令可打开已保存的 SPP 文件，注意软件版本号。

③ 最近文件

最近文件显示最近打开的项目的列表。

④ 打开样本

执行该命令可打开 Substance Painter 随附的样本项目的快捷方式，如图 3–30 所示。可以打开软件默认已有的范例文件。

⑤ 获取更多样本

选择“获取更多样本”后会弹出 Substance Painter 的资源链接，在其中可以下载需要的资源，如笔刷、图片、材质等，如图 3–31 所示。

图3–30　Substance Painter样本项目

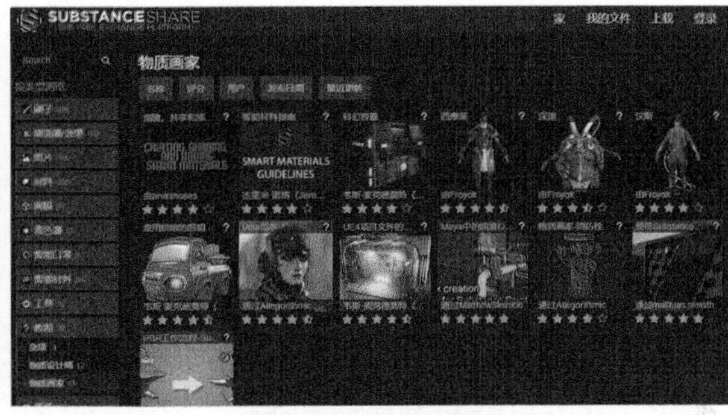

图3–31　获取更多样本

⑥ 关闭

执行该命令可关闭当前打开的项目。

⑦ 保存

执行该命令可保存当前打开的项目，如果它是一个新项目，它将调用“另存为”。

⑧ 保存并压缩

执行该命令可保存当前项目并减少其占用的空间（比常规保存要慢）。

⑨ 另存为

执行该命令可保存当前打开的项目到用户自定义的位置。

⑩ 保存为副本

执行该命令允许保存特定名称的项目，同时保持当前项目的打开状态。

⑪ 另存为模板

模板是 SPT 文件，执行该命令可将当前项目设置保存到可用于新项目的模板文件中。可将当前纹理设置、着色器、显示设置和烘焙设置保存为模板，以便于与团队成员共享。

⑫ 清理

执行该命令可从当前项目中删除所有未使用的资源。

⑬Import resources 导入资源

执行该命令可打开导入资源面板，导入需要用到的资源，如材质、笔刷、贴图等。

⑭ 导出模型

执行该命令可导出文件中的模型，根据需要的格式导出，一般为 OBJ 格式文件。

⑮ 导出贴图

打开的新面板将允许将项目内容导出为图像文件，如图 3–32 所示。

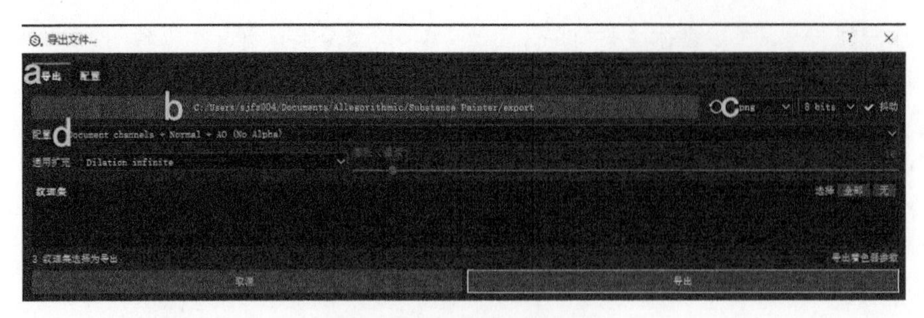

图3-32　“导出文件”面板

a. 导出：对导出的纹理集进行设置，并将项目导出为纹理。

b. 导出路径：任何新项目的默认导出路径位于“文档”文件夹中。单击该路径并指定新位置，可以覆盖此路径。每个项目都会保存于此路径。右侧的重置箭头可用于将路径重置为默认位置。

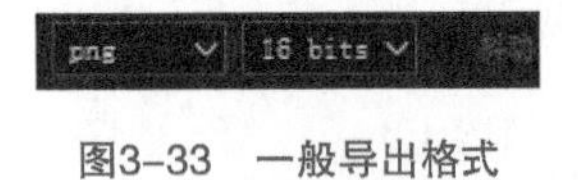

图3-33　一般导出格式

c. 设置文件格式和位数：Substance Painter 可以将项目导出为多种文件格式。根据不同项目要求选择相应的文件格式。图 3-33 所示为一般导出格式。

d. 配置：设置导出预设。用贴图拖曳的方式，可以把需要的多个单色贴图输出到每个贴图的通道中，以节省贴图的数据资源，如图 3-34 所示。

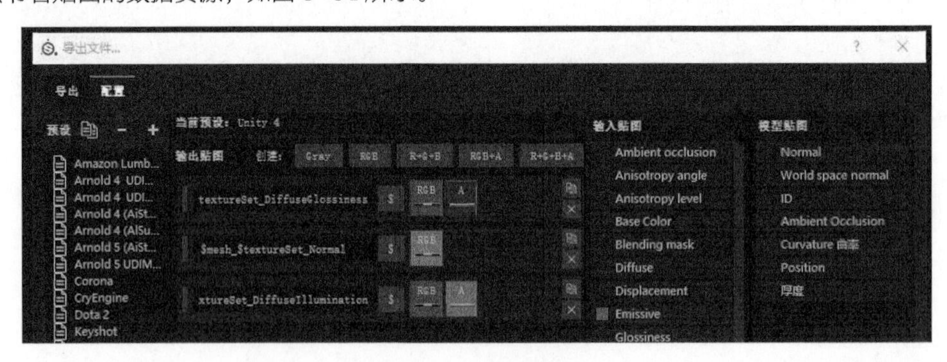

图3-34　导出配置设置

⑯ 退出

执行该命令可关闭 Substance Painter，退回到系统桌面，如果未保存某些信息，Substance Painter 将要求保存当前项目。

（2）编辑

编辑菜单如图 3-35 所示。

图3-35　编辑菜单

① Undo（上一步）

执行该命令可在“历史记录”中退后一步。

② Redo（下一步）

执行该命令可在“历史记录”中前进一步。

③ 项目文件配置

“项目设置”面板允许修改与当前项目相关的少量属性，如重新加载新的模型，面板如图 3-36 所示。

a. 文件：导入替换的模型文件。模型需要更新时在这里可以重新导入更改后的模型，并且不会影响此前贴图的制作。

b. 保留模型上的笔刷位置：制作使用的模型在三维软件中进行了修正更新，重新导入 Substance Painter 时，在此软件中进行的绘制可以跟随模型的变更而进行更新调整。如果更新模型前后出入较大，根据实际情况关闭此选项。

c. Normal 法线贴图格式：设置空间法线贴图格式。OpenGL（*Y*+）和 DirectX（*Y*-）可用。

④ Settings（设置）

Settings 是 Substance Painter 的主要首选项。图 3-37 所示为首选项通用面板。

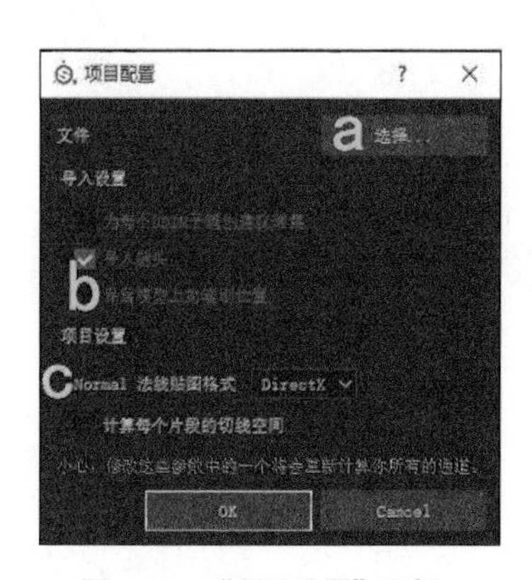

图3-36 “项目设置”面板

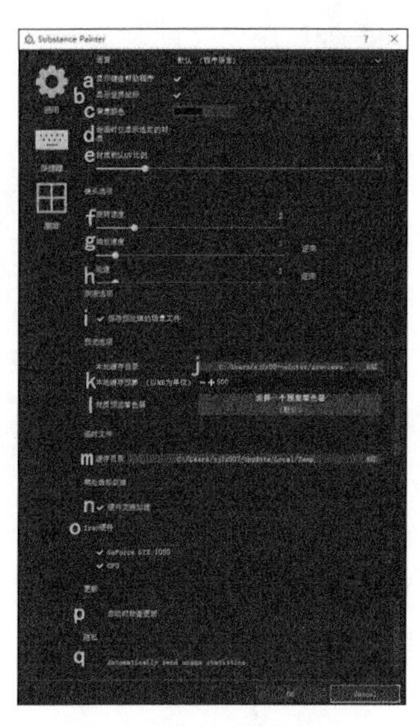

图3-37 首选项通用面板

a. 显示键盘帮助程序：如果启用，则在视图的左下方显示键盘快捷键。

b. 显示世界坐标：如果启用，则在三维视图的右下角显示世界坐标轴。

c. 背景颜色：选择用作视图背景的渐变颜色。

d. 绘画时仅显示选定的材质：如果启用，则在绘画时仅显示当前选择的纹理集，而隐藏其他纹理集。

e. 材料默认 UV 比例：在创建“填充层”时定义默认的 UV 比例数值。

f. 旋转速度：可以调节视图相机的旋转速度。一般使用默认数值即可。

g. 缩放速度：可以调节视图相机的缩放速度，一般使用默认数值即可（默认缩放）。“逆向”可以根据鼠标移动来反转缩放方向。

h. 轮速：可以调节鼠标滚轮控制视图相机的缩放速度，一般用默认数值即可。“逆向”可以根据鼠标滚轮的移动来反转变焦方向。

i. 保存预处理的场景文件：如果启用，则烘焙设置使用的、预处理的高面数多边形模型将保存在计算机上，以备将来使用。此功能可以更快地重新烘焙贴图。

j. 本地缓存目录：生成缩略图时的存储位置。

k. 本地缓存预算（以 MB 为单位）：定义缓存的最大数值。

l. 材质预览着色器：可以在此处选择将用于初始阶段的默认着色器。

m. 缓存目录：定义 Substance Painter 写入临时文件的位置。

n. 硬件支持加速：如果启用，Substance Painter 将尝试使用图形处理器（Graphics Processing Unit，GPU）的计算功能。

o.Iray 硬件：中央处理器（Central Processing Unit，CPU）设置在所有计算机上均可用。如果计算机具有兼容统一计算设备架构（Computer Unified Device Architecture，CUDA）版本的 NVIDIA GPU，它也会在此处列出。例如，可以禁用 CPU 并仅在可用的 GPU 上渲染（建议）。

p. 启动时检查更新：如果启用，Substance Painter 将在启动时检查新版本。如果有新版本可用，将打开 Updater Checker 面板，显示其他信息。

q.Automatically send usage statistics：如果启用，Substance Painter 将匿名将有关计算机硬件配置的信息以及其他使用情况数据发送到 Allegorithmic 的服务器。这些数据有助于改进软件。

r. 首选项快捷键面板：在快捷键设置面板中可以根据操作习惯设定工具功能的快捷键，如图 3-38 所示。

s. 首选项展架面板：用于允许定义 Substance Painter 创建或删除预设内容（如笔刷预设、材质预设或智能材质），如图 3-39 所示。

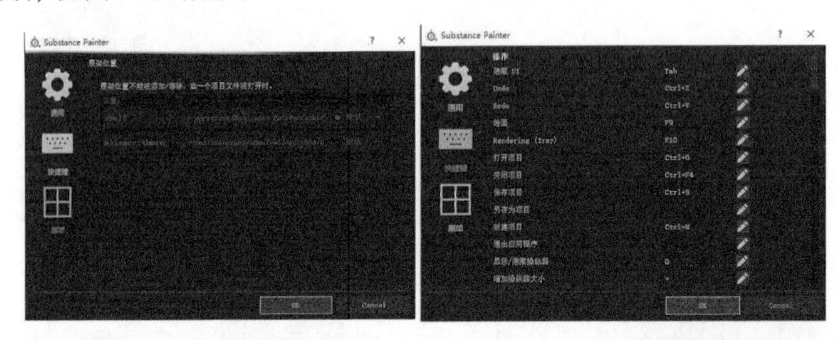

图3-38　快捷键设置面板　　图3-39　首选项展架面板

（3）模式

模式菜单如图 3-40 所示。

图3-40　模式菜单

①绘画

此模式允许在 3D 模型上工作并操纵图层。

② Rendering（Iray）

此模式允许使用当前项目切换到 Iray 渲染器。

（4）窗口

窗口菜单如图 3-41 所示。

图3-41　窗口菜单

① Views（视图）

其子菜单中列出了界面中可用的面板。

② Toolbars（工具栏）

其子菜单中列出了界面中可用的工具栏。

③ 隐藏 UI

执行该命令可隐藏界面中的所有面板并最大化视图。

④ 重置 UI

执行该命令可将当前窗口布局重置为默认设置。

（5）视图

视图菜单如图 3-42 所示。

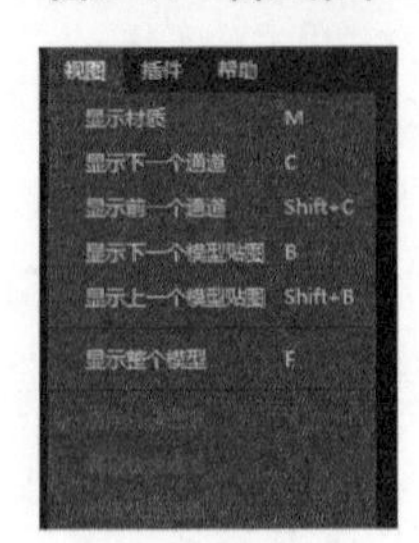

图3-42　视图菜单

①显示材质

执行该命令可将渲染模式切换为“材质”。

② 显示下一个通道

执行该命令可使视图中模型文件上单独显示烘焙出的一张贴图效果，重复单击显示下一张贴图。

③ 显示前一个通道

执行该命令可使视图中模型文件上单独显示烘焙出的一张贴图效果，重复单击显示上一张贴图。

④ 显示下一个模型贴图

执行该命令可使视图中模型文件上单独显示制作出的一张贴图效果，重复单击显示下一张贴图。

⑤ 显示上一个模型贴图

执行该命令可使视图中模型文件上单独显示制作出的一张贴图效果，重复单击显示上一张贴图。

⑥ 显示整个模型

执行该命令可使视图中模型文件居中显示。

⑦ 启用快速遮罩

执行该命令可显示并使用快速遮罩。

⑧ 编辑快速遮罩

执行该命令可将绘画模式切换为快速遮罩的模式。

⑨ 反转快速遮罩

执行该命令可反转快速遮罩的区域。

（6）插件

插件菜单列出了在启动时由Substance Painter加载的所有可用插件，如图 3-43 所示。

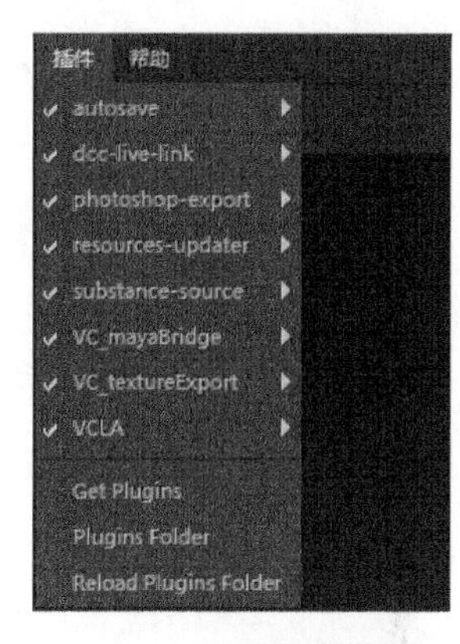

图3-43 插件菜单

（7）帮助

帮助菜单如图 3-44 所示。

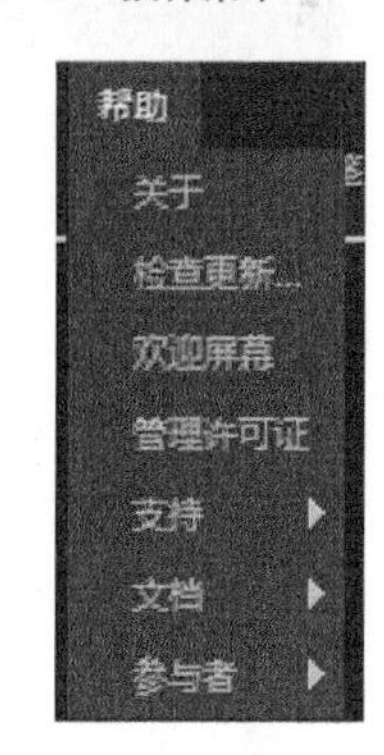

图3-44 帮助菜单

① 关于

执行该命令可显示有关 Substance Painter 的信息，如当前版本号。

② 检查更新

执行该命令可查看是否有新版本的 Substance Painter。

③ 欢迎屏幕

执行该命令可显示欢迎屏幕窗口，其中列出各种链接和快捷方式。

④ 管理许可证

执行该命令可显示有关许可证的信息，并在必要时进行更改。

⑤ 支持

支持子菜单如图 3-45 所示。

a. 报告软件漏洞：允许将错误报告发送到 Allegorithmic 的服务器。

b. 导出日志：导出 Substance Painter 的日志文件。如果需要在 Allegorithmic 的论坛上报告错误，此信息非常有用。

c. 提供给我们反馈：链接到官网。

⑥ 文档

文档子菜单如图 3-46 所示。

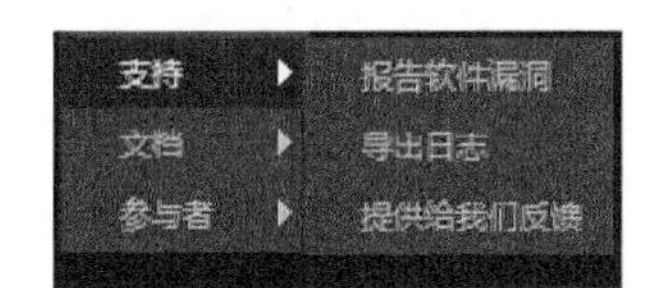

图3-45 支持子菜单

图3-46 文档子菜单

a. 在线参考：链接到 Substance Painter 的文档。

b. 在线快捷键列表：链接到在线文档中的快捷键列表。

c. 着色器 API：Substance Painter 附带的脱机文档，用于自定义着色器系统。

d. 脚本 API：Substance Painter 附带的脚本、插件系统的离线文档。

⑦ 参与者

参与者子菜单如图 3-47 所示。

图3-47　参与者子菜单

a. 关于 Iray： 显示有关 Iray（Substance Painter 使用的渲染系统）的信息。

b. 关于 Yebis： 显示有关 Yebis（Substance Painter 使用的后处理系统）的信息。

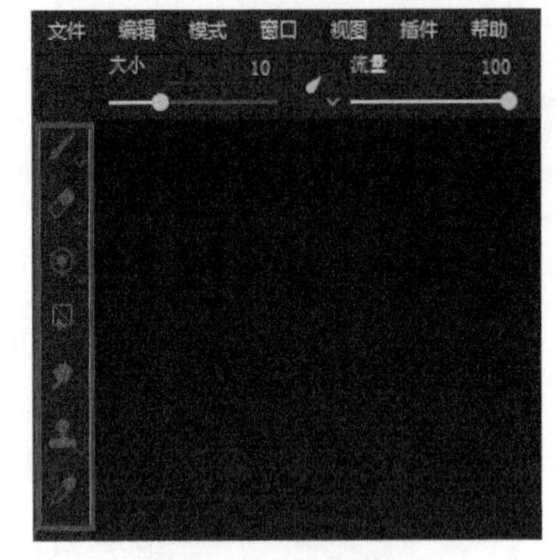

图3-48　工具菜单栏

2. 工具菜单栏

工具菜单栏位于主界面的左上方，列出了所有可对当前打开的 3D 模型项目进行贴图制作的绘画工具。仅当选中绘画层时，这些工具才能使用，如图 3-48 所示。

一些工具具有名为“物理”的第二种模式，如图 3-49 所示。单击笔刷右下方的箭头可启用“物理绘图”。在“物理绘图”笔刷状态下，通过单击“SHELF 展架”面板中的粒子笔刷预设来选择笔刷属性。可绘制所需的粒子效果。图 3-50 所示为“SHELF 展架”面板。

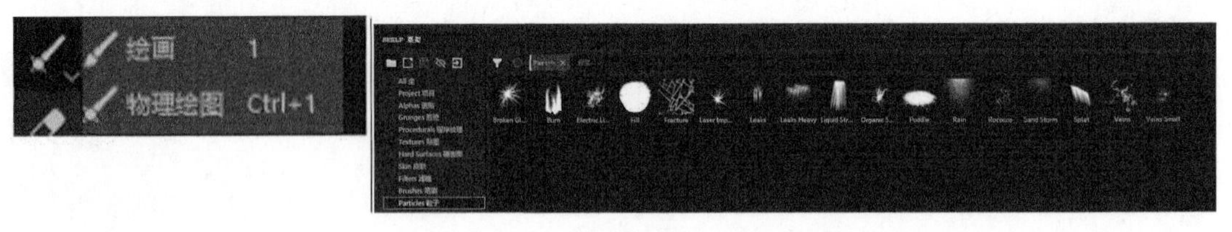

图3-49　“物理”工具　　图3-50　“SHELF展架”面板（一）

（1）绘画

绘画工具可将具有特定材质的笔触应用到项目中的模型上。

（2）橡皮擦

橡皮擦工具可删除任何现有的绘制信息。

（3）映射

映射工具可应用于与当前视点对齐的材质或纹理。

（4）几何体填充

几何体填充工具可在 3D 模型上选择几何体的形式的基础上在图层中创建遮罩。

（5）涂抹

涂抹工具可以拉伸、混合和模糊颜色，还可以拉伸其他材质属性。

（6）克隆（相对来源）

克隆工具可在 3D 模型上复制或修补现有材料的任何部分。

（7）材质选择器

材质选择器允许在 3D 模型的表面上选择材质属性（颜色以及其他通道）。这是一个临时工具，一旦选择了颜色，鼠标将变为绘画工具。

3. 笔刷类快捷工具栏

在笔刷类快捷工具栏可以通过设置改变笔刷绘画的参数。该工具栏将显示于主界面上方，如图 3-51 所示。

图3-51　笔刷类快捷工具栏

（1）大小

笔刷的大小，可以用滑块与数值进行笔刷大小设定。

（2）流量

笔触内部的强度或不透明度。该参数可以通过笔压控制。

（3）笔刷透明度

笔触的最大全局不透明度。与“流量”参数相反，笔刷透明度无法通过笔压进行控制，因为它是在绘制结束时应用的。图 3-52 所示为流量值与笔刷透明度值的区别。

流量为50%，笔刷透明度为100%

流量为100%，笔刷透明度为50%

图3-52　流量值与笔刷透明度值的区别

（4）间距

笔触之间的距离。较小的值可以创建连续的线条，但计算的总数更大；较大的值会在笔触之间造成缝隙，而有缝隙可能更适合特定的图案（如木制钉子），如图 3-53 所示。

（5）距离

辅助鼠标是绘画工具的距离偏移，可以通过工具栏启用它。自动修复线条的扭曲或抖动，使绘制的线条更干净，更流畅，如图 3-54 所示。

（6）对称

在绘画中可以按相对应的轴向对称地进行绘制，在视图中也可以调整对称的轴向距离，对称效果如图 3-55 所示。利用该工具绘制对称的模型可以减少绘制的工作量。

图3-53　间距效果

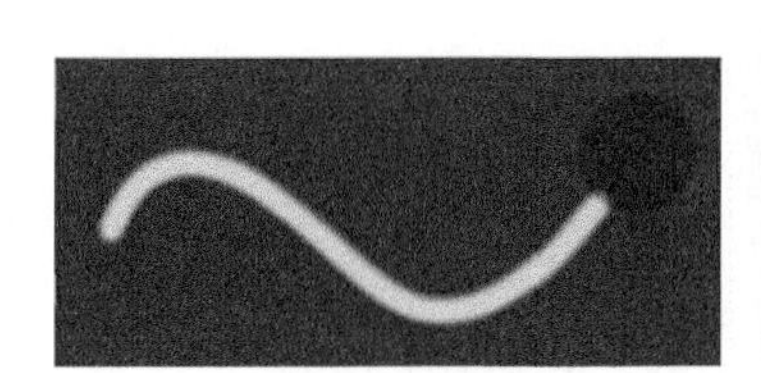

图3-54　距离效果

图3-55　对称效果

4. 显示视图窗口快捷栏

（1）2D、3D 视图

Substance Painter 具有两种视图——2D 和 3D。这两种视图都可以在 3D 模型上绘制。这两种视图还提供了在照明下可视化纹理的光影效果，如图 3-56 所示。

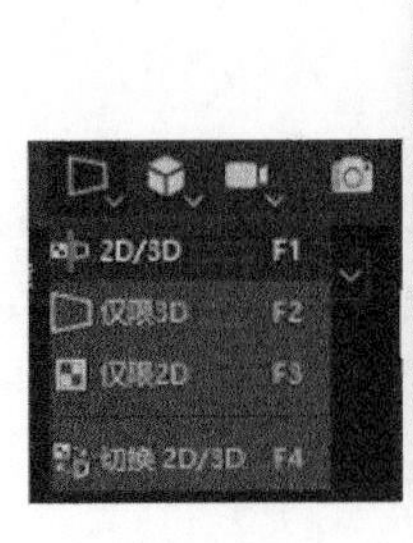

图3-56　2D、3D视图

（2）透视图、正投射视图

在绘画中也可以用透视图或者正投射视图（平行视图）进行制作，如图 3-57 所示。

（3）旋转模式

在绘画中需要旋转模型时，可使用自由旋转与受限制的旋转两种旋转模式，如图 3-58 所示。这里给大家提供旋转的快捷键。

重置相机中心："F"。

旋转相机："Alt+ 鼠标左键"。

旋转相机归正："Alt+ Shift+ 鼠标左键"。

（4）贴图显示信息

在显示图层面板中，显示材质最终效果，或单独显示每个贴图（在后面纹理集设置中会有详细说明），如图 3-59 所示。

图3-57　透视图、正投射视图

图3-58　自由旋转、受限制的旋转

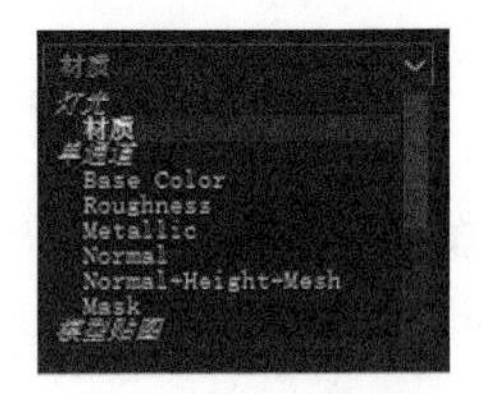

图3-59　贴图显示信息

5. 右侧停靠快捷栏

（1）纹理集列表

纹理集列表面板显示了项目中当前模型的所有材质 ID，如图 3-60 所示。这里罗列的是软件中导入的模型文件，包括一个角色模型的头发、身体、夹克等。

纹理集列表前的眼睛图标可以用于设置隐藏某个模型或显示某个模型，如图 3-61 所示。

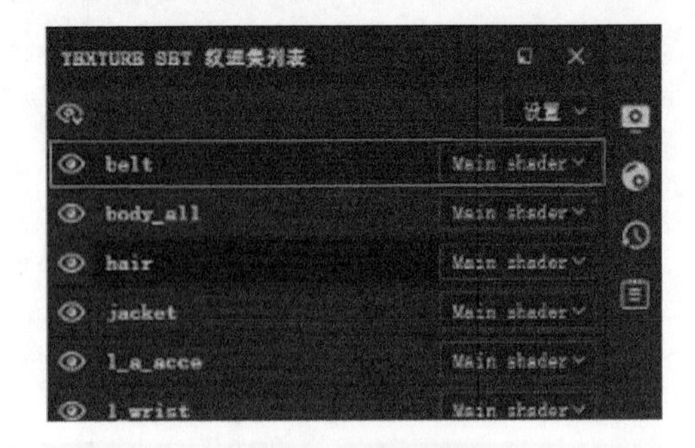

图3-60　纹理集列表

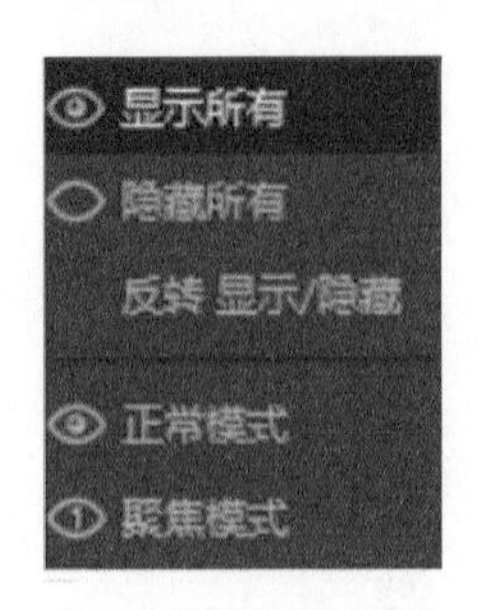

图3-61　显示或隐藏模型

（2）纹理集设置

纹理集设置面板可控制当前选定的纹理集的参数。在这里可以管理分辨率、通道和关联的模型贴图，如图 3-62 所示。

图3-62　纹理集设置面板

① 大小

“大小”是该面板顶部的贴图参数，它控制贴图的通道分辨率（以像素为单位）。要更改分辨率，只需单击下拉按钮并选择合适的分辨率；要使用非正方形分辨率（如 2048×1024），请单击两个文本框之间的锁定按钮，如图 3-63 所示。

注意：由于 Substance Painter 的实时渲染的工作流程，纹理集分辨率是动态变化的，运行时较消耗 GPU。如果运行不畅，可以降低分辨率工作以获得良好的性能，完成后再使用较高的分辨率输出贴图文件，以获得更好的质量。在应用程序内部，通道的最大分辨率为 4096 像素 ×4096 像素，而导出时的最大分辨率为 8192 像素 ×8192 像素（如果 GPU 支持）。

② 通道

可以通过添加或删除通道来修改此列表。

要添加通道，请单击“+”（加号）按钮，这将打开一个包含尚未分配给纹理集的所有通道的列表。要删除通道，请单击“-”（减号）按钮，如图 3-64 所示。

图3-63　锁定按钮

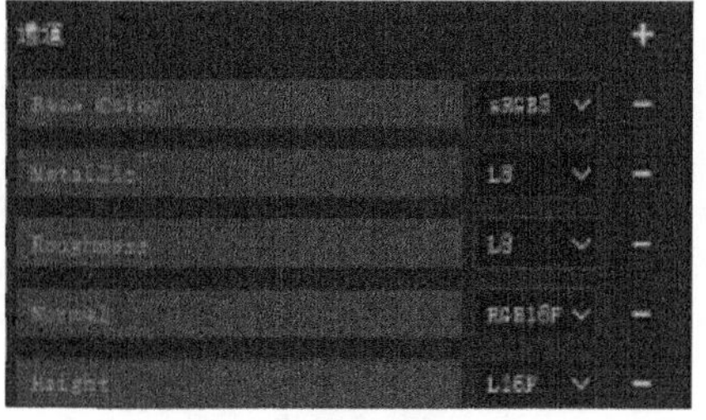

图3-64　通道列表

注意：一个“-”对应一个通道。通道的数量没有限制，但是太多的通道会影响性能。

UserX 通道是可以在自定义着色器中使用的特殊通道。可以在界面中对它们重命名。

每个通道都要设置数据类型，该设置根据其性质具有默认值。建议不要更改此设置，如图 3-65 所示。

数据类型	描述
sRGB8	RGB 颜色，经伽马校正的值，以 8 位存储
L8	灰度值，以 8 位存储
RGB8	RGB 颜色，以 8 位存储
L16	灰度值，以 16 位存储
RGB16	RGB 颜色，以 16 位存储
L16F	灰度值 - 正值和负值，以 16 位浮点存储
L32F	灰度值 - 正值和负值，以 32 位浮点存储
RGB32F	RGB 颜色 - 正负值，以 32 位浮点存储

图3-65　通道数据类型

在制作 PBR 贴图时，常用到的贴图通道有 7 种，如图 3-66 所示，如果项目有特殊要求再进行增加。

Base Color：基础颜色贴图。

Metallic：金属度贴图。

Roughness：粗糙度贴图。

Normal：法线贴图。

Height：高度贴图。

Opacity：透明贴图。

Emissive：自发光贴图。

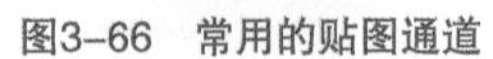

图3-66 常用的贴图通道

③ Normal 法线混合

Normal 法线混合控制烘焙的法线贴图与法线通道组合的方式，一般选择“合并”，如图 3-67 所示。

④ Ambient Occlusion 混合

Ambient Occlusion 混合控制烘焙的环境光遮挡与环境光遮挡通道结合使用的方法，在初级的制作中一般不会用到，如图 3-67 所示。

⑤ UV 填充

UV 填充设置可控制 Substance Painter 如何在 UV 接缝处生成一个像素。它的选项有两个：“3D 空间比邻”和“UV 空间比邻”，如图 3-68 所示。

图3-67 Normal法线混合与Ambient Occlusion混合

图3-68 UV填充

选择“3D 空间比邻”，将自动运算 UV 接缝的两侧，并在 UV 接缝处使用相邻像素的颜色。让 UV 接缝能够最大限度地变得不明显。在 UV 接缝上绘画时，建议使用此设置。

图 3-69 中，左图为此功能优化前填充效果，右图为 3D 空间比邻填充效果的示例。

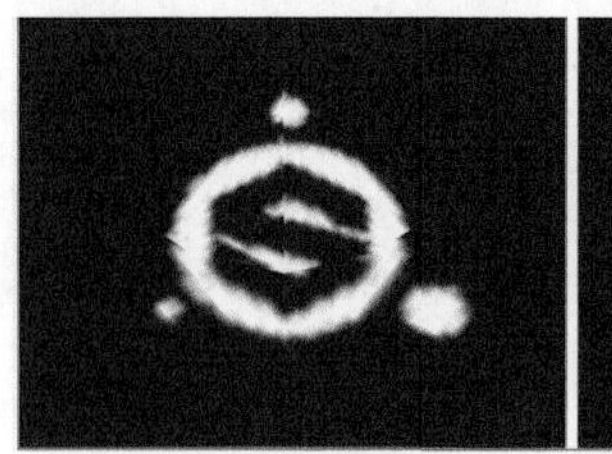

功能优化前填充效果

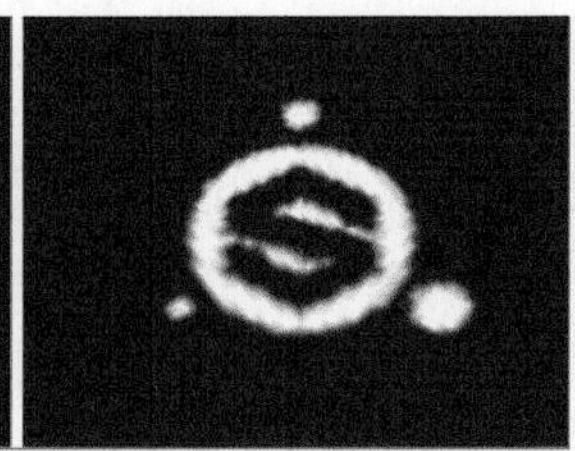

3D空间比邻填充效果

图3-69 不同选项的填充效果

选择“UV 空间比邻”，在生成填充之前，将 UV 内的像素复制到 UV 外的边界。当希望相邻的 UV 表现出鲜明的分界时，建议使用此设置。

图 3-70 中，左侧为选择“UV 空间比邻”的效果，右侧为选择“3D 空间比邻”的效果。

图3-70 UV空间比邻效果（左）与3D空间比邻效果（右）

⑥ 模型贴图

此处呈现的是对导入的法线贴图和纹理集里导入的模型进行烘焙渲染，而自动运算烘焙生成的贴图，如图 3-71 所示。

图3-71　模型贴图

a. Normal（法线贴图）：对于 Substance Painter，将烘焙切线空间的法线贴图。法线方向（DirectX 或 OpenGL）由导入时导入面板的项目设置确定。

b.World space normal（世界空间法线）：如果已烘焙法线，则除了低面数多边形模型外，还将使用它来计算世界空间法线。

c.ID：可以用于区分同一模型上的不同材质表现区域。

d.Ambient Occlusion（环境光）：使用高面数多边形模型来计算阴影，以生成准确的阴影效果，并匹配到低面数多边形模型的贴图中。也可以不使用高面数多边形模型进行烘焙，在这种情况下，低面数多边形模型及其法线贴图将用于计算环境光遮挡。

e.Curvature 曲率：可以提取和存储高面数多边形模型表面起伏的结构信息。

黑色值代表凹陷区域，白色值代表凸起区域，灰色值表示中性或平坦区域。

f.Position（位置）：烘焙出模型的位置图，用 RGB 三个通道的颜色数据记录物体在三维空间 X、Y 和 Z 轴上的位置。

g. 厚度：厚度烘焙贴图与环境光贴图非常相似，但是它表达的是将光线投射到与表面法线相反的方向。

以上贴图一般只有 Normal 和 ID 贴图是导入的制作完成的贴图文件，其他的贴图由软件烘焙而成。

h.“烘焙”面板：单击图 3-71 所示的“烘焙模型贴图”按钮可打开“烘焙”面板，如图 3-72 所示。此面板显示了可以调整的所有烘焙设置。单击“烘焙 jacket 模型贴图”按钮，可以同时烘焙多个纹理集。具体的操作将在实例章节具体说明。

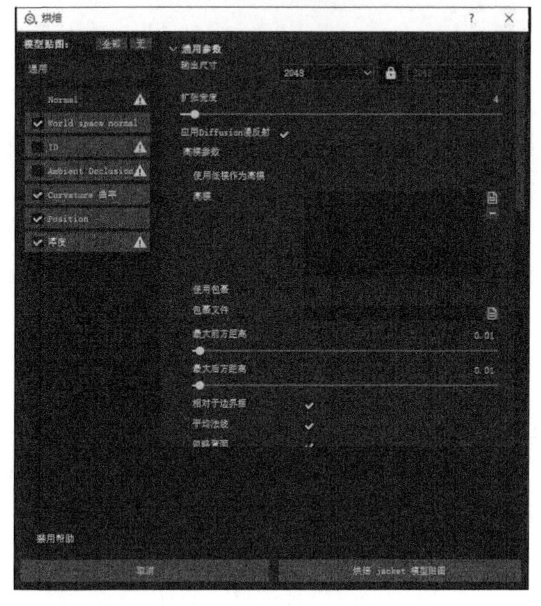

图3-72　“烘焙”面板（一）

（3）图层

图层，可以想象成是一张张的透明纸片，整齐叠放在一起。最下面的一张纸片作为背景图层，在它之上的透明纸片上绘画，图案就会盖住下面的纸片。而“图层堆栈”指的就是这些纸片的罗列状况。堆栈顶部的层是最上面的一张纸片，而堆栈底部的层是最下面的一张纸片。文件夹具有相同的原理，可以将文件夹理解为一个信封，信封里同样还可以放若干纸片，而这个信封也可以和若干纸片叠放在一起。

① 创建图层操作栏

其中的 7 个图标是可以执行的常见操作，如图 3-73 所示。

添加特效：创建一个新效果并将其添加到当前选定的图层。

添加遮罩：遮罩的添加、删除操作，以及特殊遮罩效果。

添加图层：在当前选定的图层上方创建一个新图层。

添加填充图层：在当前选定的图层上方创建一个新的填充图层。

添加智能材质：在当前选定的图层上方插入新的智能材质。

添加文件夹：在当前选定的图层上方创建一个新的空文件夹。

移除图层：删除图层或文件夹，无法通过此操作删除效果。

图3-73 创建图层操作栏

② 层的类型

图层：这种类型的层可以使用画笔和粒子进行绘制。

填充图层：这种类型的层不能在其上绘画，而可以在其内容中加载材质。

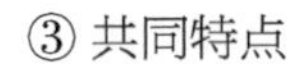

图3-74 图层的混合模式和通道不透明度

③ 共同特点

每层都是多通道。

利用绘制工具根据材料设置在各通道上绘制。

每个图层都有混合模式和通道不透明度（可以通过左上方的下拉菜单在通道之间切换），如图 3-74 所示。

④ 文件夹

此类型的图层仅用于包含其他图层，主要用于组织各个图层。

在每一层上都可以添加一个遮罩，该遮罩仅作用于当前层。可以手动在遮罩上绘画，也可以使用滤镜和材质来获得更多效果。

⑤ 视图模式

图层堆栈的左上角通道的下拉菜单，控制图层堆栈的图层显示哪个通道的内容。由于一个图层可以覆盖多个通道，因此只能一次显示一个属性。使用此下拉菜单时，可以指定让哪些通道显示在图层缩略图中，以及仅控制该通道的混合模式和不透明度。此下拉菜单基于纹理集设置中可用的通道。

（4）属性面板

上面讲过的填充图层是一种基于特定模式将纹理直接投射到模型上的图层类型。这种类型的图层可以节省手动在模型上绘制贴图的时间并降低绘制难度，可以通过“属性－填充”面板编辑填充图层。这些属性分为两类：填充属性和材质属性。

① 填充属性

填充属性控制将材质应用和映射到模型上的方法。可以通过“映射”更改映射模式。在“UV 转换”选项组中也可以调整填充图层的比例、旋转、偏移等，如图 3-75 所示。

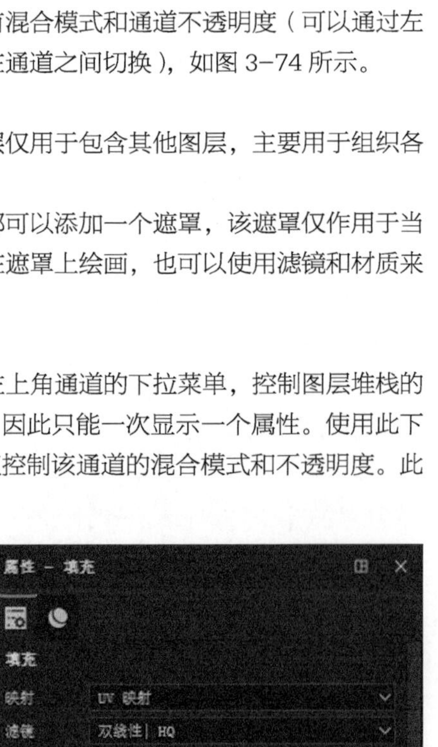

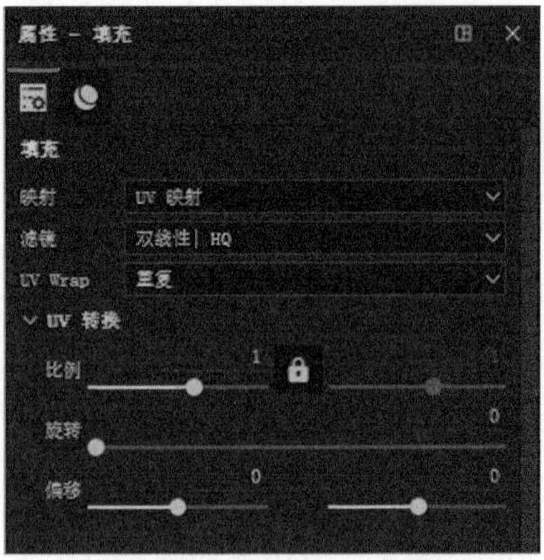

图3-75 填充属性

② 材质属性

在“材质”面板中，会显示纹理集设置中添加的通道，这些通道都有初始状态，有的通过色板、滑块、数值调整，有的可以通过自行添加的方式自定义添加贴图，如图 3-76 所示。具体的操作方法和技巧将在案例章节详细讲解。

（5）绘画

当启动绘画功能时会打开“属性 - 绘画”面板。在此面板中可以编辑笔刷的参数，来模拟笔触，笔刷可以在 3D 模型上直接绘画，如图 3-77 和图 3-78 所示。

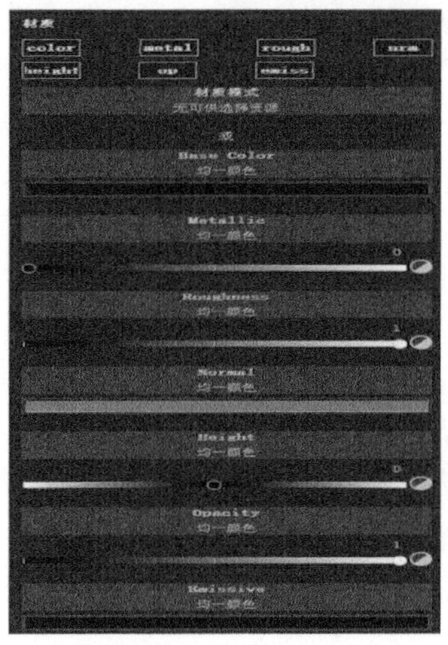

图3-76　“材质”面板

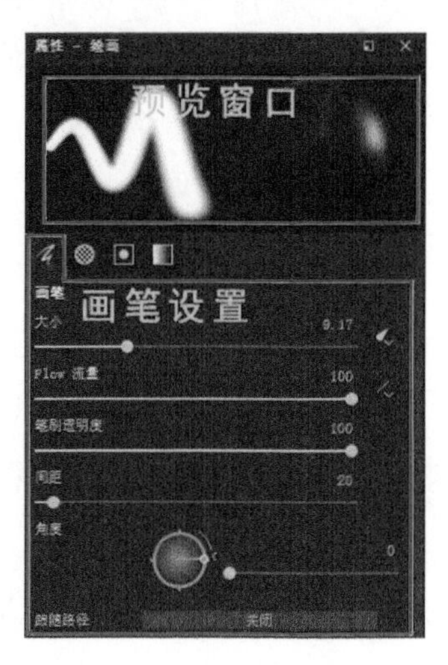

图3-77　“属性-绘画”面板（一）

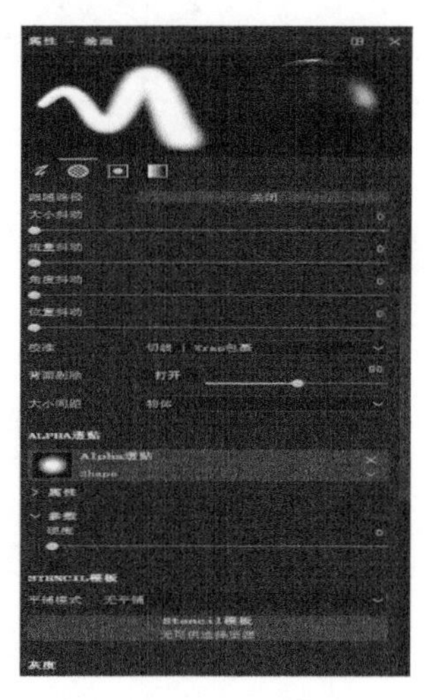

图3-78　“属性-绘画”面板（二）

① 预览窗口

此窗口是笔刷和材质的预览区域。在其中可快速浏览当前工具的设置方式，包括笔刷预览与材质预览。

a. 笔刷预览：预览窗口左侧显示当前笔刷相关参数设定的效果。

b. 材质预览：预览窗口右侧显示当前用于绘画的材质的属性，可以更好地查看材质的特性，如当前材质的反光效果等。

② 画笔设置面板

此面板中大小、Flow 流量、笔刷透明度、间距与笔刷类快捷工具栏的功能是相同的。

a. 角度：笔触的方向。旋转圆形调节钮可以 360 度改变笔刷的方向，用于按不同方向绘制有特殊形状的笔触，也可以与“跟随路径”结合使用。

b. 跟随路径：将特殊形状的笔触设定为遵循绘画方向，如图 3-79 所示。

c. 大小抖动：在画笔描边时为每个笔刷应用随机大小值。值为 0 表示无随机性，值为 100 表示完全随机性。图 3-80 所示为大小抖动效果。

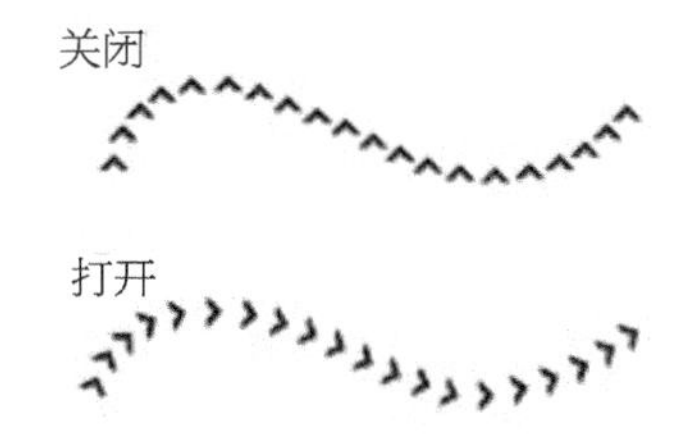

图3-79　打开跟随路径与关闭跟随路径的效果

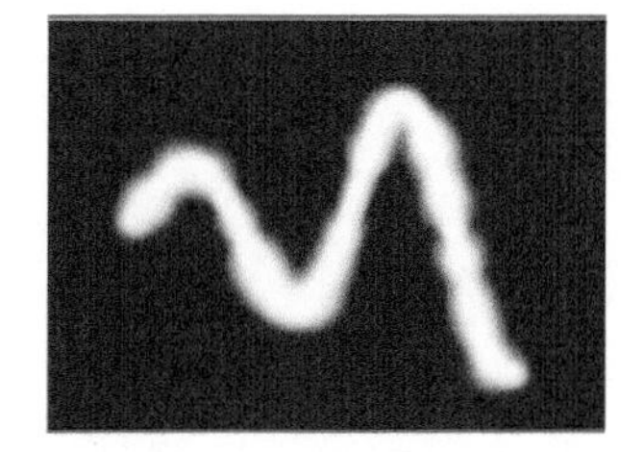

图3-80　大小抖动效果

d. 流量抖动：在画笔描绘时应用随机流量值。值为 0 表示无随机性，值为 100 表示完全随机性。图 3-81 所示为流量抖动效果。

e. 角度抖动：在画笔描绘时随机施加一个附加的旋转角度。值为 0 表示无随机性，值为 180 表示完全随机性。图 3–82 所示为笔刷使用角度抖动效果。

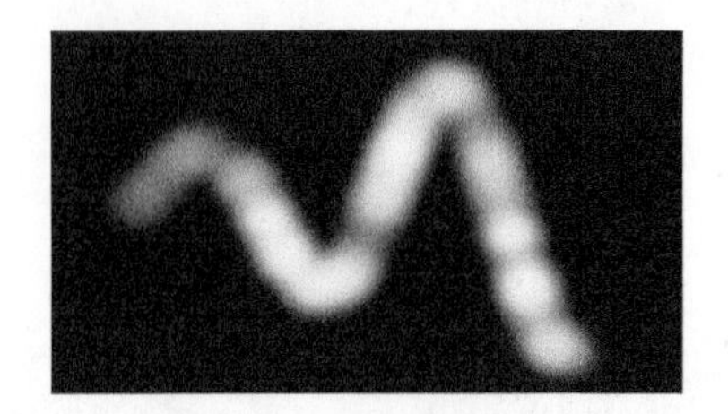

图3–81　流量抖动效果

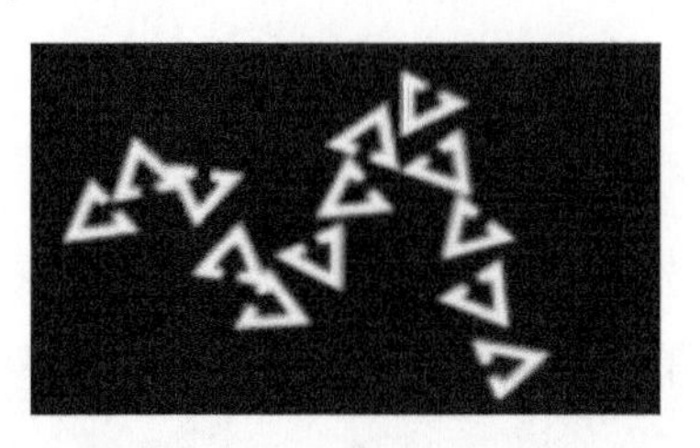

图3–82　笔刷使用角度抖动效果

f. 位置抖动：在画笔描绘时应用随机位置偏移。值为 0 表示无随机性，值为 100 表示完全随机性。图 3–83 所示为笔刷使用位置抖动效果。

g. 校准：确定笔刷的笔触如何在 3D 模型的表面上投影、定向，如图 3–84 所示。可以使用以下模式。

Camera 镜头：将笔刷朝向视图的方向。如在球体上进行绘制，笔刷图案会拉伸变形。

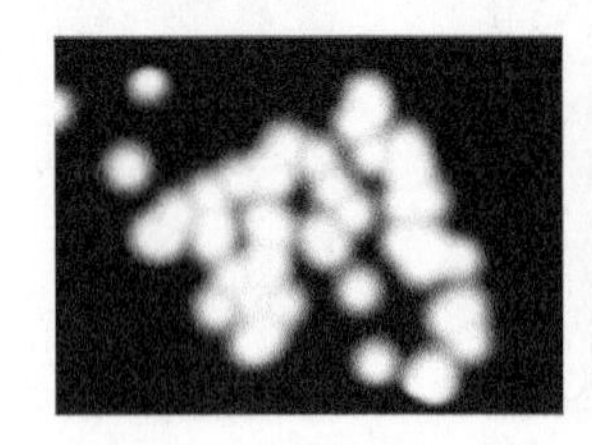

图3–83　笔刷使用位置抖动效果

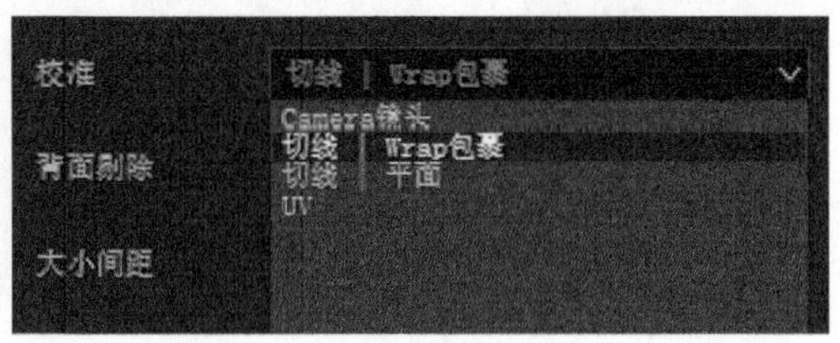

图3–84　校准设置

切线 | Wrap 包裹：将笔刷定向为与 3D 模型表面对齐，绘画时笔刷贴合模型表面，是默认的模式。在球体上进行绘制，笔刷图案不发生变形。

切线 | 平面：调整笔刷的方向使其与 3D 模型表面对齐，但边缘如距离所绘 3D 模型曲面太远则会产生半透明的效果。

UV ：基于 3D 模型 UV 平面贴图，在 2D 视图描绘更方便。

h. 背面剔除：根据模型的角度判定笔刷在模型上绘制的效果。最小值为 45，最大值为 135，指模型结构的角度，如图 3–85 所示。

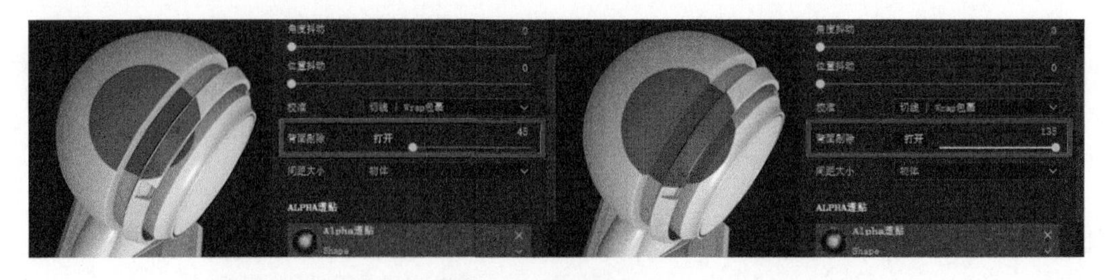

图3–85　背面剔除设置

i. 大小间距：笔刷大小受视图远近影响，如图 3–86 所示，具有以下三种模式。

物体：笔刷大小与 3D 模型大小同步，是默认的模式。在视图中拉近推远会影响笔刷显示的尺寸，但笔刷相对于 3D 模型保持不变。

视图：绝对笔刷大小。调整视图，将影响笔刷大小。模型近笔刷相对小，模型远笔刷相对大。移动相机不会有任何效果。

纹理：笔刷大小与 2D 视图缩放级别相关联。

图3–86　大小间距设置

③ ALPHA 面板

ALPHA 面板如图 3–87 所示。

该面板应用于画笔描边内每个笔刷的灰度遮罩。它可以是位图，下面的参数中可以调整笔刷的边缘硬度。单击“ALPHA 透贴”右下角的箭头，可以看到预设有很多黑白笔刷可选择。

④ STENCIL 面板

STENCIL 面板如图 3-88 所示。

该面板用于对笔触附加灰度遮罩。与应用于每个单独笔刷的 ALPHA 面板相反，STENCIL 面板是从视图角度应用的全局遮罩。如果加入软件自带的程序纹理贴图，可以调整下方的参数滑块进行映射图片的调整。

⑤ 灰度面板

灰度面板如图 3-89 所示。

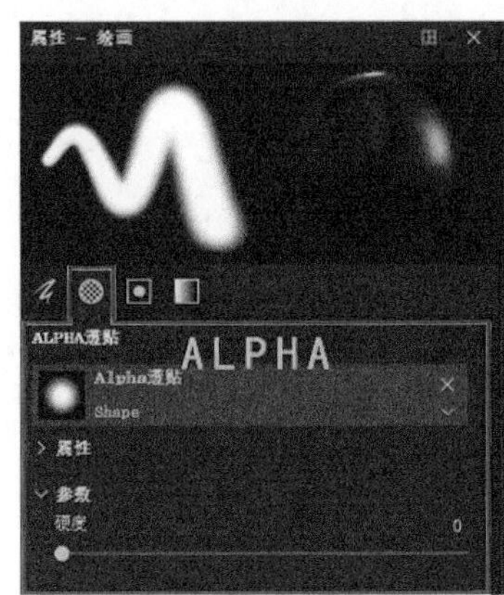

图3-87　ALPHA面板

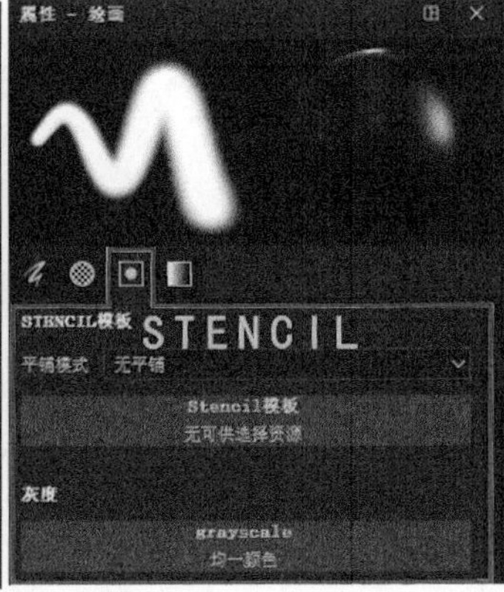

图3-88　STENCIL面板

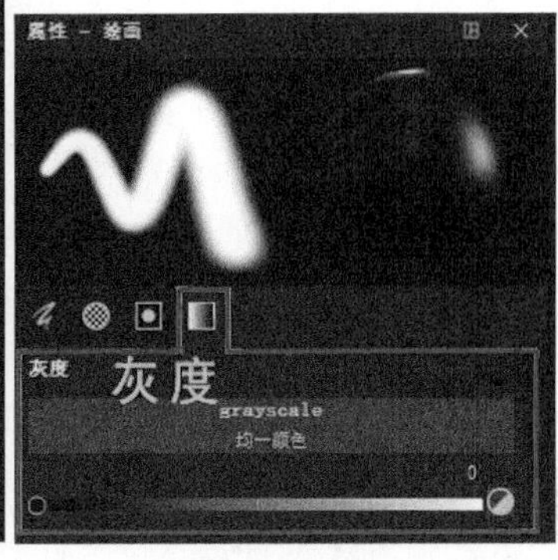

图3-89　灰度面板

该面板用于在图层或文件夹中添加遮罩，绘制遮罩信息时此面板才会出现。在灰度面板中可以添加自定义的图片或调整灰度的黑白数值的滑块。在预览窗口右侧的材质预览中能看到参数调整的预览效果。

⑥ 材质面板

材质面板如图 3-90 所示。

建立图层才会出现材质面板，相对应的灰度面板消失。在材质面板中可以通过开启或关闭上方的通道来设置描绘的具体效果。在下方的是各个通道的属性，与填充面板中材质属性一样，可以添加自定义的图片，也可调整颜色与数值。在预览窗口右侧的材质预览中也能看到参数调整的预览效果。

它的功能和前面讲到的属性面板里的“材质”面板异曲同工，可以进行相同的理解。

（6）显示设置

显示设置面板的缩略图标位于主界面右上角，如图 3-91 所示。显示设置包括视图模式、背景设置、镜头设置和视图设置。这些设置是整个场景的全局设置，会影响视图的外观。

图3-90　材质面板

图3-91　显示设置面板

① 视图模式

视图模式包含多种模式，如图 3-92 所示。

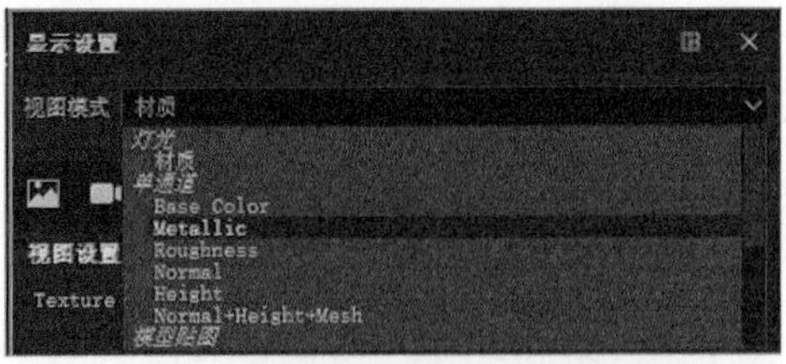

材质：在视图中显示完整照明（包括阴影）的模型效果。

单通道：视图中显示的模型，仅显示特定通道贴图且无照明阴影效果。

“Base Color”只显示贴图颜色。“Metallic”只显示金属度贴图。“Roughness”只显示粗糙度贴图。“Normal”只显示法线贴图。“Height”只显示高度贴图。“Normal+Height+Mesh”只显示综合法线贴图。

模型贴图：仅在视图中显示具有特定烘焙纹理的模型。

图3-92　视图模式设置

② 背景设置

此部分控制项目场景中的照明，如图 3-93 所示。

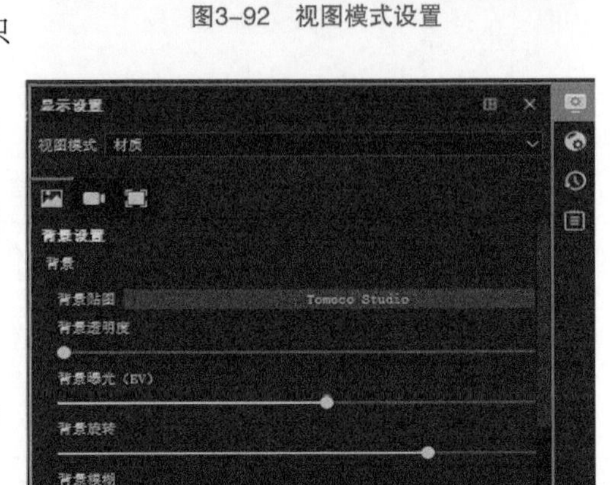

图3-93　背景设置

a. 背景贴图：选择照亮场景的环境贴图纹理。单击该选项可以在“环境”预设列表中更换不同场景模式。

b. 背景透明度：控制视图背景中环境贴图纹理的可见性（透明度）。此设置对场景的照明没有影响。

c. 背景曝光（EV）：代表固定场景亮度的值。此设置允许调整默认亮度值。

d. 背景旋转：控制环境贴图纹理的水平旋转。用于旋转场景中照明的角度。

e. 背景模糊：控制环境贴图纹理在视图背景中出现的清晰度或模糊度。此设置对照明没有影响。

f. 阴影：在视图中启用、禁用阴影渲染。

g. 计算模式：控制阴影的计算速度，分为三种模式。

强度：计算速度快，但会冻结视图的渲染。

平均值：强度和轻量模式的平均值。

轻量级：计算阴影时软件变慢几秒，但不会影响视图性能，是默认的模式。

h. 阴影透明度：控制阴影在场景中的可见程度。

③ 镜头设置

此部分控制相机的行为以及视图图像的最终外观，如图 3-94 所示。这里的数值一般不进行调整，保持默认值即可。简单介绍其中的几个功能。

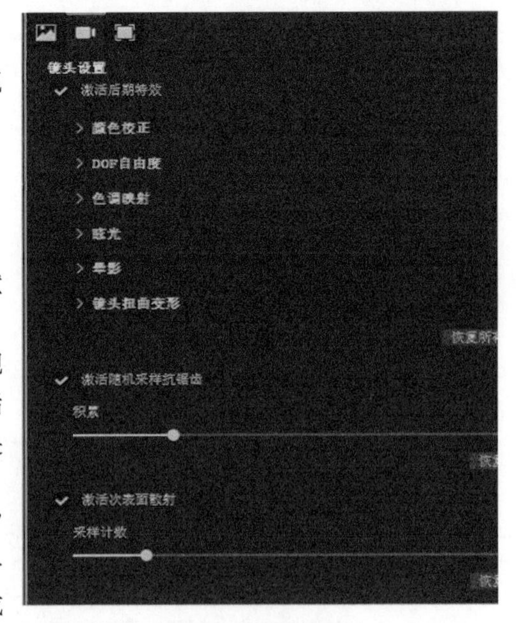

图3-94　镜头设置

a. 激活后期特效：后期特效在 Substance Painter 视图中模拟常见相机效果的滤镜。Substance Painter 的后期处理效果由 Yebis 引擎支持。效果可以单独启用，但是必须先启用主要的后期处理系统。

b. 激活随机采样抗锯齿：启用后，“抗锯齿”（TAA）将删除视图中的锯齿状边缘。TAA 通过在多个渲染帧中累积信息来工作，这意味着相机停止移动或执行其他操作之前，效果一直处于禁用状态。

c. 激活次表面散射：当光穿透物体或表面时，散射是光传播的一种机制。一部分光不是被反射，而是被物体或表面吸收，然后在其内部散射。现实生活中的许多材料都有表面下的散射，如皮肤或蜡。

d. 激活颜色配置文件：颜色配置文件可用于校准屏幕的最终颜色，以匹配目标（如特定摄像机）。通常，配置文件会通过更改亮度、伽马值、对比度甚至颜色平衡来操纵颜色。

④ 视图设置

此部分控制与视图显示相关的各种设置，如图 3-95 所示。

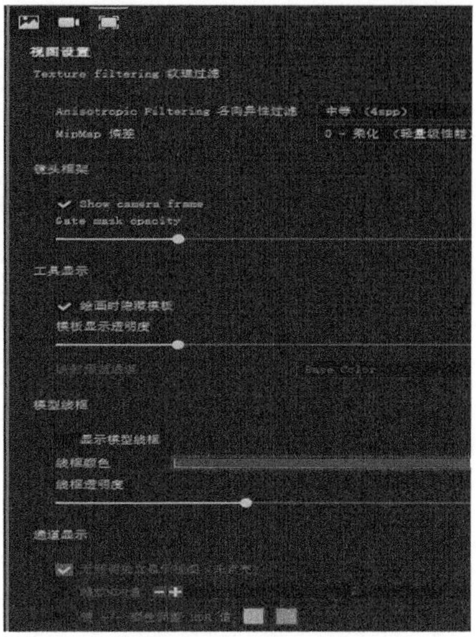

a.Texture filtering 纹理过滤。

其中包括各向异性过滤和 MipMap 偏差，控制视图中纹理的显示。这些设置不会直接影响纹理，也不会在导出时应用，它们只是改善了视图中的渲染过程。

b. 镜头框架。

其用于控制摄像机。

图3-95　视图设置

Show camera frame：要在 3D 视图中显示或不显示框架，必须选中或取消选中“Show camera frame”复选按钮。

Gate mask opacity：可以将遮罩的不透明度从“0”（完全透明）修改为“100”（不透明）。

c. 工具显示。

绘画时隐藏模板：使用此设置可以在模型上绘画时暂时隐藏模板。

模板显示透明度：不绘画时，控制模板在视图渲染上的可见性。

映射预览通道：控制使用投影工具时显示材料的通道。

图3-96　着色器设置

d. 模型线框。

显示模型线框：在视图中启用或禁用模型线框的显示。

线框颜色：控制模型线框显示为什么颜色。

线框透明度：控制模型线框的透明度。

（7）着色器设置

此面板缩略图标位于主界面右上角。它的功能是允许控制着色器（和 Iray mdl）参数。着色器是一种函数，用于定义视图中的照明和阴影交互时对象的外观。在 Substance Painter 中，着色器用于读取“纹理集”通道以及在视图中渲染 3D 模型，如图 3-96 所示。

① 撤销堆栈和着色器文件

着色器的“撤销 / 重做”独立于主“历史记录”，因此在绘制时不会产生冲突。

a. 撤销：恢复、取消着色器文件的更改或任何着色器参数修改。

b. 重做：再次应用通过撤销取消的更改。

c.pbr-metal-rough：显示当前使用的着色器文件的按钮。单击该按钮弹出一个列表，可以选择其他着色器，如图 3-97 所示。

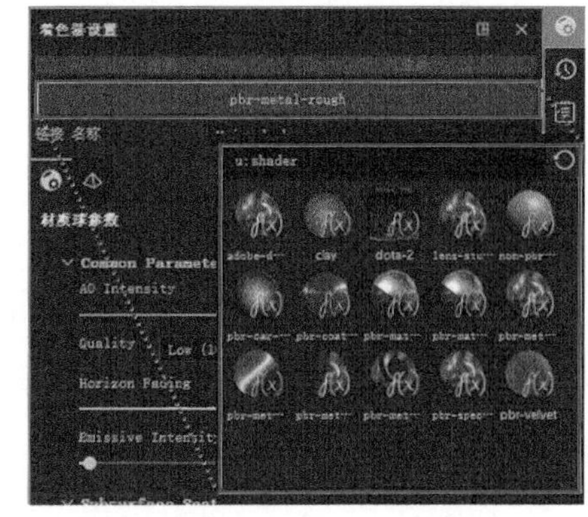

图3-97　pbr-metal-rough

着色器实例：着色器实例是基于原始着色器文件但具有

自定义参数的着色器。例如，一个需要透空的模型就需要使用透空着色器实例。常规制作使用默认着色器即可。

② 材质球参数

材质球参数取决于当前加载的着色器文件，如图 3-98 所示。

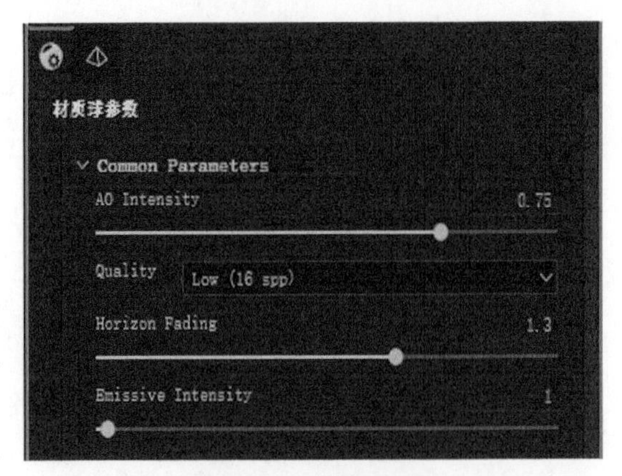

图3-98　材质球参数

a.AO Intensity（环境光强度）：调整视图光照时的环境光遮挡强度。物体和物体相交或靠近位置的漫反射光线的效果。

b.Quality（反射质量）：控制视图中的镜面反射的质量。

c.Horizon Fading（地平线衰差值）：在法线贴图呈现的体积上添加反射效果。

d.Emissive Intensity（自发光强度）：发光通道的亮度，有助于创建非常明亮的发光颜色，可以与眩光特效配合使用。

③ 置换与曲面细分

置换与曲面细分如图 3-99 所示。

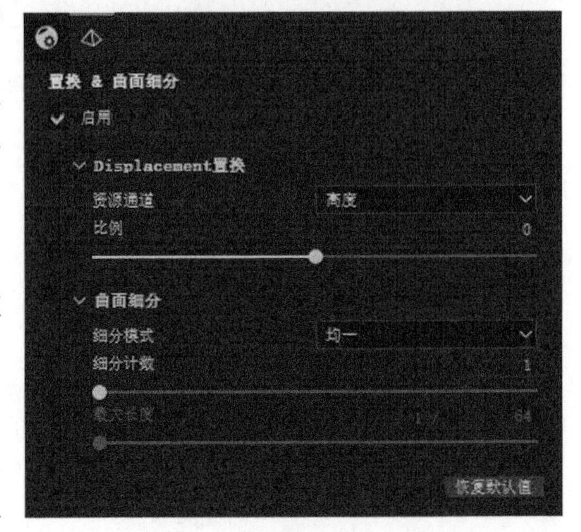

图3-99　置换与曲面细分

a. 资源通道：模型变形所基于的通道，默认值为“高度”，但也可以设置为“置换”。

b. 比例：控制应用于项目中的模型的变形量，比例的值为 -0.5~0.5，对应模型边界框的最大尺寸。

c. 细分模式：确定如何计算细分量。

d. 细分计数：从 1 到 32，较高的值会产生更多的多边形，这些多边形提供更多的细节，但会带来软件性能问题。

e. 最大长度：1/64 值，划分每个多边形的边，直到每条线段等于或小于此数字，1/1 是场景的大小。

（8）HISTORY（历史记录）

历史记录面板列出了当前打开的项目中已完成的所有操作和修改，如图 3-100 所示。

创建、应用动作本身后，可以单击列表中的每个元素以返回项目状态。

如果不在列表的最后一个元素上，则创建一个新动作将删除现有的动作，并用新动作替换。这些动作对于项目是全局的。

（9）日志

日志是 Substance Painter 和插件可以打印信息的地方，通常用于指示警告和错误，如图 3-101 所示。

图3-100　历史记录面板

图3-101　日志

6. “SHELF 展架”面板

此面板的默认位置位于主界面的下方。“SHELF 展架”面板用于（资源展示面板）管理项目，包括当前文件或计算机中可用的所有素材和资源，如图 3-102 所示。

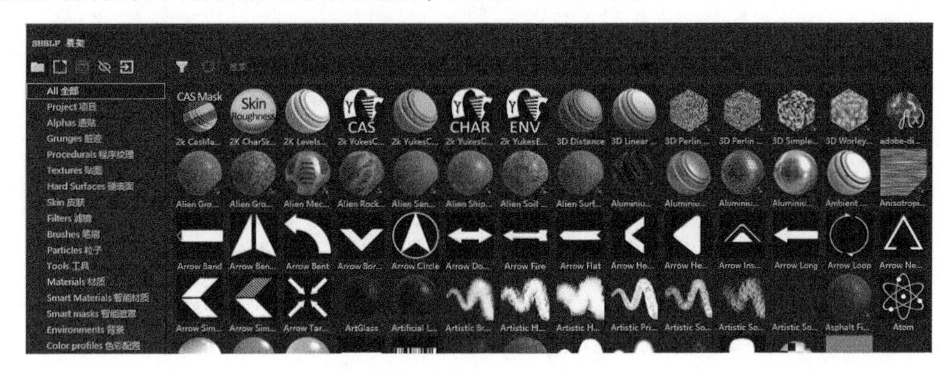

图3-102　"SHELF展架"面板（二）

"SHELF 展架"面板可以列出各种类型的文件，从位图到 Substance Painter 文件，甚至是自定义画笔预设。

主展示面板（面板左侧）管理面板预设，并可用于浏览各种资源。

子展示面板（面板右侧）可以在界面中预览、创建自定义窗口及创建预设。

（1）预设的工具栏

预设的工具栏包含多用途按钮列表。

：展开、折叠预设列表。

：将展架预设或当前搜索提取到新窗口中。

：将当前设定保存到新的展架预设中。

：隐藏默认预设。

：导入新资源。

（2）预设清单

预设清单包含所有现有预设的列表，如图 3-103 所示。默认预设不能删除，但可以通过专用按钮隐藏。新创建的预设可以随时重命名或删除。

图3-103　预设清单

（3）筛选和搜索字段

：打开面板以配置。

：将当前搜索查询重置为默认值。

：搜索字段，用于键入关键字并完善当前筛选条件。

（4）查看资源信息

右击展示面板中的素材可以获取更多信息，如图 3-104 所示。

① 名称

素材的名称（如果是预设，则可以重命名）。

② Usages 用法

资源搜索所引用的使用类型，可用于筛选搜索。

③ 路径

当前素材的位置（可以添加自定义位置）。

（5）添加资源内容

预设的工具栏的导入新资源功能非常重要。这里单独讲解一下。

通过预设的工具栏中导入新资源的按钮可将一个或多个文件、文件夹拖放到"SHELF 展架"面板中，然后

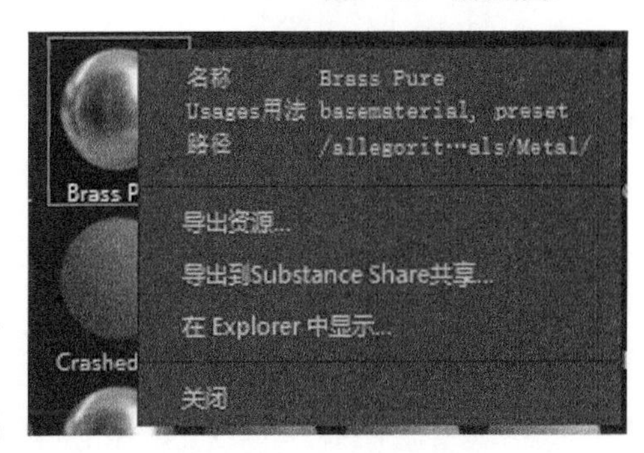

图3-104　查看资源信息

导入文件。新资源的导入是 Substance Painter 软件绘制贴图的必备操作之一。

导入资源面板如图 3-105 所示。

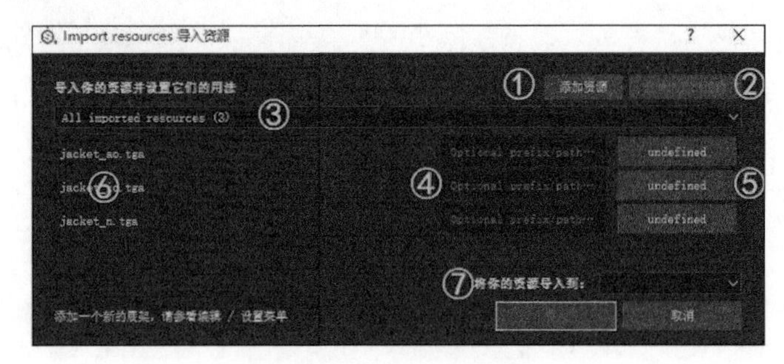

图3-105　导入资源面板

① 添加资源

添加资源允许选择其他文件用以导入软件。

② 删除选定的资源

在列表中如果有不需要导入的文件，选择此文件后单击“删除选定的资源”按钮删除文件。

③ 下拉过滤器

在其中可按用途过滤文件列表。这对于隔离当前未定义的资源很有用。

④ 前缀

前缀可以是用于定义资源存储位置的文件夹路径。

⑤ Undefined

其设置包括 4 种选择模式，根据导入资源自行选择，如图 3-106 所示。根据选择的不同，导入的文件会被分配到预设清单的对应文件夹内储存。

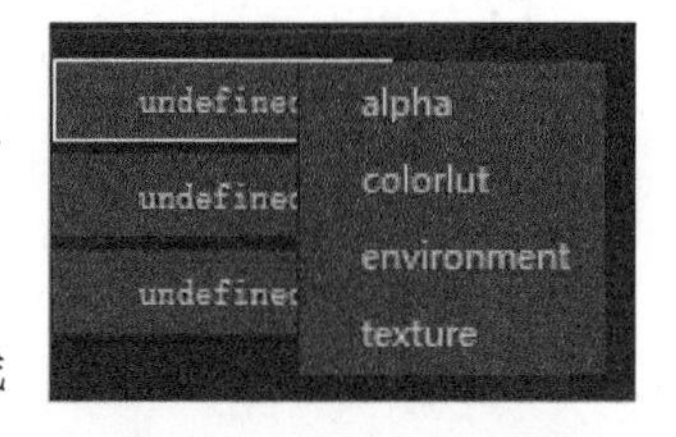

图3-106　Undefined设置

⑥ 资源名称

当前资源的名称。可以按名称从“SHELF 展架”面板中搜索，以找到此资源。

⑦ 将你的资源导入到

在其中可设置导入的位置。下拉列表框中有两个选项可以选择，如图 3-107 所示。

图3-107　资源导入设置

a. 当前会话：选择此项，重新启动软件后资源将丢失。此功能可以使当前项目文件数据保持最简。

b. 项目文件‘MeetMat’：导入的资源将进入当前打开的项目文件。资源将嵌入 SPP 格式文件中，在下次打开保存后的此项目文件时，导入的资源不会丢失。

3.2　材质技巧与实例训练

在制作模型后可以进行模型的贴图制作，上面介绍了 Substance Painter 软件的界面。对软件熟悉后，现在进行一些简单材质的绘制。

3.2.1　案例：金属材质训练

制作餐具模型的材质贴图。用 PBR 贴图制作崭新的不锈钢材质。

1. 把模型文件导入 Substance Painter 中

打开软件，在主菜单栏中选择“文件”→“新建”，或按快捷键“Ctrl+N”，如图 3-108 所示。会弹出“新项目”面板。

图3-108　打开“新项目”面板

在“新项目”面板单击“选择”按钮，如图 3-109 所示。弹出“打开　文件”对话框，选择要导入的 FBX 格式文件，这里选择“metal”文件夹内的“metal.fbx”文件，单击“打开”按钮，把 FBX 格式的模型文件添加到 Substance Painter 新项目中。

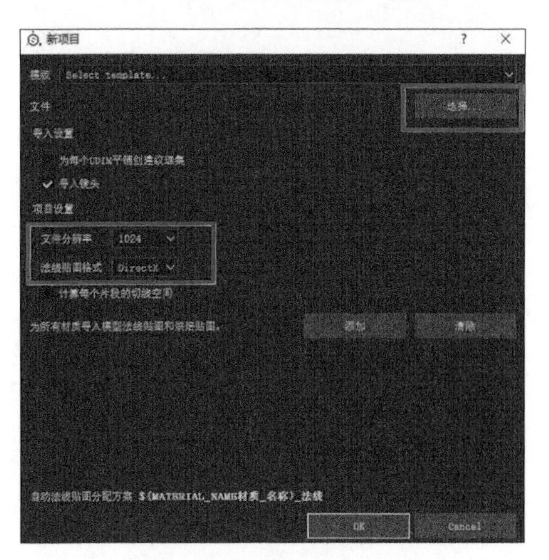

图3-109　“新项目”面板

返回“新项目”面板，在“项目设置”中设置“文件分辨率”为“1024”,“法线贴图格式”为“DirectX”。

以上操作说明要给模型制作一个 1024 像素 ×1024 像素大小的贴图文件。单击“OK”按钮确认在场景中导入模型。

2. 设置背景效果

背景效果可以简单理解为环境光的照射方法。一般选择一个环境颜色影响小、光照均衡的普通环境。单击界面右侧停靠快捷栏的“显示设置”缩略图标，单击“背景贴图”，选择“Tomoco Studio”，如图 3-110 所示。其他参数保持默认。

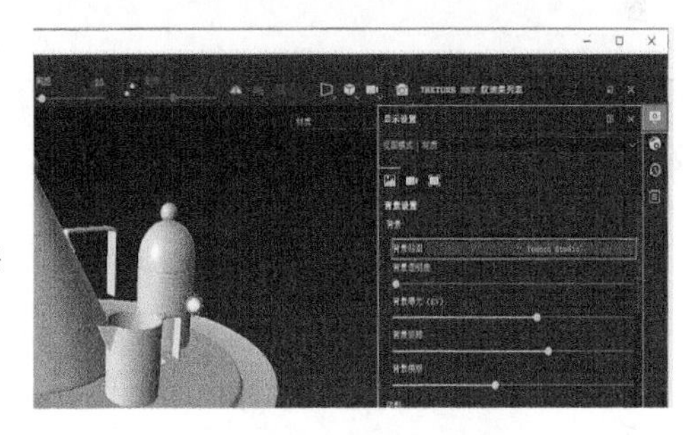

图3-110　设置背景效果

3. 对模型进行算法烘焙贴图

Substance Painter 软件对导入的模型进行算法的烘焙而生成的贴图能有效模拟模型在环境中受到的影响，是材质贴图制作的基础和开始。

在纹理集设置面板中单击“烘焙模型贴图”按钮，如图 3-111 所示。

弹出“烘焙”面板，如图 3-112 所示。在“烘焙”面板中取消选中“ID”复选按钮，因为目前制作的模型上只有一个金属材质属性，当同一模型上有多个材质属性时才会用到此选项。“输出尺寸”选择“1024”，其他的参数如图进行设定。

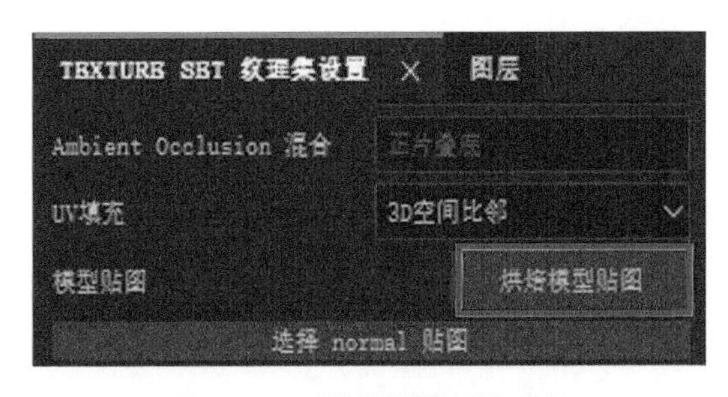

图3-111　“烘焙模型贴图”按钮

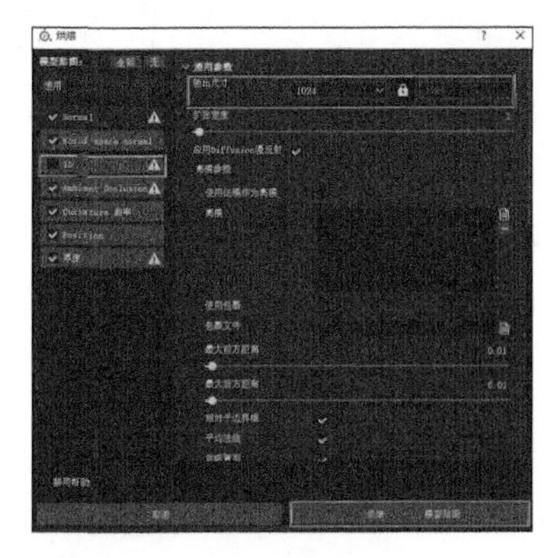

图3-112　“烘焙”面板（二）

扫码观看
微课视频

单击右下方的“烘焙”按钮，开始烘焙贴图。烘焙结束后在纹理集设置面板与 SHELF 展架面板中会自动同步烘焙出的贴图，如图 3-113 所示。这个烘焙过程比较消耗计算机资源，需要等待几秒。贴图尺寸过大或计算机配置过低时，可能还会发生软件崩溃的情况。

烘焙之后生成很多“五颜六色”的贴图。这些贴图经过软件的计算用于模拟模型在真实世界的物理效果。

4. 赋予模型基本材质属性

选择“SHELF 展架”面板的“Materials 材质”，右侧展示面板会显示软件提供的多个材质球。默认的材质球包括塑料、金属、布料、地板等。使用这些材质球能够让模型快速完成基础贴图制作。

选择“Platinum Pure”材质球，如图 3-114 所示，这个材质模拟的是金属效果。按住鼠标左键不放，拖动材质球到图层面板空白处，松开鼠标左键。这样模型就有了金属材质的质感，如图 3-115 所示。

图3-113　纹理集设置面板和“SHELF展架”面板同步烘焙出的贴图

图3-114　选择“Platinum Pure”材质球

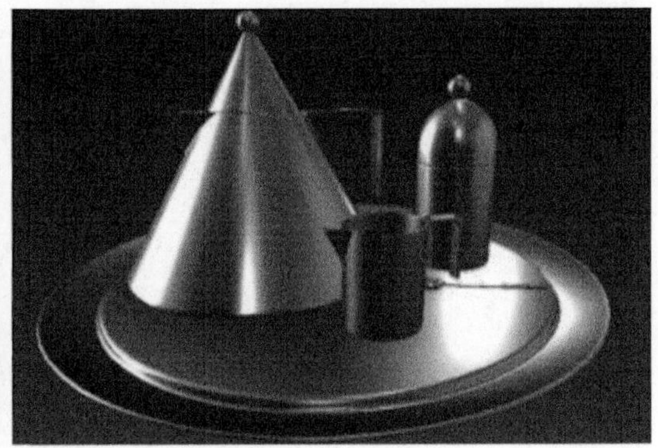

图3-115　模型的金属质感效果

材质球的合理使用能使材质贴图的制作变得简单易懂。

5. 储存文件及导出贴图

选择“文件”→“保存”或“另存为”，在弹出的面板中输入文件名，单击“保存”按钮即可存储 Substance Painter 工程文件，Substance Painter 工程文件格式为 SPP。

选择“文件”→“导出贴图”或按快捷键“Ctrl+Shift+E”打开导出面板，如图 3-116 所示。“导出文件”面板如图 3-117 所示。

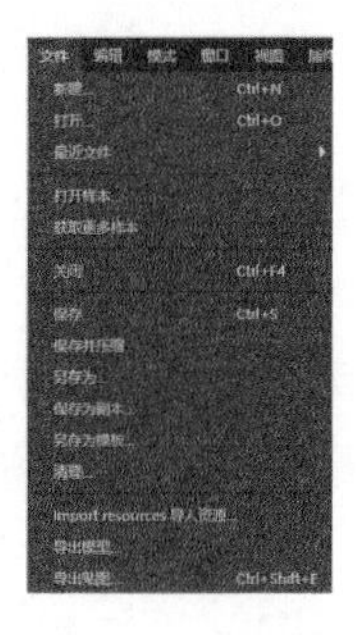

图3-116　打开导出面板

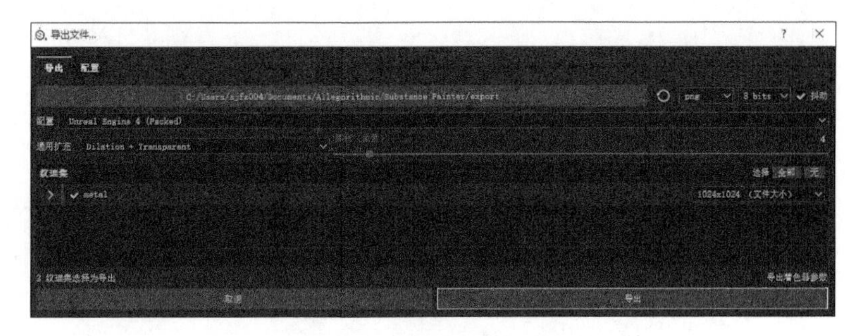

图3-117　“导出文件”面板

设置输出路径文件夹，导出后贴图文件将保存在这个文件夹内。

“配置”选择“Unreal Engine 4（Packed）”，这个选项将贴图自动储存为 UE 4 引擎需要的贴图格式。

“通用扩充”选择“Dilation+Transparent”。

“膨胀（像素）”设置为“4”。

导出贴图格式选择 PNG 格式。也可以根据需要选择别的贴图格式，这里先选择 PNG 格式。

尺寸为 1024 像素 ×1024 像素。

单击“导出”按钮，将导出 3 张 UE4 引擎需要的贴图，如图 3-118 所示。“metal_BaseColor”文件为颜色贴图，“metal_Normal”文件为法线贴图，“metal_Occlusion RoughnessMetallic”文件包含环境遮挡贴图、粗糙度贴图、金属度贴图，分别储存在 RGB 通道的红、绿、蓝通道内。这种多种贴图合并存为一张贴图的方式，可以减少引擎运算的数据量，是很常用的贴图存储方式。

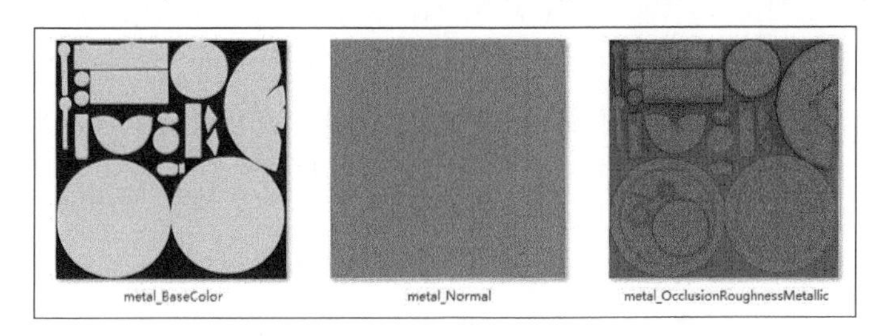

图3-118　导出的3张贴图

6. 把模型的 FBX 文件与贴图导入 UE4 引擎中，观察模型效果

打开 UE4 官网，在“库”中下载 UE4 引擎，如图 3-119 所示。选择新的版本，单击“安装”按钮进行安装。

安装完成后“安装”按钮变为“启动”按钮，单击“启动”按钮启动 UE4 引擎。

在虚幻项目浏览器面板中选择“新建项目”，自行设定项目储存的文件夹位置和项目名称，单击“创建项目”按钮，打开 UE4 引擎场景，如图 3-120 所示。

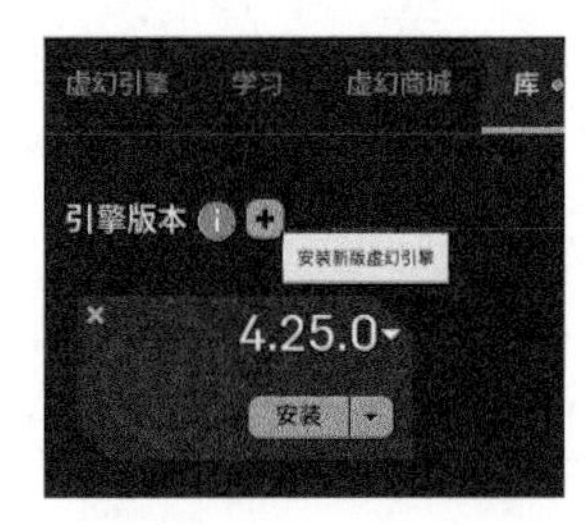

图3-119　下载UE4引擎

图3-120　新建项目设置

在 UE4 引擎界面左上方的位置单击“内容”按钮，如图 3-121 所示，打开“内容浏览器”面板。这里用来储存导入的文件内容。

在“内容浏览器”面板单击“导入”按钮，如图 3-122 所示。导入已有的 FBX 文件和贴图文件，如图 3-123 所示。

图3-121　“内容”按钮

图3-122　“内容浏览器”面板

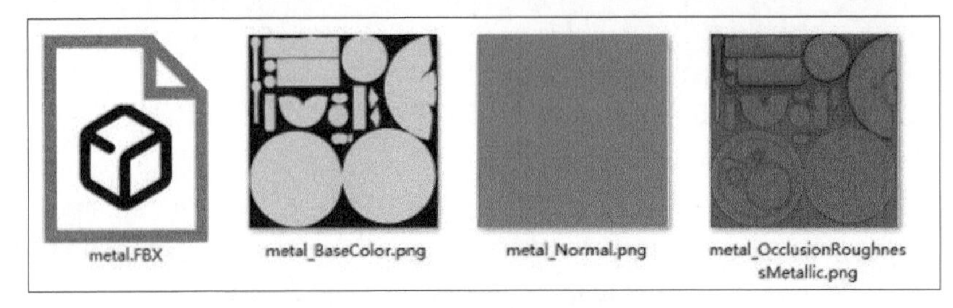

图3-123　FBX文件和贴图文件

导入 FBX 文件时，弹出“FBX 导入选项”面板，这里将对导入模型的一些参数进行设定，相关设定如图 3-124 所示。

在“内容浏览器”面板“添加新项”的下拉菜单中，选择“材质”创建一个新材质球，如图 3-125 所示。选中材质球，单击鼠标右键，在弹出的菜单中可以对材质球重命名，这里将材质球重命名为“M_metal”，按规则给材质球起名字可以很好地管理内容文件。

双击“内容浏览器”面板中新建的材质球，可以打开材质球编辑面板，如图 3-126 所示。

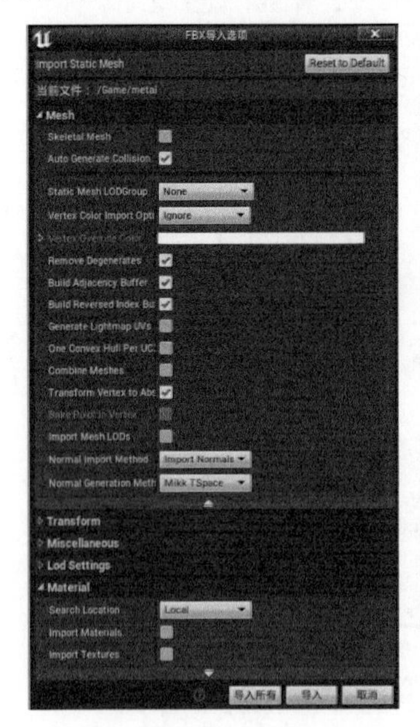

图3-124　导入选项设置

图3-125　创建新材质球

图3-126　材质球编辑面板

将“内容浏览器”面板中的 3 个贴图文件，拖入材质球编辑面板，并按贴图种类连接材质球，如图 3-127 所示。单击材质球编辑面板左上角的“Save”按钮，保存编辑过的材质球。

双击“内容浏览器”面板中导入的文件“metal”，可以打开模型编辑面板，如图 3-128 所示。这个面板显示了与模型相关的一些数据和设定内容。单击材质球后的下拉按钮，在弹出的菜单中选择新建的“M_metal”，模型将显示之前制作的贴图效果。

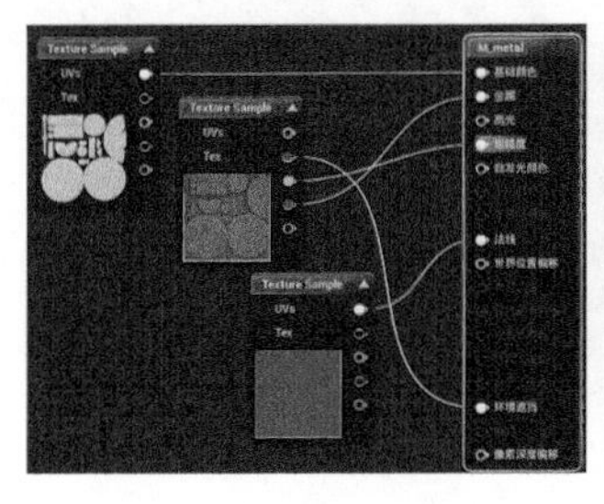

图3-127　连接材质球

图3-128　模型编辑面板

在模型编辑面板左侧的预览窗口可以看到完成的金属餐具效果。对于 UE4 视图有以下几个简单的快捷操作。

“F”：按“F”键可以使物体回归视图中心，并最大化显示物体。

“Alt+ 鼠标左键”：以物体为中心旋转视图。

鼠标滚轮：推近或拉远视图。

鼠标中键：上下左右平移视图。

“L+ 鼠标左（右）键”：改变光源的角度和方向。

通过光源的照射，模型呈现出非常漂亮的金属属性，如金属反光、反射效果，及周围环境对模型的影响等，如图 3-129 所示。

图3-129　模型效果

3.2.2　案例：木质材质训练

制作木质椅子模型的材质贴图。用 PBR 贴图制作木质椅子的木质感与长期使用造成的磨损效果。

前面已经讲解了从模型导入到烘焙模型贴图的基础制作部分。这部分制作为共通内容，所以在这里忽略此过程。因为客观现实中的椅子相对客观现实中的餐具的尺寸要大得多，所以将贴图尺寸设置为 4096 像素 ×4096 像素，再进行烘焙模型贴图的操作。

1. 赋予模型基本材质属性

在导入模型调整好场景与渲染纹理集的贴图后，选择“SHELF 展架”面板的“Materials 材质”，把“Wood American Cherry”拖入图层面板，如图 3-130 所示。这样模型就有了木纹的效果。

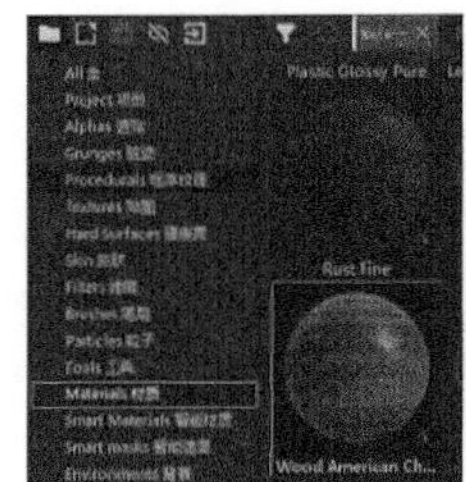

扫码观看
微课视频

图3-130　把“Wood American Cherry”拖入图层面板及模型效果

选中此图层，在“属性 - 填充”面板中，调整图层的数值，包括 UV 转换比例、木材颜色与技术参数。

（1）调整 UV 转换比例的数值

调整 UV 转换比例的数值可以改变木质材质的纹理密度，如图 3-131 所示。

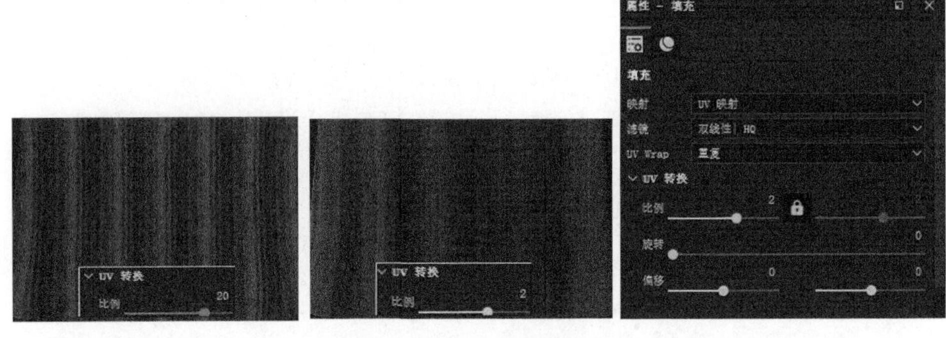

图3-131　调整UV转换比例

（2）调整木材颜色

“Materials 材质”中的木质材质球本身具有颜色，但是可能并不符合制作的要求，单击“木材颜色”弹出颜色拾取面板，可以调整为想要的颜色，如图 3-132 所示。

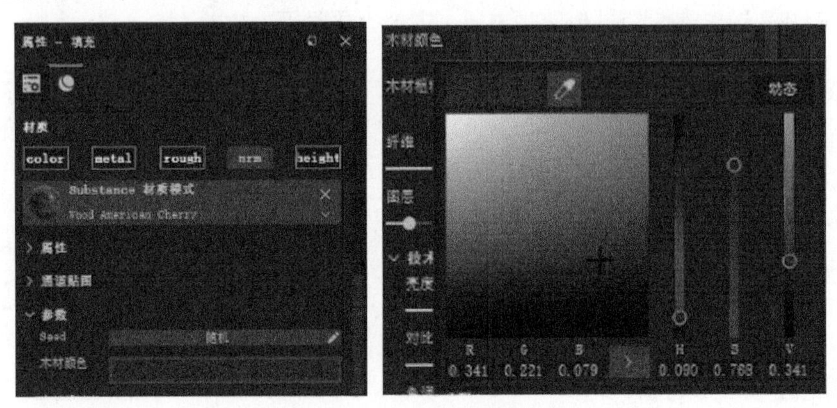

图3-132　调整材质球颜色

（3）调整技术参数

打开“属性 - 填充”面板下方的“技术参数”。这里罗列了该材质球的诸多属性。可以通过拖动各个参数滑块或更改数值进行调整，如图 3-133 所示。可以实时在视图窗口看到调整结果。

当前文件根据需要调整了“法线强度”，如图 3-134 所示，使纹理的凹凸更明显。

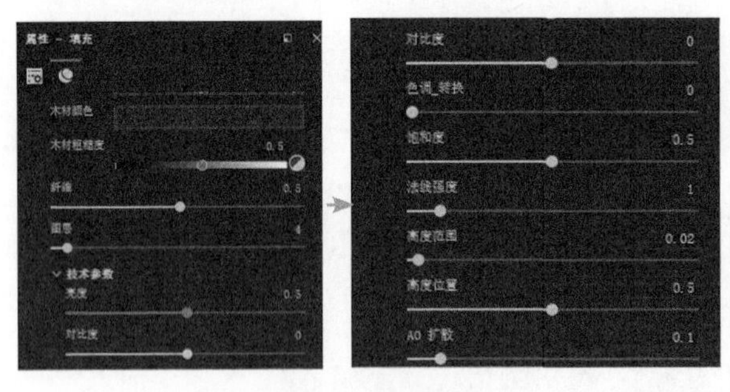

图3-133　调整技术参数

图3-134　调整“法线强度”

2. 木质磨损效果的制作

前面制作的是椅子底层的木纹效果，接下来在木纹的基础上加一层漆面。

（1）木材外的漆面材质

打开“SHELF 展架”面板的“Materials 材质”，把“Plastic Matte Pure”拖入图层面板，放置于底层木纹图层的上方，如图 3-135 所示，作为绘制漆面的图层。

图3-135　将“Plastic Matte Pure”拖入图层面板

由于颜色和反光度并不符合需求，所以修改了“属性 - 填充”面板里“Base Color”中的颜色，减小了“Roughness”的数值，以获得更强烈的反光效果。因为漆是包裹在木材外薄薄一层的物质，所以“Height”数值增加了一点，如图 3-136 所示，这样可以表现出漆的厚度。在后面制作磨损时可以更明显地看出效果。

图3-136　调整“Roughness”和“Height”

材质球是快捷的制作手段，但是客观世界的物体是多种多样的，所以需要用有限的材质制作变化的效果。“Materials 材质”里默认的材质球种类繁多，选用接近需求的材质球再进行变化是非常快捷、方便的方法。

图 3-137 所示为椅子漆面材质效果（局部）。

（2）漆面材质的磨损效果

漆面添加完成了，现在制作漆面的磨损效果。

选中赋予漆面效果的“Plastic Matte Pure”图层，单击图层操作栏上的“添加遮罩”按钮，在弹出的列表中选择“添加黑色遮罩”（也可以“添加白色遮罩”）。或者在图层上单击鼠标右键，在弹出的菜单里选择“添加黑色遮罩”，如图 3-138 所示。这两种方式是同一功能的不同操作方法。

打开“SHELF 展架”面板，找到“Smart masks 智能遮罩”，这个面板里有很多种类的遮罩，方便制作各种材质叠加的复杂效果。遮罩可以理解为镂空的模具，如图 3-139 所示，相当于覆盖在下层桌面上的一张纸，纸镂空的部分就露出了下层桌面的图案。给当前图层增加了遮罩后，这个遮罩层就如图 3-139 中的白纸，图层内部会露出下面图层的内容。“Smart masks 智能遮罩”里，软件按不同类型提供了不同用途的遮罩。多尝试可以发现很多有意思的效果。

图3-137　椅子漆面材质效果（局部）

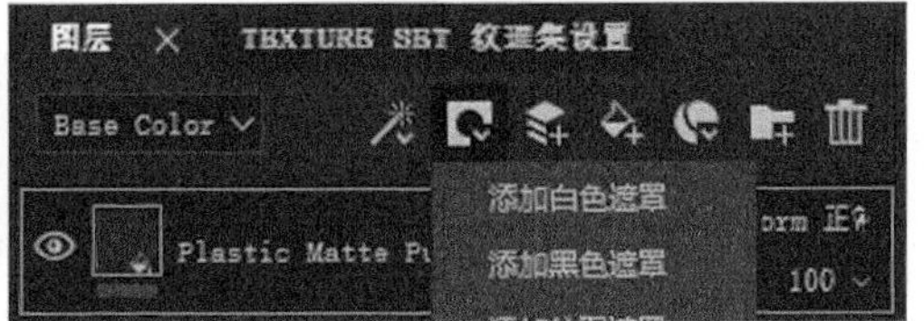

图3-138　选择“添加黑色遮罩”

图3-139　镂空的模具

对于制作椅子被使用很久后漆面磨损的效果，一般这种磨损的痕迹会出现在物体的棱角位置。从缩略图上就可以发现“Stain Scratches”（污渍划痕）智能遮罩很接近这种效果。用效果比较接近的素材制作可以大大节省制作的时间。

在“SHELF 展架”面板中将智能遮罩“Stain Scratches”，拖到“Plastic Matte Pure”图层上的遮罩中；或将智能遮罩“Stain Scratches”直接拖到没有遮罩的图层上，自动生成遮罩，这两种操作效果相同，效果如图 3–140 所示。

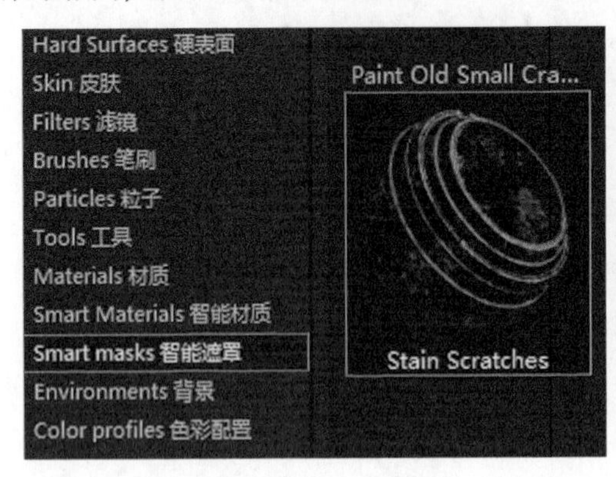

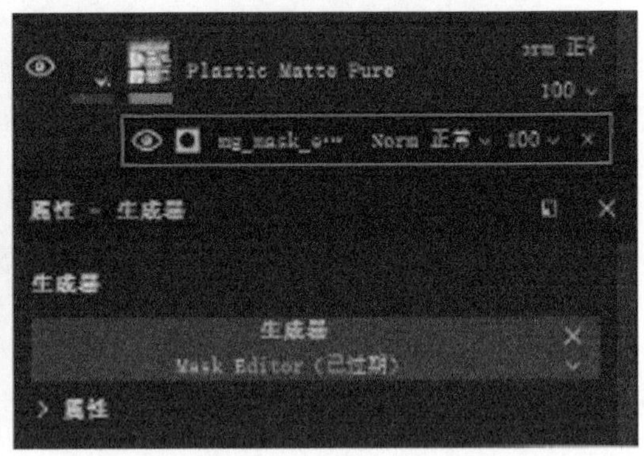

图3–140　将“Stain Scratches”拖到图层上

单击生成的遮罩，可以打开遮罩下的效果层“Mask Editor”，如图 3–141 所示。单击效果层“Mask Editor”会弹出“属性 – 生成器”面板。这里可以调整该遮罩的一系列属性参数。

以下调整效果参数。

全局反转：此参数控制的是遮罩覆盖的范围，根据制作需要决定是否使用。这里只需要椅子的边角有磨损，露出漆面下的木材，如图 3–142 所示。

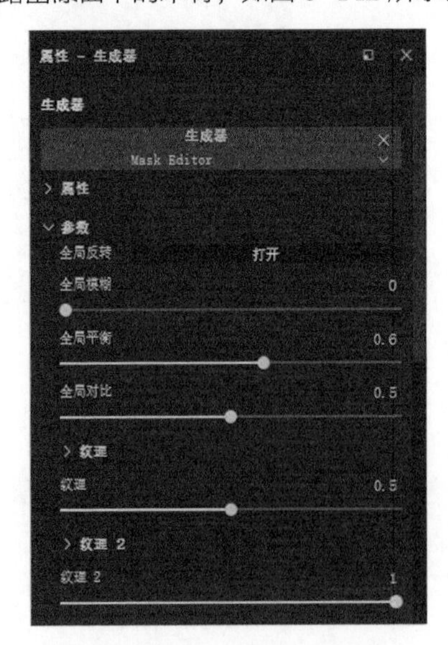

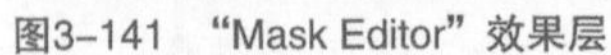

图3–141　“Mask Editor”效果层

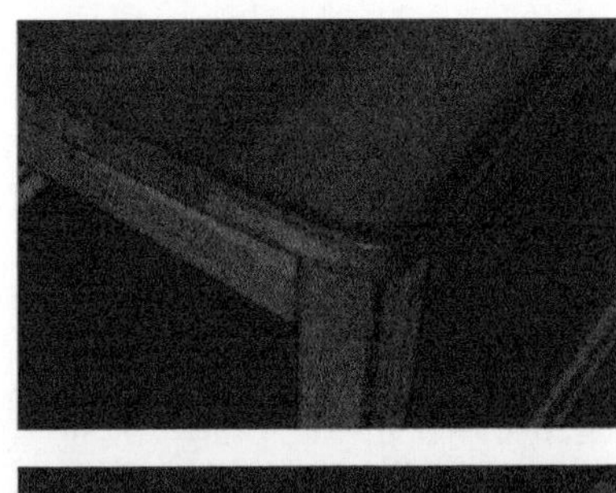

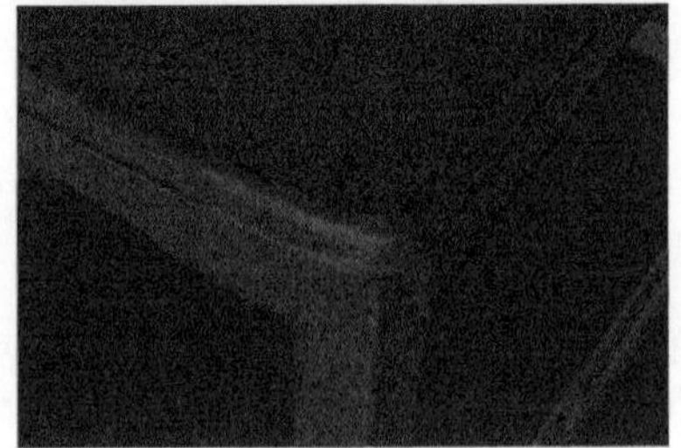

图3–142　椅子磨损效果

全局模糊：此参数控制的是整个遮罩边缘的清晰度，调节滑块由左到右，由清晰逐步过渡到模糊。根据实际制作需要调整。这里需要比较清晰的效果，如图 3–143 所示。

全局平衡：此参数控制的是遮罩磨损效果的程度，主要控制磨损的面积，调节滑块由左到右，磨损程度由轻到重，如图 3–144 所示。

全局对比：此参数控制的是遮罩磨损效果的清晰程度，调节滑块由左到右，磨损效果从柔和自然到锋利清晰，如图 3–145 所示。

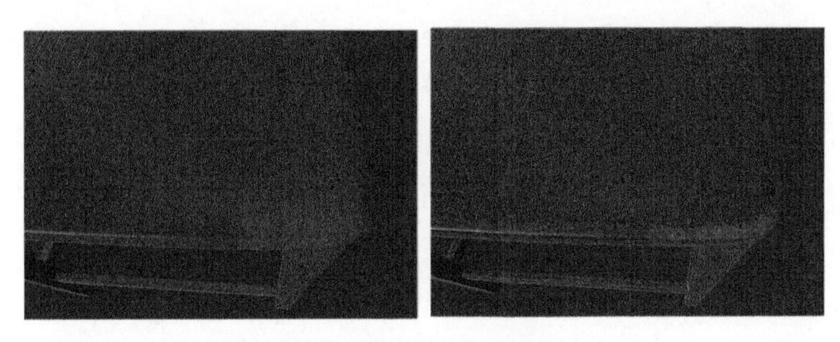

图3-143　调整“全局模糊”

图3-144　调整“全局平衡”

图3-145　调整“全局对比”

（3）整体的脏污效果

调整漆面的磨损后，接着增加椅子的整体脏污。生活中的物品随着使用时间变长会堆积尘土或者污垢，尘土和污垢的位置基本上处于物体向上的面和物体与物体衔接的角落。

在图层面板中新建一个填充图层，作为脏污的绘制层。双击图层名，重命名图层为“脏污”，规范的命名便于找到所需图层的位置。在“属性 - 填充”面板的“材质”面板中调整图层的颜色与“Roughness”的数值，如图 3-146 所示。因为尘土或者污垢的颜色一般为灰或深灰，所以选择一个没有色彩倾向的深灰色，颜色可以根据设计自行调整。土材质的反光特性决定土的反光效果弱，所以“Roughness”的数值要设置成偏向白色一些。

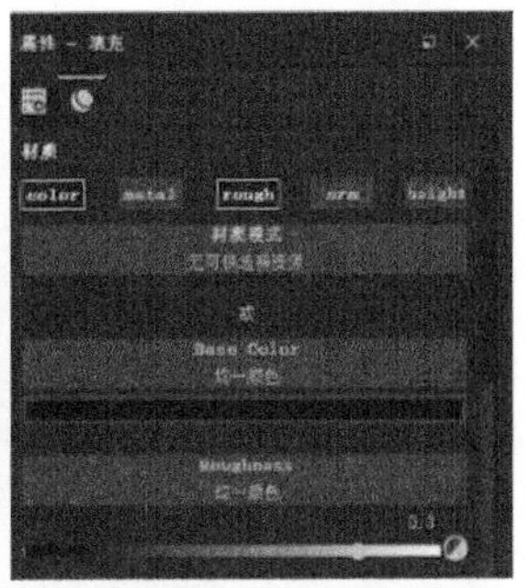

图3-146　调整图层颜色与“Roughness”的数值

在“SHELF 展架”面板找到“Smart masks 智能遮罩”中的“Dust Dirty”（灰尘污染）智能遮罩，如图 3–147 所示。这个遮罩模拟了不规则的灰尘分布，并会根据模型结构进行计算。

将“Dust Dirty”智能遮罩拖入新建的“脏污”图层中，打开遮罩效果层，如图 3–148 所示。调整遮罩效果层生成器的参数。生成器的参数如图 3–149 所示。具体数值可以根据制作的需要自行调整，这里只是提供一个参考数值。

调整数值后可以看出在椅子向上的表面随机生成了斑驳的尘土痕迹，而椅子的横撑与椅子腿的夹角处生成了更多的脏污堆积的痕迹。

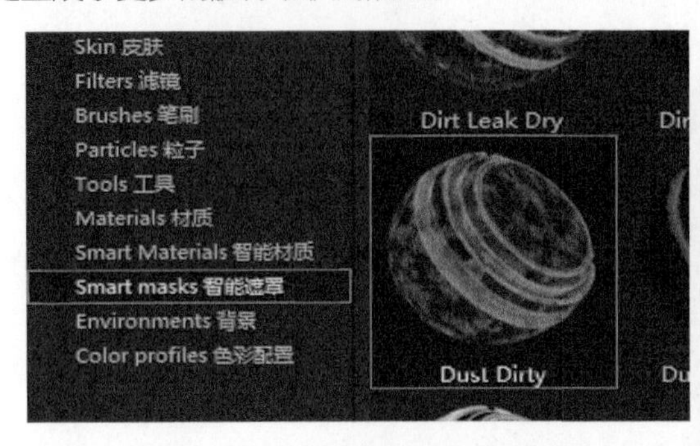

图3–147　“Dust Dirty”智能遮罩

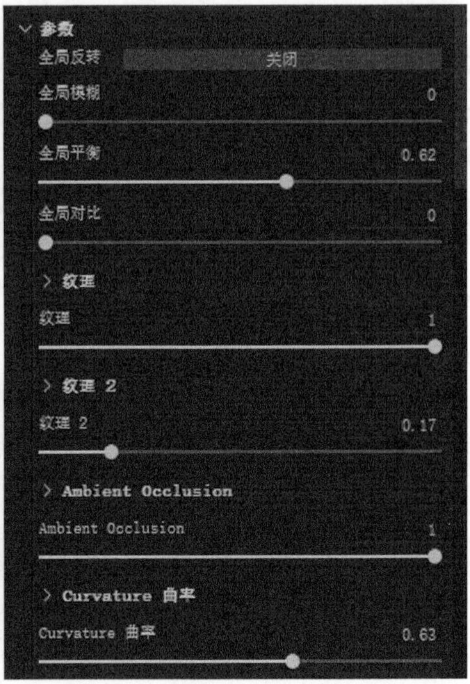

图3–148　将“Dust Dirty”拖入“脏污”图层

图3–149　设置遮罩效果层生成器参数

熟练使用智能遮罩功能可以快速、准确地完成制作，有效减少制作时间，提高制作品质和效率。

（4）导出贴图

选择“文件”→“导出贴图”打开导出贴图的面板。“配置”选择“Unreal Engine 4（Packed）”。设置输出路径文件夹。“通用扩充”选择“Dilation+Transparent”。“膨胀（像素）”设置为“4”。导出格式选择 PNG 格式。尺寸为 4096 像素 ×4096 像素。导出 3 张 UE4 引擎需要的贴图，如图 3–150 所示。

将 FBX 文件和贴图文件导入 UE4 引擎中，创建材质球，连接贴图，赋予模型材质。预览引擎中木质磨损椅子的效果，如图 3–151 所示。

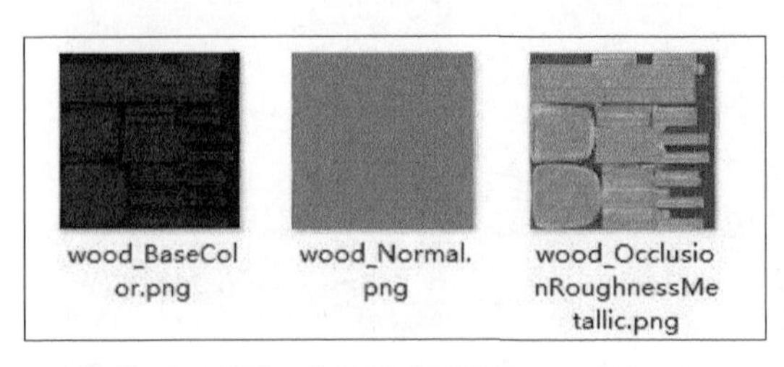

图3–150　导出的贴图

图3–151　木质磨损椅子的效果

3.2.3 案例：石材材质训练

制作石材的贴图效果，最重要的是做材质的四方连续重复贴图。这里用平面制作的方式制作一张 2048 像素 ×2048 像素的四方连续重复贴图。为了表现水泥这种物质的材质特点，要把石材上的纹理颜色、表面起伏的结构，以及粗糙度控制的反光效果等细节制作出来。

四方连续重复贴图是能够向四周重复延伸扩展的图案形式。图 3–152 所示为制作的四方连续的纹理贴图，为了对应大面积的需要，它可以沿上下左右四个方向重复扩展，并且纹理连续没有断层，如图 3–153 所示。

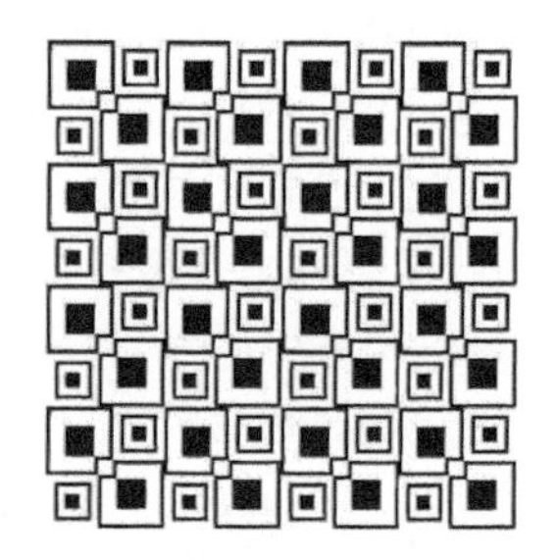

图3–152 四方连续的纹理贴图 图3–153 贴图向各个方向重复扩展

1. 水泥基础质地制作

首先在 3D 软件中建立一个正方形的片物体，UV 默认全展。把片物体模型导出为 FBX 文件，导入 Substance Painter 当中。

在图层面板中新建填充图层，改名为“底色”。选中图层，在“属性 – 填充”面板中，调整“Base Color”为水泥常见的灰色，调整“Roughness”的数值为 0.5，如图 3–154 所示。该图层作为所有图层的底衬。

再新建填充图层，改名为“基础纹理”。因为水泥这种物质的颜色并不是单一的灰色，而是变化的。所以这层要丰富水泥的基础颜色和反光效果，以更接近真实的水泥材质。选中图层，在“属性 – 填充”面板中，调整“Base Color”，颜色比“底色”图层略深。调整“Roughness”的数值，比“底色”图层数值略高。调整“Height”的数值，增加此层的体积，如图 3–155 所示。

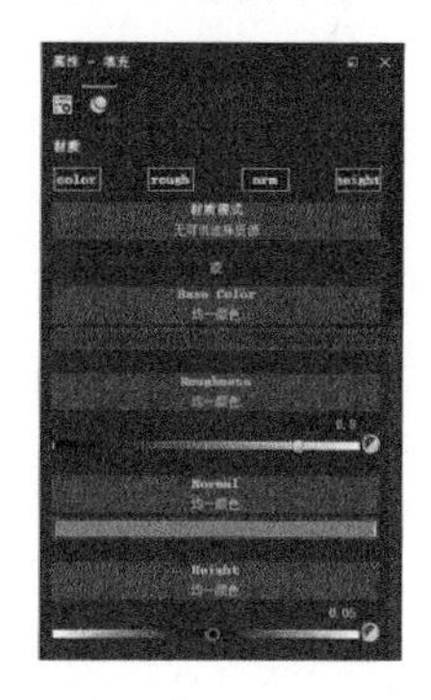

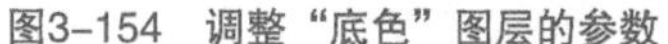

图3–154 调整“底色”图层的参数 图3–155 调整“基础纹理”图层的参数

在“SHELF 展架”面板找到“Grunges 脏迹”中的“Grunge Rough Dirty”（粗糙脏污）黑白图，如图 3–156 所示。

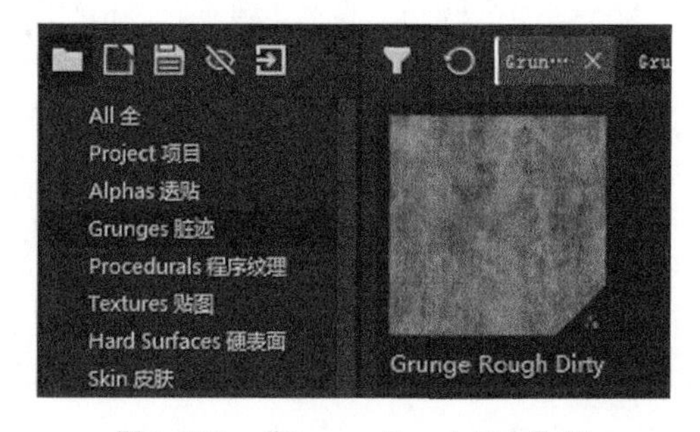

图3–156 “Grunge Rough Dirty”图

扫码观看
微课视频

这里虽然要制作的是丰富的基础颜色和反光效果，并不是要制作脏污，但是依然可以使用“Grunge Rough Dirty”这种黑白图。只要纹理特征符合制作的需要，黑白图的名字并不重要，它只是帮助尽快找到需要的黑白图的路标而已。在其他的制作中也可以多进行尝试，丰富制作的效果。这个类别的黑白图素材本身都是四方连续素材，所以利用它们制作四方连续重复贴图非常方便。

在“基础纹理”图层上添加黑色遮罩。选中黑色遮罩，单击鼠标右键，选择“添加填充”，如图 3-157 所示。

图3-157　给遮罩选择填充

单击新添加的遮罩填充图层，打开“属性 - 填充”面板。在“SHELF 展架”面板找到黑白图“Grunge Rough Dirty”，将其拖入打开的“属性 - 填充”面板中的灰度栏“grayscale 均一颜色”中。调整脏迹贴图的参数，如图 3-158 所示。

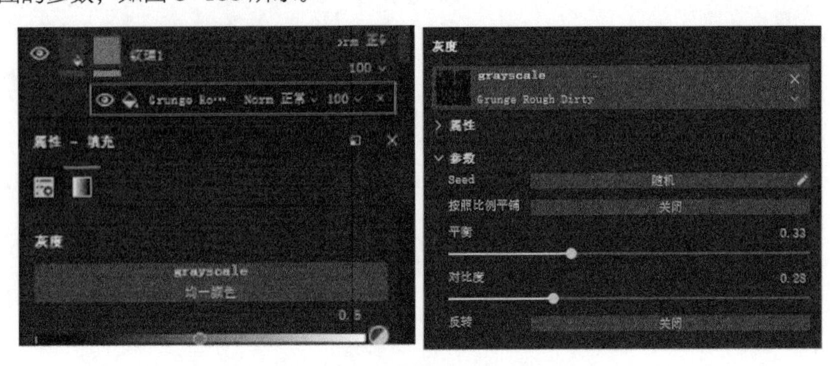

图3-158　调整脏迹贴图的参数（一）

效果如图 3-159 所示，表现了水泥因为湿度表面颜色不均的效果，以及基础的细小裂痕、凹凸起伏等。

在“基础纹理”图层上的黑色遮罩图层中，单击鼠标右键再添加一个遮罩填充图层。

这里根据需要可以在同一遮罩下添加多个遮罩填充图层来丰富表现效果，新添加的遮罩填充图层会位于遮罩下的图层最上方并完全遮挡位于它下面的其他遮罩填充图层。上下拖动遮罩填充图层可以调整各个遮罩填充图层的顺序。单击遮罩填充图层后方的显示方式（默认为“Norm 正常”），选择其他的显示方式，会改变该遮罩填充图层覆盖其下方的遮罩填充图层的效果。

在“SHELF 展架”面板找到“Grunges 脏迹”中的“Grunge Dust Small”（小沙尘）黑白图，拖入新建立的遮罩填充图层的“属性 - 填充”面板中的灰度栏“grayscale 均一颜色”中。把此填充图层的显示方式改为“Slgt 柔光”，继续调整脏迹贴图的参数，如图 3-160 所示。

图3-159　调整后的效果

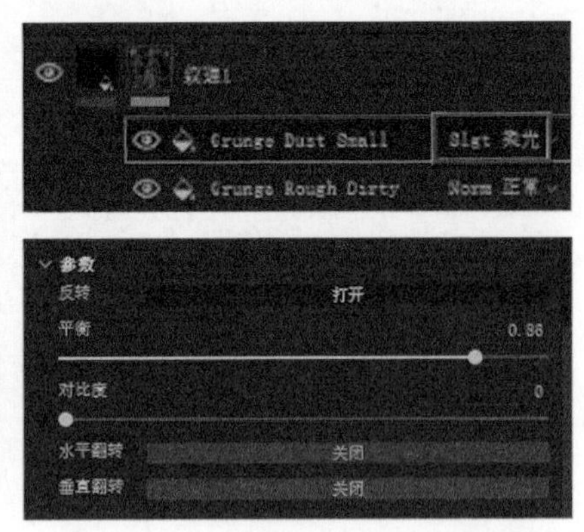

图3-160　调整新的脏迹贴图的参数

调整参数后增加了水泥表面小面积的斑点，增加了更多变化，如图 3-161 所示。

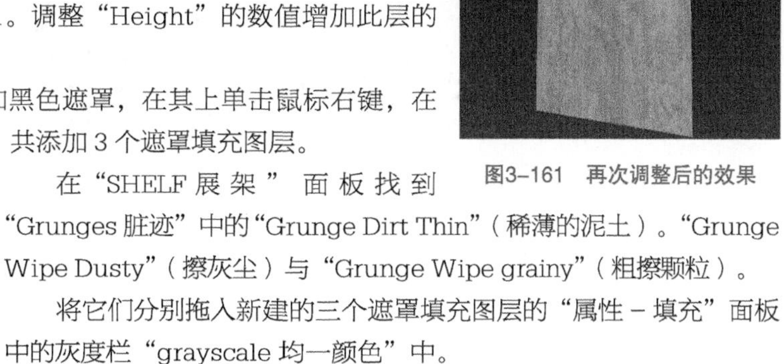

图3-161　再次调整后的效果

2. 水泥表面的外物影响

（1）制作灰尘

再新建填充图层，改名为“灰尘”。选中图层，在“属性 - 填充”面板中，调整“Base Color”的数值。灰尘划痕没有反光效果，因此调整“Roughness”的数值为 1。调整“Height”的数值增加此层的体积，如图 3-162 所示。

在填充图层“灰尘”上添加黑色遮罩，在其上单击鼠标右键，在弹出的菜单中选择“添加填充”，共添加 3 个遮罩填充图层。

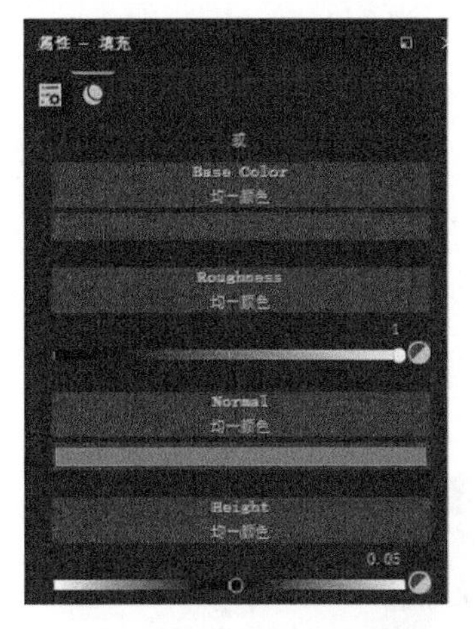

图3-162　调整“灰尘”图层的参数

在“SHELF 展架”面板找到“Grunges 脏迹”中的“Grunge Dirt Thin”（稀薄的泥土）。“Grunge Wipe Dusty”（擦灰尘）与“Grunge Wipe grainy”（粗擦颗粒）。

将它们分别拖入新建的三个遮罩填充图层的“属性 - 填充”面板中的灰度栏“grayscale 均一颜色”中。

修改各个填充图层的显示方式，调整每张脏迹贴图的参数，如图 3-163 所示。

这层纹理增加了水泥表面的尘土、刮痕和少量风化纹理。

（2）制作破损

新建填充图层，改名为“破损”。选中图层，在“属性 - 填充”面板中，调整“Base Color”与“Roughness”的数值。在此层中需要制作水泥受损后斑驳的凹坑，所以调整“Height”的数值为负值，表现凹陷的体积，如图 3-164 所示。

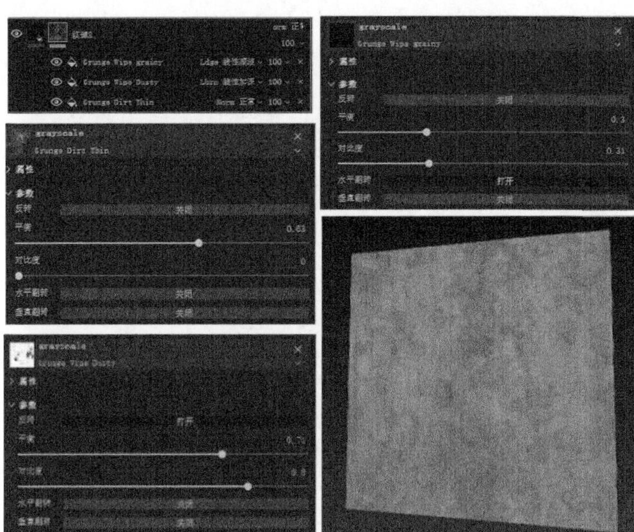

图3-163　调整3张脏迹贴图的参数

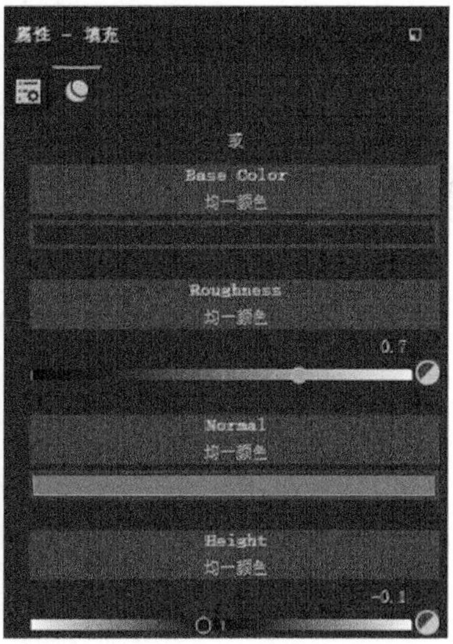

图3-164　调整“破损”图层的参数

在填充图层“破损”上添加黑色遮罩，在其上单击鼠标右键，在弹出的菜单中选择“添加填充”。在“SHELF 展架”面板找到“Grunges 脏迹”中的“Grunge Leak Spots ”（污点）将其拖入此遮罩填充图层的“属性 - 填充”面板中的灰度栏“grayscale 均一颜色”中。继续调整脏迹贴图的参数，如图 3-165 所示。

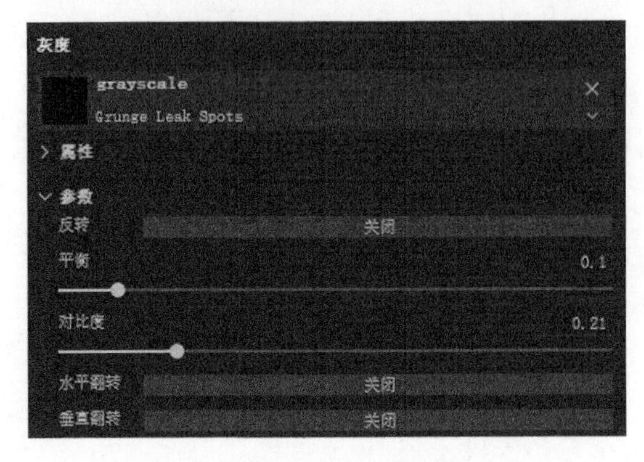

图3-165　调整脏迹贴图的参数（二）

此层模拟了水泥表面受损后产生的凹坑。

3. 整体效果增强

新建一个图层。将图层的图层模式调整为“Passthrough 穿过”。该模式使此图层上加载的效果可以应用于下面的所有图层。

在图层上单击鼠标右键，在弹出的菜单中选择“添加滤镜”。选中添加的滤镜图层，在“属性－滤镜”面板中，单击“滤镜－非选择过滤器”，在弹出的列表中选择“Sharpen”（锐化）。使用这个滤镜可以增加对比强度、提高清晰度。调整锐化强度参数，如图 3-166 所示。

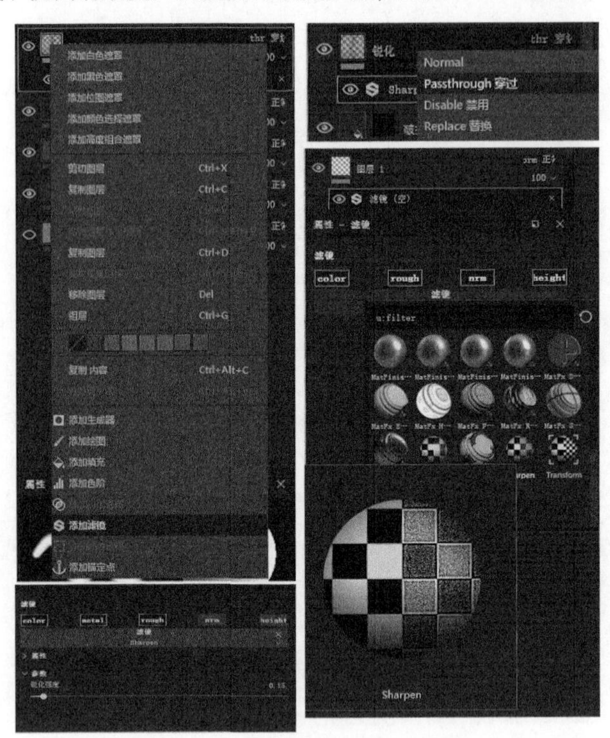

图3-166　添加滤镜并调整其参数

4. 储存贴图并导入 UE4 引擎中

在 UE4 引擎中观察模型效果，如图 3-167 所示。可以看出一个很大面积的水泥路面，只需要循环贴图就可以铺满，而且没有接缝和断层。四方连续重复贴图可以用一张贴图表现质地较为均匀的大面积物体，而不需要真的制作整个物体的同比例贴图。这种贴图方法大大减少了实时渲染资源的消耗，在地形贴图的制作中尤为常用。石材材质还可以作为雕塑的贴图使用，雕塑的模型文件需要 UV 均匀，只要赋予不同的石材材质贴图，就可以表现各种材质的雕塑效果。

图3-167　模型效果

3.2.4　案例：布料材质训练

制作布料的贴图效果，这里将制作好的法线贴图运用到 Substance Painter 贴图制作当中，制作纹理以及运用笔刷制作缝线等。

1. 导入资源

将模型文件“cloth.FBX”与制作好的法线贴图“cloth_N.png”导入 Substance Painter 当中。注意设置“法线贴图格式”为“OpenGL”，单击“添加”按钮载入“cloth_N.png”文件，如图 3-168 所示。

OpenGL 是用于渲染 2D、3D 矢量图形的，跨语言、跨平台的应用程序编程接口。这个接口由很多个不同的函数调用组成，用来绘制从简单的图形比特到复杂的三维景象。OpenGL 常用于 CAD、虚拟现实、科学可视化程序和电子游戏开发。

在 "SHELF 展架 " 面板找到“Project 项目”，如图 3-169 所示，在右侧面板可以找到导入的贴图资源。

图3-168　导入资源

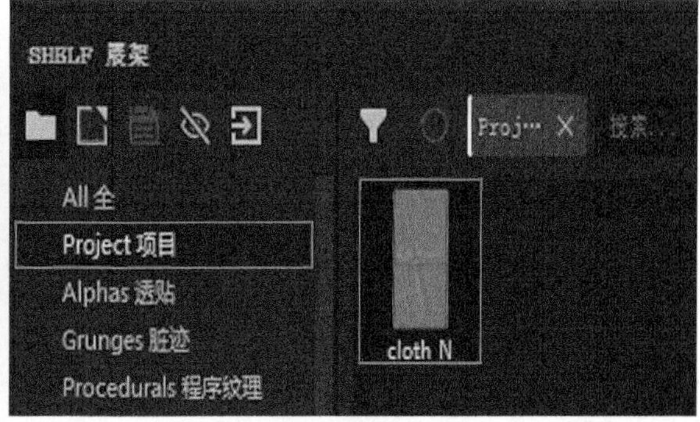

图3-169　找到导入的资源

把导入的法线贴图拖入纹理集设置面板中的“Normal”贴图中，如图 3-170 所示。

因为制作的模型对应的贴图为 1024 像素 ×2048 像素的竖长方形，所以在纹理集设置面板中设置贴图大小为 1024 像素 ×2048 像素。单击数值中间的锁定按钮可以关闭或开启数值的锁定状态。

这样基础模型通过法线贴图“cloth_N.png”可以呈现出高面数模型的效果，如图 3-171 所示，比单纯的低面数模型具有更多细节。

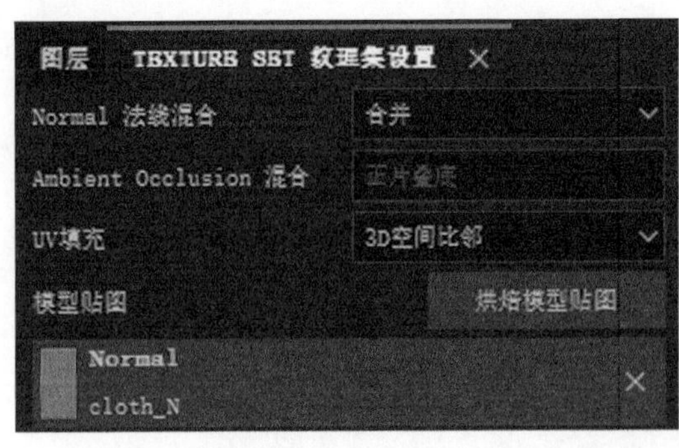

图3-170　将导入的法线贴图拖入“Normal ”贴图

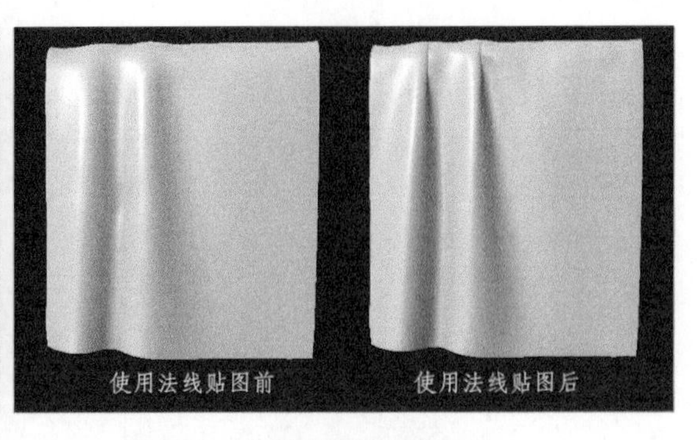

图3-171　使用法线贴图前后对比

2. 烘焙模型贴图

单击纹理集设置面板中的“烘焙模型贴图”按钮，弹出“烘焙”面板，如图 3-172 所示。

按照模型贴图尺寸，同样把“输出尺寸”设置为 1024 像素 ×2048 像素。

因为已经将法线贴图“cloth_N.png”拖入“Normal”贴图，所以这里取消选中“Normal”复选按钮。

因为制作的为一种材质，所以取消选中“ID”复选按钮。

单击“烘焙 cloth 模型贴图”按钮进行烘焙。

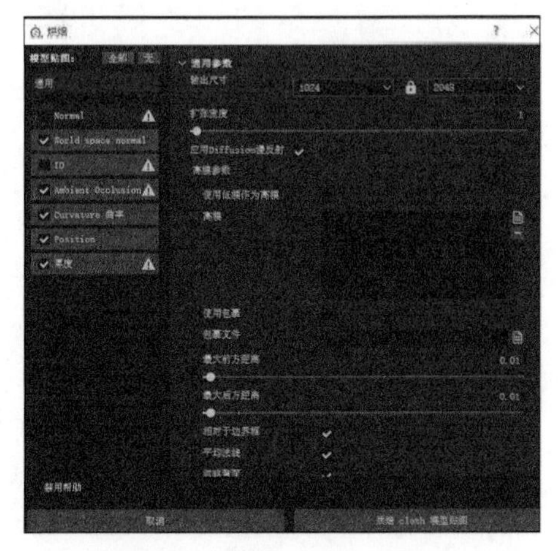

图3-172　“烘焙”面板（三）

3. 赋予材质球

在“SHELF 展架”面板找到“Materials 材质”中的“Fabric Rough Aligned”（织物粗调）材质，将其拖入图层面板中。选中新建的“Fabric Rough Aligned”图层，在“属性－填充”面板中调整 UV 转换比例的数值为“2”与“4”。这样操作是因为贴图的纵宽比例是 1:2，所以织物纹理的比例也是 1:2，这样模型上显示的织物纹理就不会出现拉伸的不正常状态。如果想要织物的纹理密度增大，则可以在 1:2 的基础上成比例提高，密度越大布料看起来越细腻，密度越小布料看起来越粗糙。这个例子中使用了 2:4 的纹理密度，如图 3-173 所示。

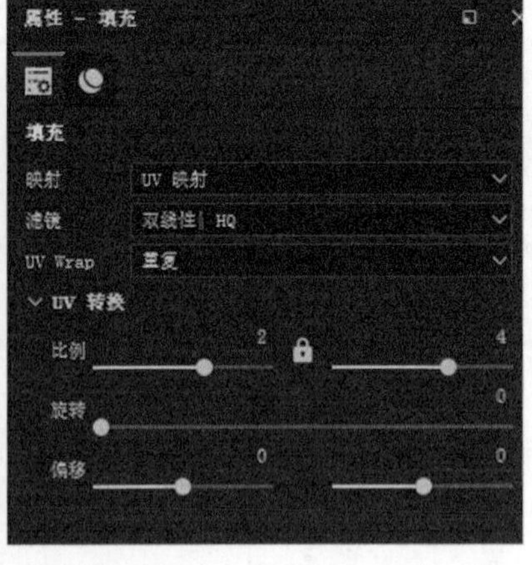

扫码观看
微课视频

图3-173　选择相应的材质并设置UV转换比例

4. 制作缝线效果

新建一个填充图层，改名为“缝线”，如图 3-174 所示。在此填充图层上单击鼠标右键，添加黑色遮罩。在遮罩上单击鼠标右键，在弹出的菜单中选择“添加绘画”。

图3-174 新建“缝线”填充图层

在“SHELF 展架”面板中选择“Brushes 笔刷”，找到“Stitches Small”（小缝线）笔刷，从笔刷缩略图中可以看到它模仿了线的麻花结构，如图 3-175 所示。在“属性－绘画”面板根据需要设置笔刷大小，设置的是露出布料的一段缝线的长度。根据需要设置间距大小，设置的是露出布料的两段缝线间的距离。这两个数值根据实际需要调整，如图 3-176 所示。

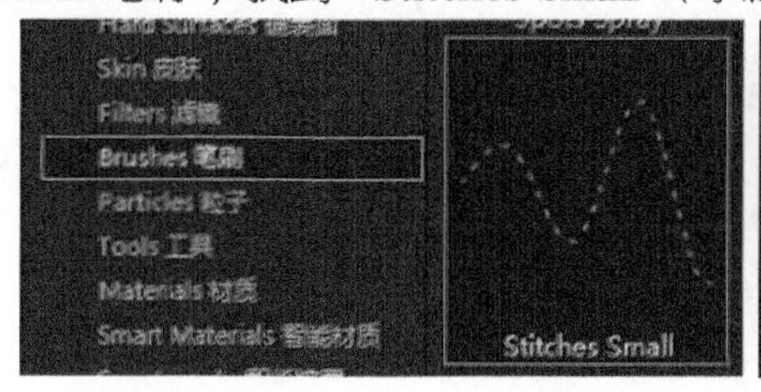

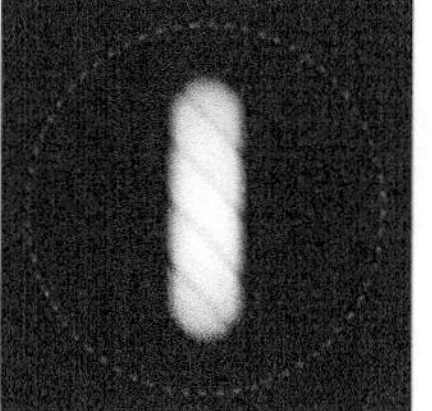
图3-175 “Stitches Small”笔刷及其效果

在 2D 视图中，用此笔刷在纵向、横向边缘画两条缝线，绘画过程中按住“Shift”键，在视图中单击两个点位，可以快速在两点之间生成一条直线，如图 3-177 所示。

选中“缝线”填充图层，在“属性－填充”面板里调整填充图层的“Base Color”为缝线的颜色。调整“Height”的数值为正值，设置的是缝线鼓起的高度，如图 3-178 所示。

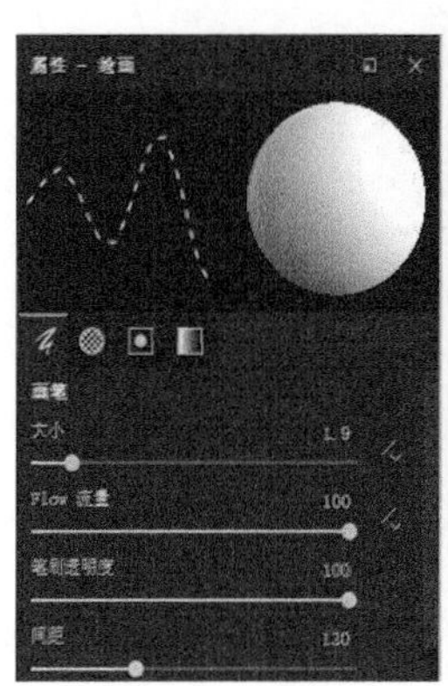

图3-176 设置笔刷

图3-177 绘制缝线

图3-178 调整“缝线”图层参数

5. 制作缝线对布面受力的效果

线被缝制于布料上后会与布料之间有一个相互作用的力，使布料在被缝入的地方向下凹陷。

选中“缝线”填充图层，分别按快捷键“Ctrl+C”和“Ctrl+V”复制并粘贴一个新的“缝线”填充图层，把复制的填充图层的名称改为“缝线凹陷”。

在遮罩中添加“Blur”（模糊）滤镜，设置“模糊强度”为“0.8”，如图 3-179 所示。

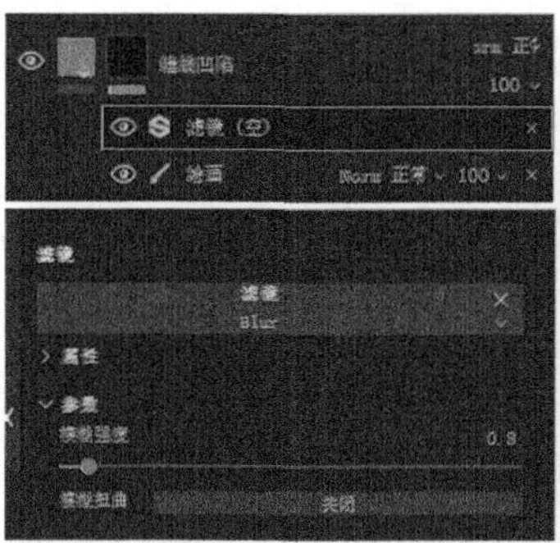

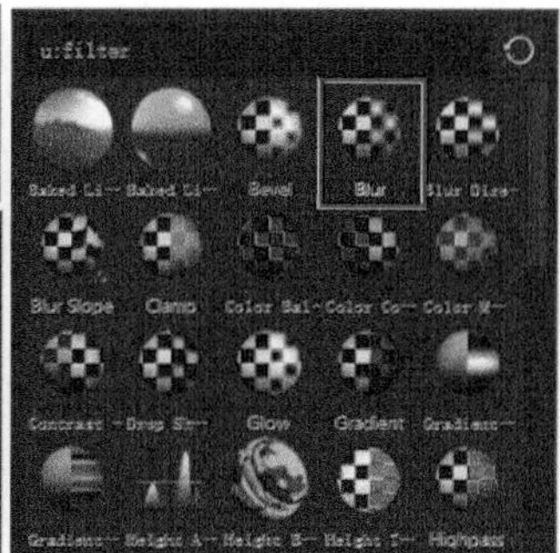

图3-179 为遮罩添加滤镜并设置参数

选中“缝线凹陷”填充图层，在“属性 - 填充”面板里关闭“color”，因为要制作的凹陷只有体积属性并没有颜色属性。调整“Height”的数值为负值。负值说明此填充图层的体积为向下凹陷，如图 3-180 所示。

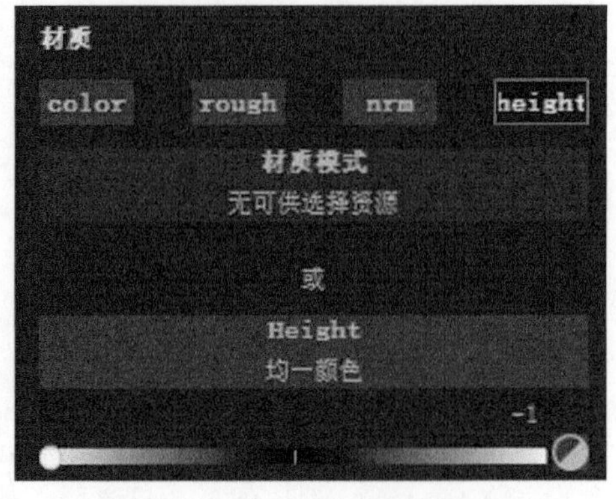

图3-180　调整“缝线凹陷”图层参数

选中“缝线凹陷”填充图层，注意不是选中填充图层的遮罩而是选中填充图层本身，并单击鼠标右键，在弹出的菜单中单击“添加色阶”，如图 3-181 所示。可以看到添加的色阶属性面板上，“受影响的通道”为“Base Color”，表示这个参数的调整针对的是基本颜色。这里要调整的是“Height”属性，所以单击“受影响的通道”的下拉按钮，选择“Height”。调整数值，这样色阶的数值只对“Height”属性有作用，如图 3-182 所示，色阶的数值调整加大了“Height”属性的对比度，使此填充图层的凹陷效果更加明显。

图3-181　“添加色阶”

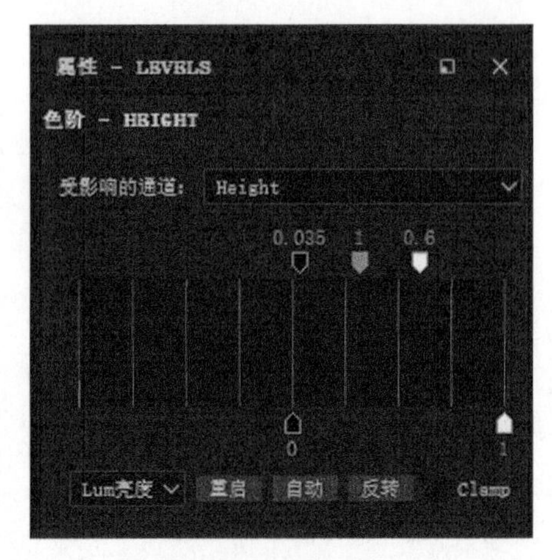

图3-182　调整色阶的参数

6. 可增加的花纹

这里制作布料上的花纹，新建一个填充图层，改名为“花纹”。根据需要调整填充图层的“Base Color”，将“Height”的数值调为正值达到稍稍鼓起的效果。在此填充图层上单击鼠标右键，添加黑色遮罩。在遮罩上单击鼠标右键，在弹出的菜单中选择“添加填充”。

在“SHELF 展架”面板找到“Procedurals 程序纹理”，这里提供了很多可编辑调整的黑白图，可以根据需要选择使用；也可以单独制作需要的黑白图，然后导入软件中使用。这里选择了“Fabric Circles Overlap”（织物圆重叠）黑白图，如图 3-183 所示。将其拖入新建立的遮罩填充图层的“属性 - 填充”面板中的灰度栏“grayscale 均一颜色”中，并根据需要调整比例，如图 3-184 所示。

图3-183　选择“Fabric Circles Overlap”

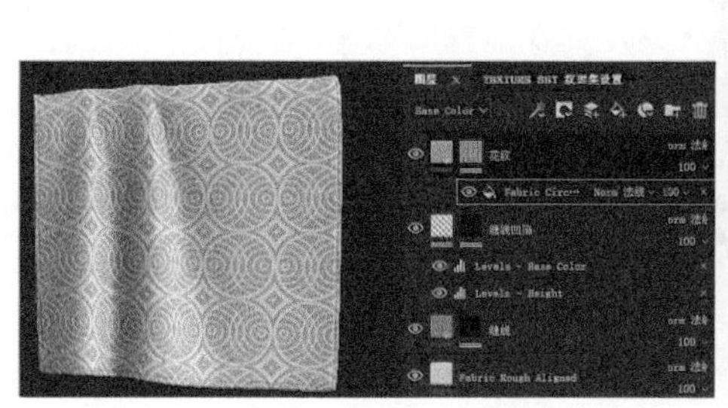
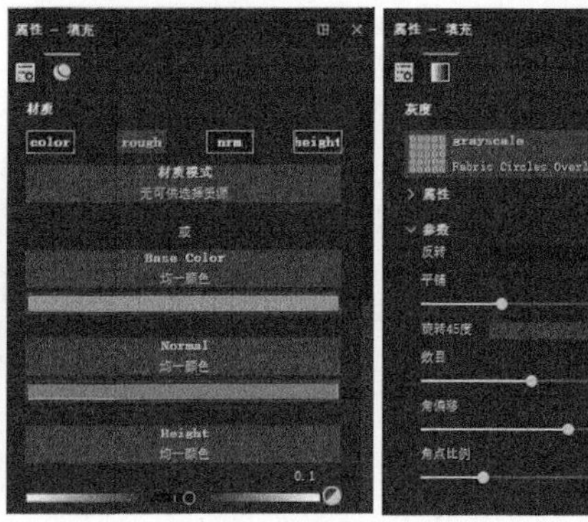

图3-184　将“Fabric Circles Overlap”拖入图层并调整参数

从图 3-184 可以看出布料上的图案边缘十分整齐，并不符合真实的状态，所以在遮罩上继续添加滤镜用来调整图案边缘的状态。在遮罩上单击鼠标右键，在弹出的菜单中选择“添加滤镜”。在“属性 - 滤镜”面板中单击“滤镜 - 未选择过滤器”按钮，在弹出的列表中选择“Blur Slope”（随机性）滤镜，如图 3-185 所示。

在“属性 - 滤镜”面板中，调整“Blur Slope”（随机性）滤镜的参数。这里主要调整了滤镜的“强度”和“强度分割”的数值。布料图案的边缘有了明显的扭曲，变得参差不齐，如图 3-186 所示。

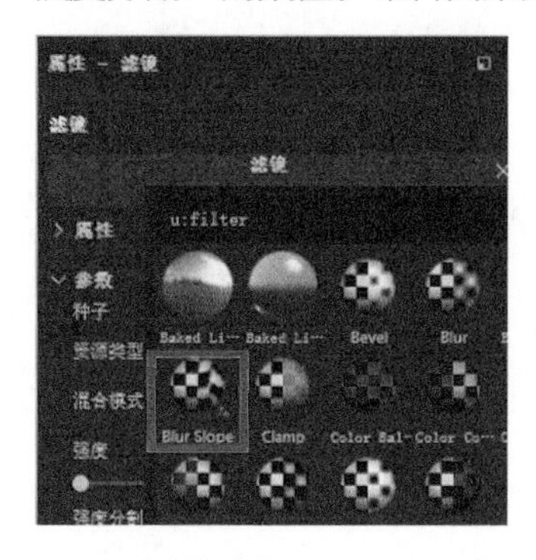

图3-185　为遮罩添加“Blur Slope”滤镜

图3-186　调整滤镜参数及调整后的效果

如果对于铺满的图案不满意，希望只有局部显示图案。按照遮罩的功能，可以设置局部显示或局部不显示。但是当前填充图层已经有且只能有一个遮罩存在，不能再建立遮罩，所以使用不同的填充叠加模式来实现。

在遮罩上单击鼠标右键，在弹出的菜单中选择“添加绘图”，在此图层进行区域分割。因为此文件 UV 布线均匀，所以选择在 2D 视图操作。单击工具菜单栏的“几何体填充”按钮，对想要有图案的面积进行框选。改图层模式为“正片叠底”，如图 3-187 所示，就可以呈现局部图案的效果了，当然也可以用笔刷随意绘制需要显示图案的区域。

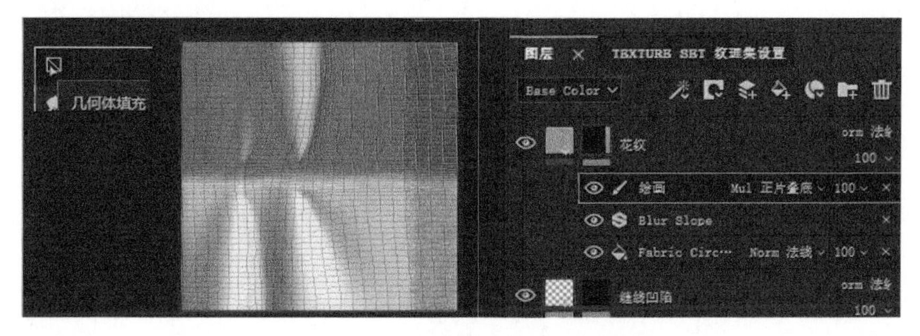

图3-187　更改图层模式为“正片叠底”

7. 导出和引擎效果

把 FBX 文件与贴图导入 UE4 引擎中，观察模型效果。选择“文件”→“导出贴图”，打开导出贴图的面板。“配置”选择“Unreal Engine 4（Packed）”。设置输出路径文件夹。“通用扩充”选择“Dilation+Transparent”。“膨胀（像素）”设置为“4”。导出格式选择 PNG 格式。尺寸为 1024 像素 ×2048 像素。导出 3 张 UE4 引擎需要的贴图。图 3-188 所示为搭在椅子上的毛巾的效果。

图3-188　搭在椅子上的毛巾效果

本章讲解了 Substance Painter 软件的界面。实例训练中对各部分工具的操作方法和使用效果进行了介绍。在将来，软件还会不断更新，但是原理都是一脉相承的。细致观察生活，把握生活中的美的特征并活学活用才能让程序化的软件发挥无限的作用。

本章小结

本章从光学原理入手，简单地概括了 PBR 技术的本质。掌握了 PBR 技术的规律才能更好地运用它完成数字艺术创作。PBR 技术的广泛应用大大提高了数字美术的表现能力，使逼真的数字虚拟世界趋于完美。 Substance Painter 软件作为当下流行的贴图绘制工具，通过大量的材质素材库和多样的设计模板，打破了传统美术制作的局限，降低了创作者的美术门槛，使更多的爱好者更容易实现自己的数字艺术梦想。

本章练习

填空题

1. PBR 是指使用基于________________和微平面理论建模的着色、光照模型，以及使用从现实中测量的表面参数来准确表示______________的渲染理念。

2. PBR 原理中属于金属类但其物理属性为非金属的有__________、__________。

3. PBR 原理中属于非金属类的材质有__________、__________等。

4. 列举 PBR 技术应用的几个领域，如____等。

5. Substance Painter 软件是__________绘制软件。

画面布局

第4章

4.1 构图形式与视觉心理

构图，源于绘画。在绘画上，它的基本含义为在一个有边界的画面内，有意识地去组织和安排内部的各种要素。构图的目的是通过有效地组织视觉要素来建立画面的结构关系和创造画面的形式感。想要学会如何构图，首先得了解构图的三大基本要素——点、线、面。虚拟现实场景设计，和电影场景设计相似，不管画面里出现的要素多么丰富、形态各异，都可以归结为对抽象的点、线、面进行安排布局，不同的安排布局会产生不同的视觉效果。

4.1.1 点的构图形式

在画面中，点能吸引人的注意力，点没有固定的大小、形状，点所呈现出来的视觉效果主要受点在画面中位置的影响。单个点视觉效果集中、能吸引注意力，多个点的组合可以表现丰富的形象内涵、生动简洁地传达视觉信息，因此在构图中设计师往往会把要紧的部分做成一个个亮点。

点是最小、最基本的平面构成要素，点的形状可以包括任何形态，有圆形、方形、三角形以及各种不规则的点。

点是力的中心，具有很强的视觉张力，其空间位置不同，带来的视觉心理就不同。所以，在构图设计中需要主观地加入点的应用，通过点的形状、位置、大小、数量、聚散等调节画面，给人带来不同的心理感受，如图 4-1 所示。

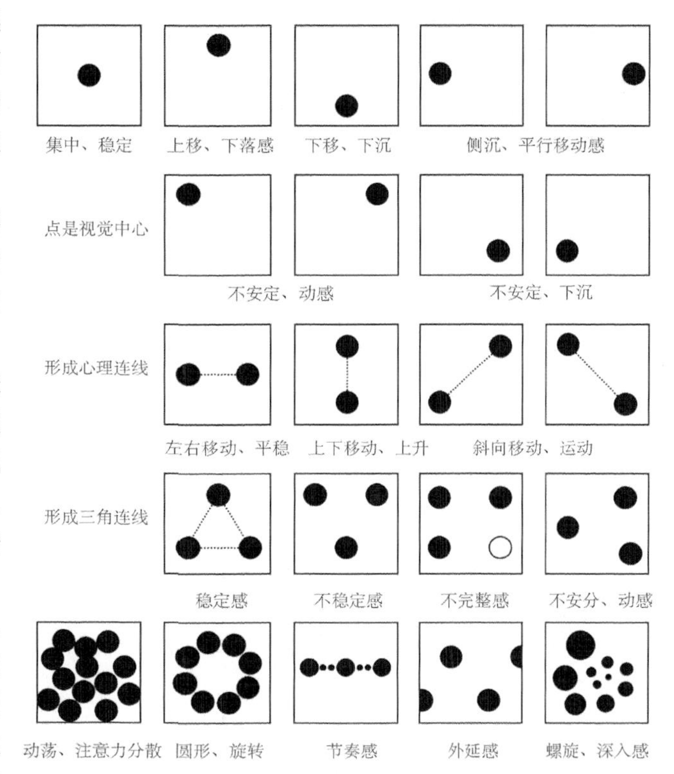

图4-1 点的视觉特征

一个点的构图形式叫作单点构图。当画面中只有一个显眼的点时，这个点就会成为画面中的视觉中心，可以吸引人的注意力。当画面中只有一个点且这个点居中时，视觉中心突出，集中感很强，画面单纯而稳定。电影《香水》中大量运用了中心点构图，主人公格雷诺耶在画面正中心位置，所有的视线都集中在中心，画面单纯、稳定且具有压迫感，如图 4-2 所示。当画面中点的位置发生变动时，动感随之产生，图 4-3 所示为电影中骑马赶路的人，这个场景的视觉点在画面中靠右下侧的位置，整体感觉背景开阔，人物运动空间感强。

图4-2　电影《香水》的构图中视觉中心在中间位置

图4-3　骑马赶路的人在靠右侧位置

两点构图是指两个点之间可以构成视觉心理连线。两个点可以是一主一次。电影《冰与火之歌》中两个人物与镜头的距离不同，形成的两个点的大小不同，产生了主次之分，如图 4-4 所示。两个点也可以对称平衡，能够有效地增加画面张力，具有稳定作用。电影《冰与火之歌》的某一场景中，两个人物基本平均分布在画面中对称的两侧位置，如图 4-5 所示。

图4-4　两点之间有主次之分

图4-5　两点均衡对称

在三点构图中，画面中的点增多，点的聚焦效果减弱。三个点能构成直线或者三角连线，加强力量感。图 4-6 所示为电影《绣春刀》里的镜头，三个人物构图形成三角形，相互联系呼应，画面稳定且有力量。

多点构图则可以分散注意力，使画面出现动感，一般在各种点规律性地出现在画面中时采用。图 4-7 所示为电影《指环王》里的镜头，画面里的四个人物依次排开，形成一条直线。

图4-6　三点形成三角形构图

图4-7　多点形成连续的直线

从点的大小、数量上看：点小视觉表现力就弱，点大视觉表现力就强；点少注重表现形态变化，点多则注重表现排列形式。

从排列上看：相同点按排列可以构成心理连线；相同点按大小渐变排列可以产生空间感；点有规

律地反复排列能够形成节奏感；点横向排列具有稳定感；点斜向排列具有动感；点弧线排列具有圆润感。对点进行排列组合可以实现点与线、点与面的转化。图 4-8 中每个人代表一个点，画面里前面两排弓箭手等距横向排列，纵向空间相对较大，点形成连续的线；后面两组人物相对位置比较近，形成两个块面。点的集中安排布局可以形成面，点的规律安排布局可以形成线，多条线也可以形成面。

扫码观看
微课视频

图4-8 画面中点、线与面的转化

4.1.2 线的构图形式

线具有视觉引导作用，人的视线会随着线的运动而运动。线一般分为直线和曲线两种类型，不同的线能带来不同的视觉心理。直线包括水平线、垂直线、折线、交叉线、发射线、斜线等；曲线包括弧线、抛物线、波浪线、自由曲线等。在画面中，线的形态丰富，表现力强。

在线的表现中，线的形态、状态、宽窄等不同，表现形式也千变万化。图 4-9 所示为线的特性，细线纤细，粗线醒目，而粗线的宽度不能超出一定的范围，否则就会转化成面。此外，线的密集排列、线的闭合等都要把握限度，不能失去线的特性。

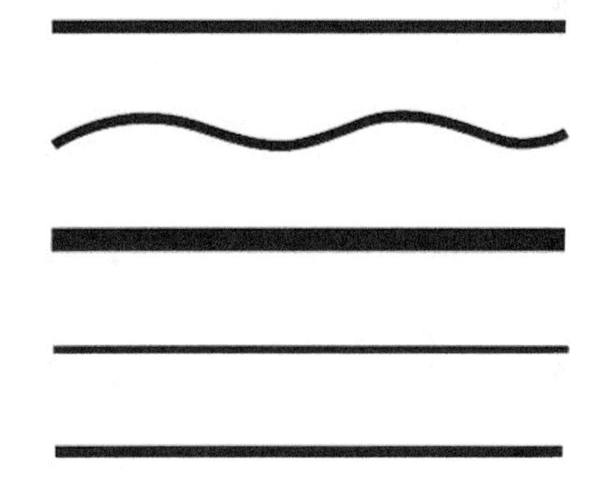

图4-9 线的特性

线的视觉特征为：直线具有明快、简洁、通畅、带有速度感和紧张感的视觉效果；长线一般给人顺畅、连续、快速、运动的感觉；短线具有短促、紧张、缓慢的感觉。

图4-10 水平长线的应用

水平线容易让人联想到地平面，让人感觉一望无际、平静广阔、安定，能产生视觉的横向扩张感，有左右方向的运动感。水平线从左向右流动时，符合人的视觉习惯，有时间顺延的感觉；水平线从右向左流动时，有逆向的流动感。图 4-10 所示为水平长线的应用，袅袅的炊烟，远处泛着金色光的河流，画面里所有的线条动势都是水平方向的长线，营造出一种平静广阔的草原牧场氛围。

垂直线一般用于营造庄重、严肃的场景氛

围，给人干脆、坚定、阳刚的视觉效果，有上下方向的运动感。线通过紧密排列有面的感觉，通过疏密排列、粗细变化、间隔变化可以产生远近感和空间感。图 4-11 所示为垂直线的应用，场景两边垂直耸立的柱子形成纵向的垂直线，近处疏、远处密，这种疏密渐变节奏很好地表达了场景的纵深感。

斜线能打破视觉平衡，具有倾斜、不安定、前冲或下落的动态感。尤其是斜线和垂直线、水平线共同出现时，这种对比产生的动态的感觉更为强烈。图 4-12 中部分歪扭的电线杆在画面里形成角度不同的斜线，与其他垂直的电线杆（垂直线）和地平线（水平线）组成了对比强烈的构图，歪的电线杆给人一种随时都会倒下的动感。

图4-11 垂直线的应用

图4-12 斜线的应用

折线能让人产生焦躁、动荡不安的心理联想。

交叉线、发射线都是线的一种排列方式。交叉线可以分割画面。发射线一般在场景构图中以透视为基础，可以规律地分割画面，可以更好地表达场景的纵深感。

曲线比直线的表现力更加丰富，丰满、优雅、柔和、流动、节奏感强，表现形式也更加自由。图 4-13 所示为延绵起伏的沙丘，自然的曲线表达出沙漠的流动感。折线和曲线的重复使用可造成凹凸起伏的视觉效果，不同性质的线进行交叉、连接可以造成有序、无序或神秘莫测的效果。图 4-14 中粗细不同的树干和树枝形成了直线、曲线的错综复杂的交叉效果，使整个画面场景充满了神秘感。

图4-13 曲线的应用

图4-14 不同性质线的交叉应用

不管是直线还是曲线，都有向两端无限延伸的视觉效果，曲线的闭合会形成面，所以在使用曲线时要注意首尾的距离。图 4-15 中隧道弯曲的轮廓线和地面形成闭合的曲线，形成了一个明亮的面。两条弯曲的铁轨穿过隧道通向远方。图 4-16 所示为电影《肖申克的救赎》中的场景，主人公在越狱成功后，张开双臂拥抱自由，画面里双臂组成的曲线停止在两手之间，但视觉感却延伸到画面之外，重获自由的兴奋从指尖蔓延开来，仿佛拥抱全世界，引发观众情感上的共鸣。

图4-15 曲线的延伸

图4-16 线的延伸

扫码观看
微课视频

4.1.3　面的构图形式

面富有整体感的视觉特征，可以是自然形态，也可以是抽象形态。点扩大可以形成面、多点聚集也可以形成面，线的增宽和集中排列也可以形成面。二维性质的面有长度和宽度，没有厚度，有轮廓线，与点和线相比更具有形的特征。在画面中，整个画面就是面的形态，可以用来衬托点和线。面的形态变化可以直观地传达视觉信息，塑造与表现丰富的形象内涵，表现形式较为灵活多样，富有表现力和视觉冲击力。

面一般有以下几种形态。

几何形的面，如正方形、长方形、三角形、圆形、平行四边形、梯形等。

直线形的面，即由直线随意构成的面。

有机形的面，是指由自由曲线构成的面。

偶然形态的面，是指由特殊技法意外获得的面，如敲打、断裂、泼墨、书写等。

不规则形态的面，是由自由曲线和直线随意构成的形态。

面的形状多种多样，大小、面积、位置、形态等方面的变化都能够给人以不同的视觉感受。例如，几何形的面，表现规则、平稳，有一定的秩序性，如圆形圆满，正方形稳定，菱形轻快，平行四边形有动势，梯形稳固，正三角形稳定而有张力，倒三角形不安定；有机形的面表现的是自然界中任一客观事物的内在和外在的形态变化，产生出柔和自然、抽象的面的形态；偶然形态的面有多变、不可重复的特性，自由、活泼而富有哲理性。任何形态的面都可以通过分割或联合、相接等方法，构成新的不同的面。面在画面构成中往往占的比重较大，面的形态通常会起主导作用。图 4-17 所示为电影《锦绣未央》中的场景，正方形和长方形的装饰性雕花屏风组合稳定、庄重，形成了一个统一的大的面，使画面整体协调统一。

图4-17　正方形面和长方形面组合的构图

图 4-18 中古建筑整体轮廓组成了直线形的面，将整个画面分割成几块。图 4-19 中大大的叶子形成了非常自然的有机形的面的组合。图 4-20 中怪兽巨大的翅膀形成一个不规则形态的面。图 4-21 中剑上的火焰形成了一个偶然形态的面。

图4-18　直线形的面的构图

图4-19　有机形的面的构图

扫码观看
微课视频

图4-20　不规则形态的面的构图

图4-21　偶然形态的面的构图

4.2　虚拟场景的画面布局

沉浸感、交互性是虚拟现实的主要特征。沉浸感是使人在虚拟的环境中能够达到身临其境的感觉。在整个虚拟现实开发过程中，虚拟场景的制作效果直接影响到虚拟现实的沉浸感。所以，场景建模是否具有真实感在整个虚拟现实开发中至关重要。

虚拟现实作品是技术和艺术的完美结合。从构造方式来看，其是技术性的；但从可视化的表现形式来看，其是艺术性的。在可交互的虚拟世界里，虚拟场景有着独特的审美特质。虚拟世界既可以作为现实世界的仿真复制，也可以是幻想世界的完美呈现，它可以使不可能成为可能。在虚拟场景的制作过程中，场景设置、模型建立、材质绘制、纹理指定、灯光布局等，都涉及设计元素。虚拟场景中同样需要传统的设计基本原则，如模型的主与次、虚与实、繁与简，色彩的对比与柔和，纹理的清晰与模糊，光线的明与暗等，都需要通过构图安排在虚拟现实作品中得到很好的体现。

虚拟场景的画面布局原理，和摄影以及电影的画面布局原理相类似，是指在一个相对固定的画面中，依据一定的内容和视觉美感的要求，对要表现的对象及各种造型元素进行有机、合理的组织和布局。但是虚拟现实技术下的虚拟场景与平面电影或绘画艺术又有很大的区别，那就是视角的变革。观者在虚拟场景内无视觉盲区，因此如何引领观者的视觉焦点变得尤为重要。巧妙的构图和布局能够潜移默化地引导观者观看作者想要表达的重点。

4.2.1　构成场景画面的元素

场景设计是虚拟现实设计制作中的重要环节，虚拟现实空间效果是否生动精彩，很大程度上取决于场景设计者的能力。场景是指虚拟世界中的场面，是整个虚拟现实三维空间所涵盖的一切物体的造型设计。与背景不同，背景是指画面中衬托主体的景物，是单纯的背景空间概念。虚拟现实设计的场景主要用于表达主体所处的客观环境，营造场景气氛，通过色调、影调或线条结构来展现空间深度，烘托主体。

场景中基本的元素是场景内所发生的事件、人物的动作以及时间、地点、氛围等。场景随着故事的展开与角色产生联系，其中所有角色的生活场所、陈设道具、自然环境、社会环境以及历史背景都属于场景元素，甚至包括作为社会背景出现的群众角色。一个物体在画面框架中所处的位置，常常会影响体验者对它的整体感受。

构成一幅画面的主要元素有主体、陪体、前景、后景、背景等。画面布局的过程就是对场景中的物体进行合理安排，使所要表现的物体有主有次，和谐地构成一个画面整体。下面，通过一些场景的示例来理解和学习这些主要元素的概念和作用。

1. 主体

主体是画面中的主要对象。根据所要体现的内容，主体既可以是人，也可以是物；既可以是一个对象，也可以是一组对象。主体在画面中往往起着主导作用，并且是画面中焦点非常实的部分，也是画面存在的基本条件。

主体在画面中一般有两个作用：第一，主体承载着画面的主题表达，是体现画面内容的中心；第二，主体是画面的视觉中心和趣味中心，也是画面结构的关键点，其他的一些构图元素都应该围绕主体来安排和配置。这两方面的作用相辅相成，一般不单独而论。

强调主体的一般布局方法有以下这些。

a. 通过画面小线条引导观众的视线，让视线最终落到主体上。图 4-22 所示为线条的视觉引导，柱子形成的规律渐变的线段，使得主体建筑——走廊的视觉效果更为深邃。

b. 通过画面的色调控制，以画面色调的对比映衬出主体。图 4-23 所示为冷暖色调的对比，火山喷发的岩浆形成粗细变化的橘红色暖色线条，在整体的灰绿色冷色调中视觉效果格外突出。

图4-22 线条的视觉引导突出主体

图4-23 色调对比突出主体

c. 通过光线将观众视线引导到主体上。图 4-24 中从窗户照射进来的一束光，被巧妙地安排在彰显主人公身份的座位上，还有侍者站的地面位置，其他地方弱化表达，使画面场景主体明确，节奏感强。

d. 利用画面中焦点的虚与实的关系突出主体。画面的焦点总是落在主体的位置上，通过主体的实焦点与周围物体的虚焦点的对比突出主体。图 4-25 所示为镜头焦点虚实变化突出主体，镜头焦点固定在近处的台灯和斗柜上，远处的室内景物由于镜头虚化整体感觉位置靠后，增加了场景的空间感，突出了主体。

图4-24 光线引导突出主体

图4-25 镜头焦点虚实变化突出主体

2. 陪体

陪体与主体一起，构成画面的整体，在画面中陪衬、渲染、突出主体，与主体在情节上紧密联系，共同构成画面内容。

陪体的主要作用在于突出主体，补充主体信息。

a. 陪体帮助主体表达内容，说明、烘托主体的内涵，让观众更准确地理解画画的主题意义。陪体和主体一起，构成表现画面主题思想的一个整体。

b. 陪体使画面更具有生活气息，并与主体构成呼应关系，加强画面内各元素之间的情节关系。

c. 陪体也能起到均衡、装饰、美化画面的作用。

有时陪体又兼有前景或后景的功能，起双重的作用。图 4-26 所示为电影《一代宗师》里的金楼场景，在电影里不同的场景色调都不相同。金楼偏于红金色调，突出一种压抑的暧昧感，彩色的玻璃花窗、精致的木雕屏风都把时代特色和文化描述了出来，让人有一种时代代入感；昏暗的色调，压抑迷离，也表达了时代大环境。

图4-26 陪体的信息补充作用

图4-27 前景、后景的作用

3. 前景

前景，画面中位于主体之前，靠近镜头的景物称为前景。有时前景也可以是主体，但一般是陪体或是主体周围环境的一部分。前景一般处于画面的边角位置，由于光线的作用，前景的色调一般都比后景深；又由于透视的关系，前景的景物在画画中的成像一般都比较大，所以前景的景物比较容易吸引观众的视线。图 4-27 所示是电影《霍比特人》里面的一个场景，前面右下角的树的剪影就是这个画面的前景部分，远处亮着光的宫殿就是整个画面的后景，在这里，宫殿既是画面的后景，也是画面的陪体。

4. 后景

后景是指与前景相呼应，靠近主体后面，远离镜头的人物或景物。

在有前景的条件下，后景既可以是主体，也可以是画面的陪体，但多数情况下是环境的组成部分，是构成画面的生活氛围的主要成分。后景是陪体时，可以帮助主体深化主题，丰富画面的形象，揭示内容，可以使画面形成多层景物的造型效果，增强空间深度感。

画面中的后景，以俯视角度看时效果十分明显。图 4-28 中主体小船慢慢从河中划过，在观看点逐渐变高时，从俯视角度能更直观地看到场

图4-28 视点角度与后景、中景、前景相互转化的关系

景的整体效果，后景的建筑群逐渐从陪体演变成主体，场景层次感、空间感增强。

5. 背景

背景是指位于画面的主体之后，渲染、衬托主体的景物。它是统一和组织画面的一个重要角色，一般景别越大（鸟瞰、全景等场景），背景的作用越明显。

背景主要揭示和描述主体所处的客观环境、地理位置及时代特征，营造场景气氛，通过色调、影调或线条结构来展现空间深度、烘托主体。背景一般分为动态背景和静态背景两大类，

a. 动态背景是指处于主体背后的运动的对象，如运动中的火车、轮船，大街上的车流、人流等。动态背景具有表现特定的环境、渲染生活气氛、增强形象的真实感和画面的生动性的作用，如图 4-29 所示。

b. 静态背景是指处于主体后面的静止的环境对象。静态背景也具有揭示环境、渲染气氛、烘托主体的功能，如图 4-30 所示。

图4-29　动态背景

图4-30　静态背景

4.2.2 视觉的趣味焦点

视觉焦点，又称作视觉中心，简单来说就是能让视线多停留几秒的视觉元素、能够吸引观众观赏画面的核心元素，可以是一个点、一条线、一个面，也可以是一块颜色等。在传统的平面构图当中，物象非常强烈、重要的部分，就是视觉中心。

趣味焦点是画面中重要、美的部分。可以通过运用对比强化趣味焦点。视觉中心是画面的重点，周边区域应处于从属地位。

成为“视觉中心”的条件有以下这些。

a. 居于画面中心。图 4-31 中世外桃源美景处于画面中心，明暗光影的对比使视觉中心更加突出。

b. 放大主体比例或缩小主体比例。图 4-32 缩小了人在环境中的比例，显得环境更加空旷开阔。

c. 放射线性构图，视觉中心居于发射点或汇聚点位置。

图4-31　视觉中心在画面中心

图4-32　缩小主体的比例

d. 运用不寻常的视角，如仰视或俯视，如图 4-33 所示。

e. 色感要素强烈。

f. 熟悉的图案。如果一件东西让人们觉得很熟悉，人们则会以它为焦点。

趣味焦点是从心理上划分的。人看画的时间长了会产生视觉疲劳，由此引出能够突出主体的另外一个范围。如果把画面当作一个有边框的面积，四条边都三等分，然后用直线把对应的点连起来，画面中就构成一个“井”字，画面被分成九宫格，如图 4-34 所示。“井”字的四个交叉点就是趣味中心，这是我国很早就有的九宫格构图方法。把主体放在趣味中心附近是常用的方法，主体在这个范围内能够显得突出而且灵活，富有变化。

图4-33　通过仰视的视觉角度突出主体

图4-34　九宫格构图

运用较鲜明的色彩、较强的对比，或让视觉中心包括引人注目的焦点，都可以使趣味焦点本身得以强化。

4.2.3　常用的经典构图

构图，对作品的好坏有着重要的作用，构图的目的是通过有效地组织视觉要素来建立画面的结构关系和创造画面的形式感，增强画面表现力，使主题鲜明、意图明确。一个好的虚拟现实艺术作品，首先要有一个吸引人的主题。其次，通过恰当、新颖的构图突出主题，使作品更加赏心悦目，引人入胜。

构图的实质是虚拟场景中的内容和形式的关系。艺术家为了表现作品的主题思想和美感效果，会在一定的空间内安排和处理人与物的关系、位置，让部分形象组成艺术的整体。构图在我国传统绘画中被称为“章法”或“布局”。

构图首先和景别有很大的关系。在虚拟现实空间里，随着体验者与主题场景的距离变化，会出现不同的景别效果，离得远的时候，看到的是全景，能观察到整个场景的全貌，尤其是鸟瞰，视线更开阔，看得更加完整。图 4-35 所示为一个临海小村落建筑群，能很直观地感受到这个场景的环境特点——背山临海。稍微走近一点，看到的是中景，如图 4-36 所示。此时体验者已经置身于场景内部，从连廊上可以看到这个建筑群的更多结构关系。随着距离的进一步缩短，看到的是近景，如图 4-37 所示。从另外一个角度走近建筑群，看到的场景范围越来越

图4-35　全景场景

小；当再走近一步的时候，看到的就是特写。特写一般针对场景里的某一个主要物体，如图4-38所示，可以很清楚地看到路边的这艘渔船，渔船上斑驳的锈迹、微微泛绿的苔藓、船身木板上掉落的漆等细节一目了然。

图4-36　中景场景

图4-37　近景场景

图4-38　特写场景

构图的基本原则是对立统一。所谓对立统一，是指在构图过程中，视觉元素的组织要在变化中寻求统一和完整，或在统一与秩序的前提下创造变化。要特别强调画面视觉效果的平衡感，平衡感主要来源于画面主要元素之间的均衡与对称。

均衡与对称的主要作用是使画面具有稳定性。均衡是一种利用类似杠杆原理的视觉平衡效果。对称是一种利用类似天平原理的视觉平衡效果。它们两个不是一个概念，但有内在联系——稳定感。

稳定感是人类在长期观察自然的过程中形成的一种视觉习惯和审美观念。因此，违背这个原则的构图，看起来就不舒服。均衡与对称都不是平均，而是一种合乎逻辑的比例关系。平均虽然稳定，但缺少变化，没有变化就没有美感，所以构图时忌平均分配画面。对称的稳定感特别强，对称能使画面有庄严、肃穆、和谐的感觉。

常用的构图方法有以下这些。

1. 三分法构图

三分法构图也被称为九宫格构图或“井”字构图，是一种比较常见的构图方法。一般用两横两竖将画面均分，将主体放置在线条交点上，或者放置在线条上，如图4-39所示。

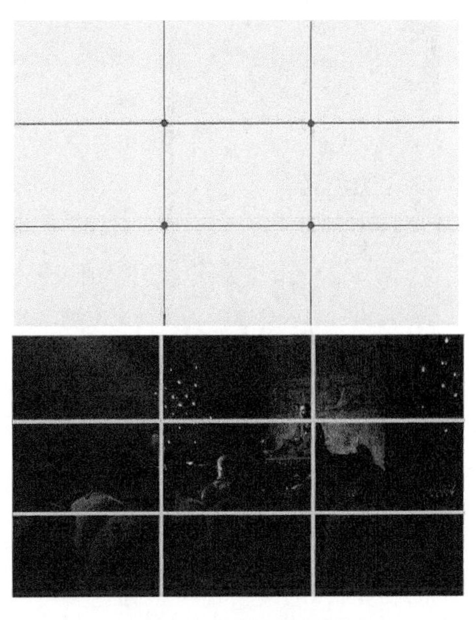

图4-39　九宫格构图及其应用

人们的目光通常会落在画面的三分之一处，将整个画面九等分，可以形成一种和谐的构图，这种构图适用于多形态平行焦点的主体。九宫格构图画面表现鲜明，构图简练，应用广泛，可用于不同景别。

2. 对称式构图

对称式构图是一种利用景物的对称关系构建画面的方法，是基本的构图形式，画面上按照轴线划分的左右或上下两部分空间内的物体、形状、颜色等要素一致。其一般分为左右对称和上下对称。左右对称的对称轴在画面中间位置，上下对称的对称轴一般可以根据画面需求上下移动，有时候也可以根据透视线倾斜。对称式构图形式容易创造出空间的统一感，取得力的平衡，在视觉上体现出一种端庄、平静、秩序的美感，让人感到完美无缺。

对称式构图往往具有平衡、稳定的视觉效果。其可以是场景本身具有对称结构，还可以借助玻璃、水面等物体的反光、倒影来实现对称效果。图 4-40 所示为左右对称构图，纯粹的对称有时候会给人一种呆板的感觉，可以用一些小要素的不对称来丰富画面，图中前景左边站着的人和右边坐着的人很好地打破了纯对称画面，在对称中活跃了画面。图 4-41 所示为上下对称构图，画面中场景本身不具有对称性，右边是高的灯塔，左边是矮的水池边缘，远处的水面使后面的灯塔和瀑布与倒影形成水平上下对称，水池两边形成带透视的上下对称。图 4-42 所示为镜面左右对称构图，图 4-43 所示为透视线上下倒影对称构图，图 4-44 所示为水平线上下倒影对称构图。

图4-40　左右对称构图

图4-41　上下对称构图

图4-42　镜面左右对称构图　图4-43　透视线上下倒影对称构图

图4-44　水平线上下倒影对称构图

3. 均衡式构图

均衡式构图就是不对称的平衡构图，是指平衡的双方在形状、颜色等要素有很大不同的情形下所获得的预想的平衡构图，能增加画面纵深和立体感，是形式美的一种构成形式。均衡显示的是视觉上一种等量和不等形的力的平衡状态，它的特点是既有变化又有统一，均衡的美感是活泼、轻松而富有变化的，能够给人一种错落有致、变幻莫测、新鲜灵活的视觉感受。

构图的样式有弧形构图、圆形构图、渐变式构图、"S"形构图、"L"形构图等，弧形构图如图 4-45 所示。

圆形构图是一种封闭式构图形式，在圆形构图中，人或物体被安放在中心的四周，中间出现一部分空的状态，经常用在俯拍呈圆形的建筑物或人群中。圆形构图给人以一种圆满、祥和、团聚和向内聚集的感受。图 4-46 所示为电影《蝙蝠侠》的场景，四周的屏幕呈半圆弧排列，左边亮起的两盏台灯很好地平衡了画面。

图4-45 弧形构图

图4-46 圆形构图

均衡式构图的图形形态处于不对称状态，但可以通过形态大小与相互关系的调整获得视觉的均衡。图 4-47 所示为一个较典型的亮度、面积大小对比形成均衡画面的构图形式，右边近景是废墟上站着的人，由于背光，所以整体感觉比较重，如果没有左边画面里同样背光的那个小旗帜，整个画面就会失衡；左边建筑高处的屋顶，烟气略薄，深色的屋顶剪影也加重了左边画面的重量，让视觉效果达到均衡。除了面积大小的对比，画面中烟气、云雾、水汽等也可以起到调节画面平衡感的作用，通过云雾、水汽的遮挡，一般可以提升一定面积的明亮度，前面也提到过，亮度越高，视觉感觉越轻，亮度越低，视觉感觉越重。图 4-48 所示为"S"形构图，蜿蜒的桥通向远处的城堡。

图4-47 亮度、面积大小对比形成均衡画面

图4-48 "S"形构图

4. 框架式构图

框架式构图是选择一个框架作为画面的前景，把观众视线引向框架内的主体，突出主体。用前景构成"画框"，可以有效地将观众的注意力引导至主体上。可采用不同形状和大小的"画框"，其是增加深度的有效方法，如图 4-49 所示。

图4-49 框架式构图

框架式构图会形成纵深感，让画面更加立体直观，更有视觉冲击力，也让主体与环境相呼应。可将门窗、树叶间隙、网状物等

作为框架。

5. 中心构图

中心构图就是将主体放置在画面中心，这种构图方式主体突出、明确，画面平衡稳定，主体通常处于长方形画面的中心位置，具有一种特殊的稳定性，如图 4-50 所示。

图4-50 中心构图

中心构图很多时候是很好使用的方法，可以将视线引向画面中心。中心构图重要的就是突出主体，让观者一眼就能看到作者想要表达的主体，因此要以简洁或者与主体反差较大的背景为辅，使内容一目了然。若没有非常简洁的背景，可利用景深效果让背景虚化，使主体从背景中“跳”出来，从而达到突出主体的作用。

6. 引导线构图

视觉引导线是指引导观众视线的一组或多组线条，可吸引观众关注画面主体，让画面产生深度和透视感。只要是有方向的、连续的点或线起到引导视觉的作用，都可以称之为引导线。引导线可能是直线、弧线，也可能是一个平面。

引导线存在的意义就是吸引注意力，在实际生活中经常可以发现一些有规律的线，可利用它们串联画面主体与背景元素，将观者的注意力吸引到主体上，从而产生深度感和透视感。常见的引导线有 X 线、发射线、放射线、旋转向心线等，如现实生活中的光线投影、长廊、台阶、整排树木等，有时候视线方向也能作为引导线。图 4-51 所示为影子的引导线的构图形式，长长的影子呈放射状，把视线集中到 4 个人身上。图 4-52 所示为视觉引导线构图，通过近景的两个人物的背影，虽然看不见他们的眼睛，但可以顺着他们所看的方向，将视线集中在画面中心的那个人的剪影上，这是常见的一种视觉引导线构图的方式。

图4-51 影子的引导线构图

图4-52 视觉引导线构图

图4-53 向心引导线构图

向心引导线构图的主体处于画面中心位置，四周景物呈现朝中心集中的状态，能将视线强烈引向主体，并起到聚焦的作用。在场景中多利用一点透视关系来强化这种感觉，虽然具有突出主体的鲜明特点，但有时也会产生压迫中心、局促沉重的感觉。图 4-53 所示为电影《爱丽丝梦游仙境》中的场景，建筑的结构线都向中心汇聚。

发散引导线构图通过画面向四周延伸的内容来表现出具有冲击力的气势，可以有效地增强画面张力。图 4-54 所示为电影中太空舱的场景，一圈圈白色的灯通过透视变化形成一个扩散的圆，突出了中间宇航员的背影。

图 4-55 所示为 X 线引导线构图，基本上是两点透视或三点透视的效果，线条、影调按“X”形布局，透视感强烈，有利于把视线由四周引向中心，或者景物具有从中心向四周逐渐放大的特点。十字路口的场景等多为 X 线引导线构图。

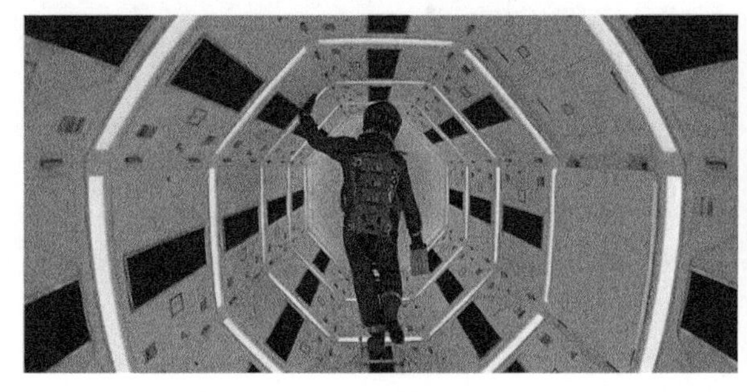

图4-54　发散引导线构图

图4-55　X线引导线构图

视觉引导线可以使视线聚焦于重要元素，画面中的道路、墙壁或图案等都可以用作视觉引导线，这些元素可以给画面增加结构感，有助于突出主体的立体感。

引导线的作用就是引导视觉焦点，突出主体，烘托主题；使画面更有空间感和纵深感；让人有身临其境的感觉，有画面代入感；给画面添加美感，远、近处的景物相呼应，使画面整体变得饱满。引导线有时可以很好地分割画面，使画面的构成感增强，如图 4-56 所示。

图4-56　引导线对画面的分割

7. 对角线构图

对角线构图是主体在画面中两对角的连线上。把主体安排在对角线上，画面更有立体感、延伸感和运动感，能让画面产生不一样的动感。对角线构图能有效利用画面对角线的长度，引导视线从一端向另一端延续，同时也能使陪体与主体发生直接关系。

一般会把主体放在对角线的起点或终点，对角线可以是人们的身体动作姿态，可以是一道光线或画面场景中受光面和阴影的交界线。例如，平直延伸的道路、台阶、桥梁、河流、树枝、影子等，如图 4-57 和图 4-58 所示。

图4-57　对角线构图

图4-58　影子形成的对角线构图

8. 极简构图

将一幅画面或场景剥离到只剩下少量的元素，主体只占一小部分，适当地运用“留白”，这被称为极简构图。去掉和主体相关性不大的物体，让画面更加精简，这样的构图简单、干净利落，有艺术表现力，能够更好地突出主体，表现出视觉冲击力。这么做的重点就是预留出想交代的空间，但漫无目的的预留只会让画面变得杂乱无章。

极简构图经常会在画面中留白，让观众将注意力集中在主体上，同时极简的画面会让人更加舒适，更有唯美感，如图 4-59 所示。

图4-59　极简构图

9. 黄金三角形构图

黄金三角形构图与三分法构图非常相似，但并非用矩形网格，而是让直线从画面的四个角出发，在左右两边形成两个直角三角形，然后将画面的元素放入这些交叉的地方，这种方式可以增加画面的“动态张力”，如图 4-60 所示。

图4-60　黄金三角形构图

黄金三角形构图给人的视觉感受就是稳定，把画面中的元素沿对角线摆放，把视觉信息纳入三角形中，让点线之间的形象更加深入，更具有吸引力。

除了黄金三角形，三角形构图也是常用的一种构图形式，画面由一个或两个三角形构成，画面稳定性强，如图 4-61 所示。

图4-61　三角形构图

10. 黄金螺旋构图

黄金螺旋构图的基本理论来自黄金比例——1:1.618。将画面按这一比例划分，再将之不断细分，会得到一条曲线，这就是黄金螺旋线，也称为斐波那契螺旋线。自然界中存在许多符合斐波那契螺旋线的图案，是自然界完美的经典黄金比例。

黄金螺旋构图的画面元素随着黄金螺旋线分布，它的线条很长、很有生气，适用于风景、人物画面，如耳熟能详的名画《蒙娜丽莎》，如图 4-62 所示。黄金螺旋线还常见于植物生长和建筑物里的旋转楼梯等，有一种优美的向心力，如图 4-63 所示。

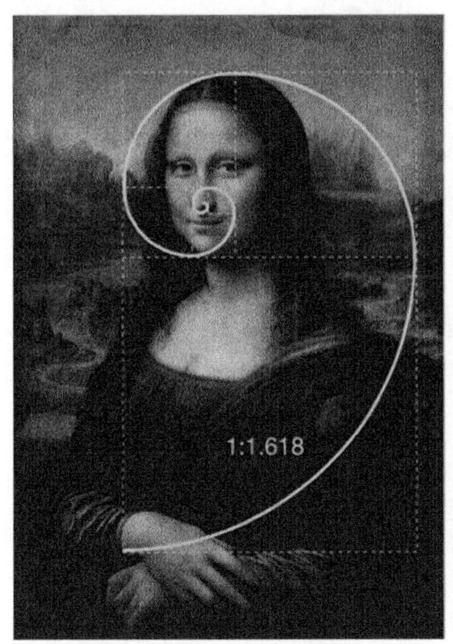

图4-62 黄金螺旋构图

图4-63 旋转楼梯

4.3 案例：构图主体的安排训练

在这一节借助 UE4 引擎进行简单的训练，巩固和应用本章所学习的内容。

扫码观看
微课视频

1. UE4 引擎界面的简单介绍

启动引擎并打开本书提供的“test”UE4 工程文件。UE4 引擎的功能非常丰富，界面、模块也相当复杂。但是可以化繁为简，用简单快捷的操作完成本次训练。

为方便初学者使用，需将引擎改为中文模式。在界面左上角选择“Edit”→“Editor Preferences”。在弹出的面板中选择“Region & Language”，将“Editor Language”设置为“Chinese（中文）”。引擎界面将变为中文界面，如图 4-64 所示。

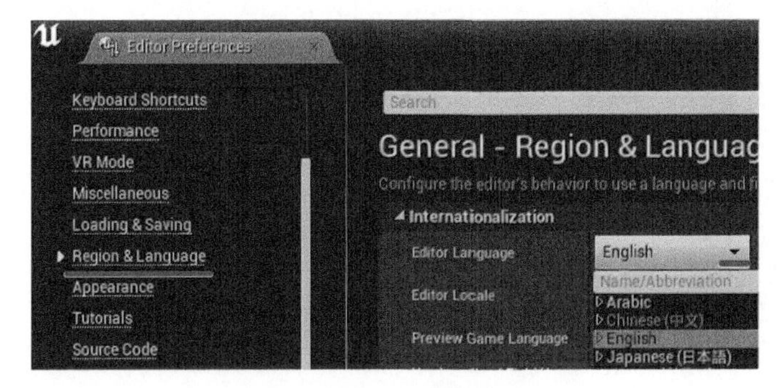

图4-64 切换UE4引擎语言模式

UE4 引擎的工作界面如图 4-65 所示。

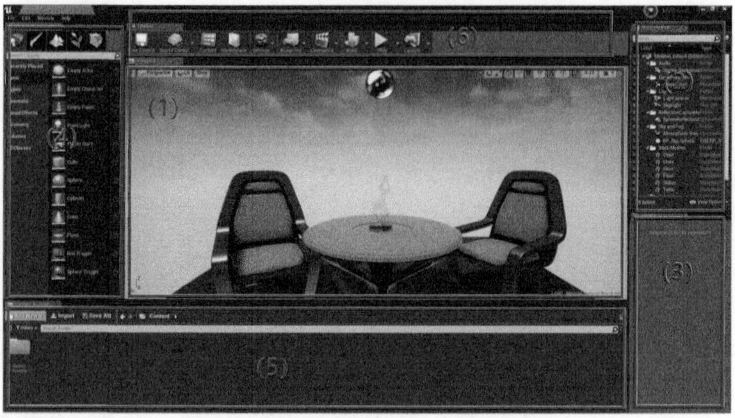

图4-65　UE4引擎的工作界面

（1）Viewport 界面

Viewport（预览）界面是在项目制作中对资源布置及功能实现的主要观察界面，它呈现的是三维立体空间下的图像效果。在这个界面中可以预览模型物体的最终效果并对模型物体的空间位置进行调整。

① 改变观察视角

视角拉近或拉远：滚动鼠标滚轮；“↑”“↓”键。

视角左右平移：“←”“→”键。

视角上下左右平移：按住鼠标中键（滚轮），上下左右拖动。

改变观察角度：按住鼠标右键并拖动。

以选中元素物体为中心改变观察角度：选中物体，按住“Alt”键并按住鼠标左键，上下左右拖动。

最大化选中的元素物体：“F”键。

② 元素物体选择

如果想要对界面中的任意元素进行观察或编辑，那么就需要先选中该元素。操作方法：单击元素，该元素就转换为被选中模式，比较明显的变化是边缘有黄色的线条围绕，如图 4-66 所示。如果想要对多个元素进行选取，就需要按住键盘上的“Ctrl”键或“Shift”键，再依次单击多个元素进行加选。按住键盘上的“Ctrl”键再依次单击多个元素可进行减选。

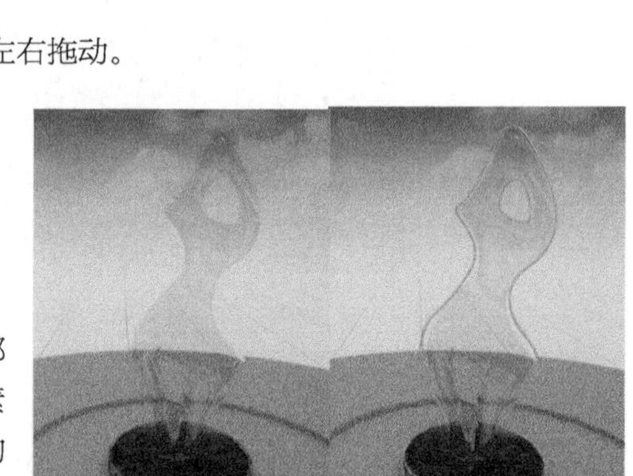

图4-66　单击选中元素

（2）World Outliner 界面

World Outliner 为世界大纲列表界面，它将场景中存在的所有元素囊括于该列表中，如图 4-67 所示。

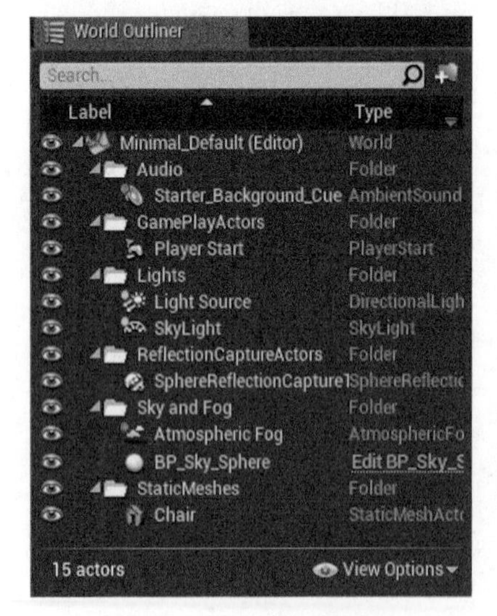

图4-67　世界大纲列表界面

最上方的“Search”文本框可以根据输入的关键字来查找相应的元素；单击右侧的文件夹图标后，可以在大纲列表中生成一个新的文件夹，方便制作过程中的整理和归纳。

中部为元素的显示区域，左边的“Label”（名称）显示的是每个元素在场景中的名称，右边的“Type”（类别）显示的是每个元素的类别。名称的前方，会出现一些不同的小图标，其代表的也是该元素的资源类型，比如声音、光照、模型文件等。在每一行的左侧都会有眼睛小图标，单击该图标后对应元素就会在场景中被隐藏，再次单击后恢复显示。

下方左侧显示的是大纲列表中所有元素的数目统计，右侧的“View Options”可以切换大纲列表的显示模式，使列表变得更加简洁明了，帮助制作者快速确认想要查看的目标资源。

当选中场景中的任意元素时，大纲列表中的相应元素也会被同时选中。同理，当选中大纲列表中的任意元素时，场景中的相应元素也会被同时选中。在这种状态下，按键盘上的“F”键，界面视角即会自动切换到场景中被选中的元素前方，方便制作者快速确定该元素在场景中的位置及效果。

（3）细节界面

细节界面显示的是元素的详细属性和设置参数。当没有选中场景中的任何元素时，细节界面为空白界面，并且提示“Select an object to view details”（选择一个元素来查看详细信息）。当选中场景中任意元素时，就会将它的位置信息、模型信息、材质信息等属性汇聚在该界面中，继而可进行相应的参数调节，如图 4-68 所示。由于有些元素的参数比较多，所以也可以在界面上方的“Search”（搜索）文本框中键入关键字进行查找。

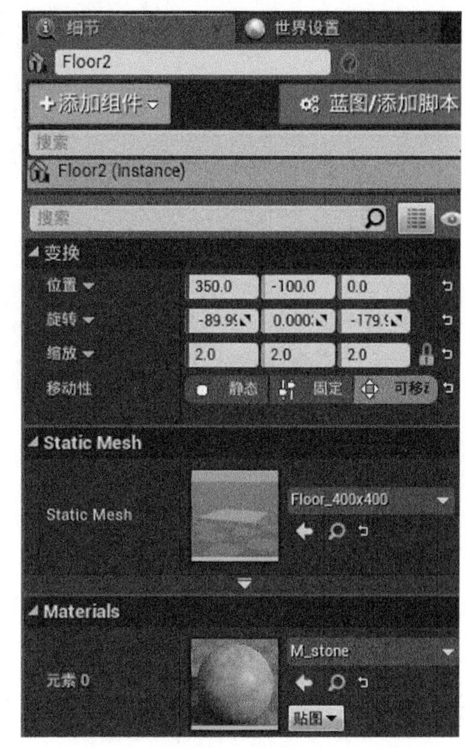

图4-68　细节界面

位置：元素在空间的 X、Y、Z 轴的坐标。

旋转：元素在空间的 X、Y、Z 轴的旋转角度。

缩放：元素在空间的 X、Y、Z 轴的放大、缩小值。

移动性：元素和光源的关系，选择“可移动”，在编辑元素时光影跟随元素变化。

Static Mesh：当前变换状态下的模型元素。

Materials：模型元素使用的材质球。

（4）模式界面

在模式界面中可以自由地切换编辑模式，在 UE4 引擎中，包含的编辑模式有放置模式、描画模式、地形模式、植被模式、几何体编辑模式，如图 4-69 所示。界面的下方显示的是在该模式中可以使用的相关功能。当前只涉及放置模式的部分内容。

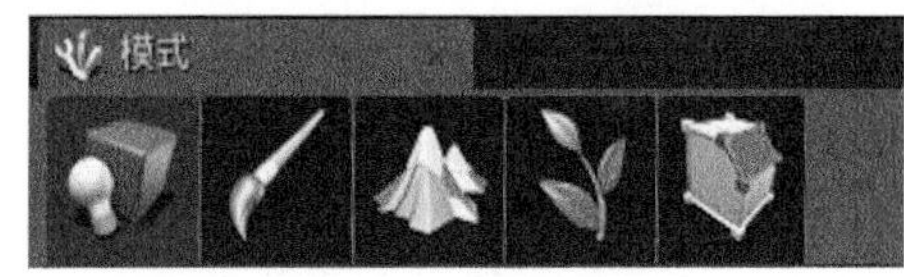

图4-69　模式界面

放置模式是对元素进行布置以及后续调整操作所使用的基础制作模式。

a. 最近放置：记录了近期在场景内放置过的一些元素。

b. 基本：包含一些基本的、常用的功能资源以及模型资源。它是一个快捷的调用菜单。

c. 光照：包含在场景灯光烘焙制作中所需要使用的各种灯光资源。

d.Cinematic（影片）：包含不同种类的摄像机资源，可以在影片镜头的制作中使用。

e. 视觉效果：包含增强场景视觉效果会使用的功能资源。

f.Geometry 也称“BSP”（二进制空间分区），是 UE4 引擎内部的一种模型制作方式。

g. 体积：针对不同功能区域划分使用的体积控制工具。

h. 所有类：显示放置模式中可以使用的所有元素。

（5）内容浏览器界面

内容浏览器界面是在 UE4 引擎中创建、导入、组织、查看和修改元素的主要区域。它还提供管理内容文件夹、重命名、移动、复制和查看资源功能。内容浏览器界面如图 4-70 所示。

图4-70　内容浏览器界面

单击内容浏览器界面左侧的图标可以显示或隐藏资源面板，资源面板显示的是文件夹列表，方便制作过程中在文件夹间进行切换。

单击界面上的“添加新项”按钮可以打开创建菜单，新建需要的各种类型的资源。

单击“导入”按钮可以将外部的资源导入 UE4 引擎中，如模型文件、图片文件、声音文件、视频文件等。需要注意的是，引擎只会识别每种资源类型的特定文件格式。

单击“保存所有”按钮可以保存当前对资源的全部修改。

单击“内容”按钮可以在资源面板中切换文件夹并且查看资源所在地址。

（6）工具栏界面

工具栏界面包含一些比较常用的基础功能，如图 4-71 所示。

图4-71　工具栏界面

a. 保存当前关卡：保存当前关卡到计算机。当对 Viewport 界面内的元素进行编辑后，单击“保存当前关卡”按钮，在下次启动 UE4 引擎时关卡内容才不会丢失。

b. 版本管理：使用源代码进行 UE4 引擎开发。

c. 内容：单击其打开内容浏览器。

d. 市场：单击其打开 Epic Games 平台上的虚幻商城。

e. 设置：单击其打开项目和编辑器设置。

f. 蓝图：单击其打开关卡蓝图列表，可以查看、编辑或创建蓝图。

g. 过场动画：单击其打开 Matinee 和关卡序列对象编辑器列表。

h. 构建：预计算照明数据和可见性数据等。当对 Viewport 界面内的元素进行编辑后，元素受光照及其他相互影响会发生改变。单击“构建”按钮，引擎将重新计算相关数据，确保最终效果正确。

i. 播放：在有效的关卡编辑器视口中播放当前关卡。

j. 启动：在此计算机上启动当前关卡。

2. 引擎中的模型元素文件

（1）加入和删除模型元素文件

在 UE4 引擎的内容浏览器中单击“导入”按钮，在打开的面板中选择要导入的 FBX 文件，单击“打开”按钮，转跳到“FBX 导入选项”面板，如图 4-72 所示。常用选项有以下这些。

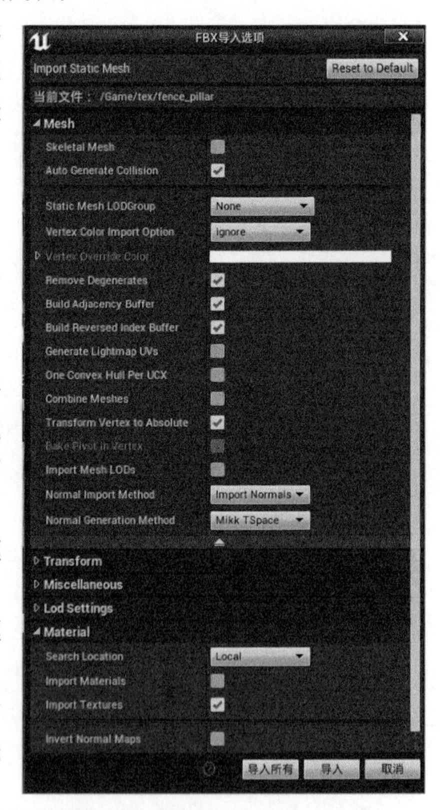

图4-72　“FBX导入选项”面板

a.Skeletal Mesh（骨骼网格物体）：当导入的为可动模型时选中该复选按钮。当前状态为不选中。

b.Auto Generate Collision（自动生成碰撞）：选中后模型导入会生成碰撞盒用来计算一些物理功能。

c.Generate Lightmap UVs（生成光照贴图 UV）：选中会自动生成光照贴图，用来构建渲染。当前操作不需要生成光照贴图，所以取消选中。

d.Import Materials（导入材质）：选中会将 3D 编辑软

件中的材质球一起导入引擎中。但是当前需要使用引擎自己的材质球，所以这里不需要选中。

e.Import Textures（导入贴图）：选中会导入模型用到的贴图文件。当前也可以不选中，之后单独导入贴图。

单击“导入”按钮就可以导入 FBX 文件了。

在 UE4 引擎的内容浏览器中可以看到已经导入的模型元素文件。选中一个模型元素文件，在不松开鼠标左键的情况下，将模型元素文件拖入 Viewport 界面，所选的模型元素文件即出现在视窗中。

如果有不需要的模型元素文件，可以在选中文件后，按“Delete”键删除。

（2）编辑模型元素文件

选中模型元素文件时，可以看到三个方向、颜色不同的图标，快捷键“W”对应位置，快捷键“E”对应旋转，快捷键“R”对应缩放，如图 4–73 所示。拖动一个方向的图标，就可以对模型元素的位置、旋转、缩放进行编辑。在细节界面里的“变换”栏输入数值也可以对模型元素进行位置、旋转、缩放的编辑。

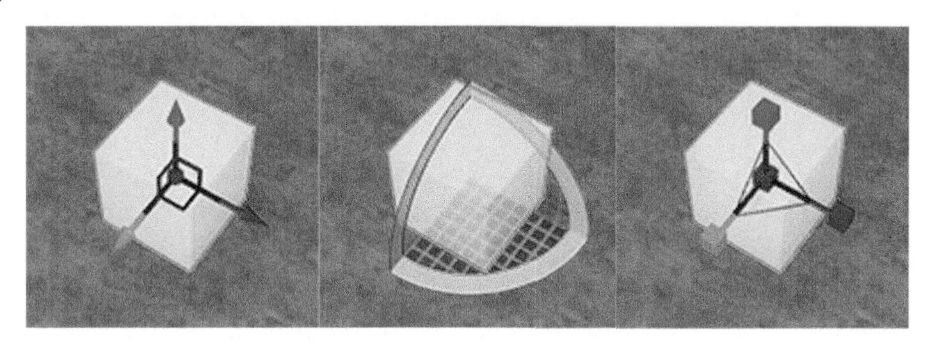

图4–73　位置、旋转和缩放设置

3. 完成构图设计

根据本章知识，利用 UE4 引擎提供的模型元素文件，完成几组以 Viewport 界面为边界的静物构图设计，并提交作品文件。

固定视角：调整好模型元素文件及视角后，保存当前视角。按“Ctrl+ 主键盘区数字键”可以记录当前视角，视角改变后按主键盘区的数字键，就可以回到记录时的视角。

输出截图：将当前 Viewport 界面输出为图片。单击 Viewport 界面左上角的下拉按钮，如图4–74所示。在弹出的下拉菜单中选择“高分辨率屏幕截图”，弹出“高分辨率截图”面板，如图4–75所示。设置“截图尺寸系数”，数值越大图片尺寸越大、越清晰，输出图片所需要的时间越长。单击“高分辨率截图”面板右下角的相机按钮，输出图片文件。图 4–76 所示为范例作业。

图4–74　Viewport界面左上角的下拉按钮

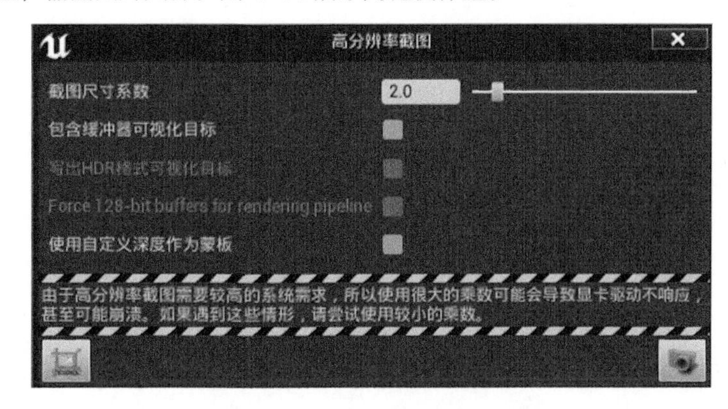

图4–75　“高分辨率截图”面板

注意：输出图片的“截图尺寸系数”如果过大，可能会因消耗过多的计算机资源而造成程序崩溃。

图4-76 范例作业

本章小结

本章通过大量影视作品画面赏析，从画面的表达主题和主体入手，剖析了构图的组成元素和常用的构图形式法则，了解了画面构图中点、线、面之间的基本构图原理和作用，熟悉了视点角度和景别的区别以及常用转换手法，使读者能感受到构图的作用和重要性。

本章练习

1. 讨论题

挑选一部自己喜欢的影视作品，分析影片里的构图形式和作用。

2. 简答题

构成场景画面的构图元素有哪些？常用的景别有哪几种？常用的构图形式有哪几种？

3. 实践题

用手机或相机拍摄一组照片，体会画面构图里景别和角度对画面的影响。

光源设计渲染

第5章

5.1 光源分类

光是人类眼睛可以看到的一种电磁波，也称可见光。没有光，人们眼前漆黑一片，看不到任何物体。人类能看到的光的频率是较为局限的，有很多的光是人眼无法看到的。从更细的方面来讲，光是由光子组成的，光子是很小、运动很快的能量单元。运动的光子才有质量，静止的光子质量为零，这是根据爱因斯坦相对论公式推导出的结果。光一般指能引起人的视觉反应的电磁波，可以在真空、空气、水等中传播。光源是能发出波长在一定范围内的电磁波的物体，又称发光体。

光对人类文明做出了巨大的贡献，没有光，人类无法在这个世界上生存。人类从对太阳光、月光的依赖逐渐过渡到对火的使用，火不仅烤熟了食物，它的光更帮人类的祖先驱散了猛兽、让人类的夜晚生活逐渐丰富起来。从白炽灯到现在 LED 灯的广泛使用可以看出，光源可以分为两大类：自然光源和人工光源。

5.1.1 自然光源

自然光源是指自身能够发光的、一般发生了物理或化学反应的物体，如太阳、萤火虫和水母等。自然光源有两大类型：一是热效应光源，热效应光源又分为化学燃烧光源和热核反应光源；二是生物能光源，主要指一些长期生活在黑暗处的生物通过将自身生物能和其生物组织结合产生的光，这种光极其微小，但也是光的一种形态。

在古代，光的种类并不丰富，但自然光以不同的形式出现，唤起人们内心对光的强烈感受，形成了内心丰富的情绪，这种情绪反应就是光对人们的精神和情感产生的影响。当看到一轮红日从天际线升起时，人们能感受到大自然强大的生命力和希望之美；当看到乌云密布、光线昏暗时，人们内心会有恐慌和不安；当电闪雷鸣时，面对急促而强烈的闪电，人们会恐惧；当面对满天星光，夏天河边的点点萤火虫之光，极地缥缈的极光，人们会产生浪漫情怀。由此可见，自然光对人情绪和情感有很大影响。

自然光的特点就是它的不确定性，自然光受到很多因素的影响，是一直变化的。对于虚拟现实的学习来讲，要观察并分析、总结各种光的颜色、亮度、特点，以及各种光在不同时段的变化，以便于在虚拟场景中尽可能还原现实世界，图 5-1~ 图 5-3 所示为太阳光在不同的时间照射在不同的地方，光的颜色不同，给人的视觉感受不同。

图5-1　日出的光照在窗帘上　图5-2　午后的光照射到屋里　图5-3　正午的阳光穿过海水照在海底

5.1.2 人工光源

人工光源是随着人类的文明、科技的发展而逐渐制造出来的光源，是由人工设计制造的仪器、设备产生的光，如火把、油灯、蜡烛、电灯等。在很久之前光源就开始出现，从较早的火把到现在各式各样的灯光，随着科学技术的不断进步，人工光源也越来越先进。目前人工光源在我们的生活中已经得到普遍运用。

下面来回顾下人工光源的发展历史。

17 世纪，蜡烛是主要光源之一。人们开始使用简单的油灯，其燃料为鱼油、植物油等。18 世纪初，在美国宾夕法尼亚州发现了石油，人们尝试着提炼石油并制作出煤油灯。

19 世纪初，出现的第一盏电灯是碳弧灯。1879 年，美国的托马斯·爱迪生发明了具有实用价值的碳丝白炽灯，虽然灯丝还是容易被烧断，但是相比碳弧灯有了很大进步，这使人类从漫长的火光照明时代进入电气照明时代。

1912 年，充气白炽灯扩大了应用范围。20 世纪 30 年代初，低压钠灯研制成功。1938 年，欧洲和美国研制出荧光灯，发光效率和寿命均为白炽灯的 3 倍以上，这是电光源技术的一大突破。20 世纪 40 年代高压汞灯进入实用阶段；50 年代末卤钨灯问世；60 年代开发了金属卤化物灯和高压钠灯，其发光效率远高于高压汞灯。

20 世纪 80 年代出现了细管径紧凑型节能荧光灯、小功率高压钠灯和小功率金属卤化物灯。电光源进入了小型化、节能化和电子化的新时期。现在广泛使用的是 LED 电子灯。

这些灯在发光亮度和颜色上都有区别，应该区别对待，在制作历史感强的虚拟场景时，光的感觉要对应所建场景的年代。图 5-4~ 图 5-6 分别为蜡烛、煤油灯和白炽灯的光照效果，从图中可以看出：烛光照射范围小，一般手持位置较低，光线一般为底光，面部影子向上；煤油灯光照射范围大一些，由于灯座偏高，光照角度有所变化，烛光和煤油灯光的光照效果和它们与人的距离和位置有很大关系；白炽灯亮度强，一般吊在高处，所以基本是顶光效果。

图5-4 烛光的效果

图5-5 煤油灯的效果

图5-6 白炽灯的效果

在老电影里常看到的昏黄的路灯，大多数是金属卤化物灯。现在的路灯，光色发白，多数是高压钠灯和 LED 灯。灯的材质不同，发出来的光色不同，而那些特定的光的颜色（色温）代表着一个历史时期的颜色。光的颜色本身就是一种语言，光的亮度和多少，也能代表一个地方的繁华程度。图 5-7 为村镇的夜景，泛黄的路灯在一片肃静的夜色里格外醒目；图 5-8 为城市小街夜景，霓虹灯招牌是一种特殊符号；图 5-9 为现代大都市夜景，灯光五彩斑斓，夜晚像白天一样热闹非凡，车水马龙。

图5-7 村镇夜景

图5-8 城市小街夜景

图5-9 现代大都市夜景

5.1.3 案例：静物光源设计训练

前面章节在 UE4 引擎中进行了静物构图的制作，这一章将对已制作的静物进行灯光的设计。首先了解一下 UE4 引擎中关于灯光的部分功能。

扫码观看
微课视频

1. UE4 引擎灯光介绍

大多数光照系统都有两个基本概念：光和影。

在以 GPU 为主要运算方式的 UE4 引擎中，无论是模拟运算还是光线追踪，阴影与光几乎都是同时存在的，当然也可以手动设置光线是否存在阴影。

（1）UE4 引擎中的三大光线概念

① 直接光照

由个体发射光线进行第一次光线照射，这样的过程称为直接光照。例如，太阳光的照射，灯光的照射等。

② 间接光照

就像黑夜不是纯黑色一样，阴影虽然是由光线被遮挡造成的，但现实物理环境中几乎不存在光线被完全遮挡。因为光线存在反射效果。反射的光线在照射到物体上时，造成的照明效果则是间接照明。简而言之，间接照明是光的漫反射造成的。

③ 全局光照

这是属于虚拟世界照明的一个概念。直接光照、间接光照都可以模拟，但终究是模拟的，计算机能够模拟的光线追踪次数有限，因为无限模拟下去只会造成更多的消耗。因此创造出了全局光照的效果，这是一种整体的补足照明效果，之后逐渐成了一种虚拟环境内必不可少的照明手段。

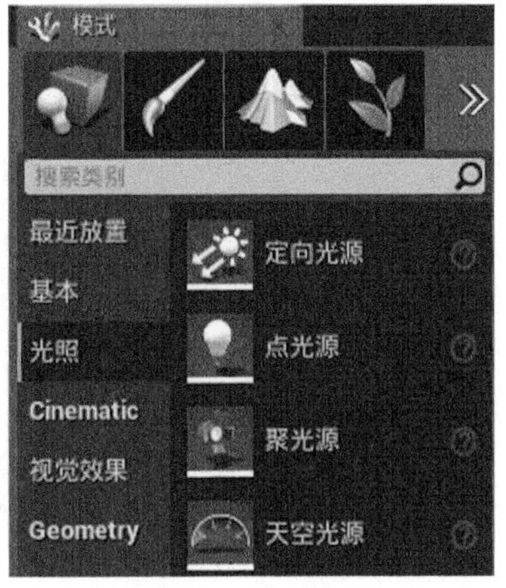

图5-10 光源类型

（2）UE4 引擎中四种光源类型

在模式界面的“光照”菜单中，可以看到四种光源类型，如图 5-10 所示。

① 定向光源

定向光源，也经常被称为平行光，经常被模拟成太阳光使用，用来表现无限远处发射的平行光线。它在 Viewport 界面中以“太阳”的图标进行标示，同模型元素一样，照明元素也可以通过快捷键“W”“E”编辑位置和角度。在一个“世界”里一般只需要一个定向光源。

② 点光源

点光源，顾名思义是用来模拟一个点向周围照射的光源，经常被用来模拟灯泡的效果。所以在 Viewport 界面中以“灯泡”的图标进行标示。其具有一定的可变性属性，也可以用来模拟灯管之类的长条状发光体。

③ 聚光源

聚光源是指由一个点向指定方向散发锥形光的光源，经常用来模拟聚光灯、手电筒等发光体。聚光源是一种能有效减少资源消耗的光源类型。在 Viewport 界面中以“聚光灯”的图标进行标示。

④ 天空光源

天空光源用于环境照明，是模拟环境中各种复杂漫反射和折射的一种方式。在 Viewport 界面中以类似半圆的图标进行标示。图 5-11 左图中有天空光源补光，右图中没有天空光源补光，可以发现阴影处有明显的不同。

图5-11　有天空光源和无天空光源效果

（3）UE4 引擎灯光属性

当选中一个照明元素时，在细节界面会展示不同灯光的相似或相同的属性，以下对常用属性进行说明，重复属性忽略。

① 定向光源属性

变换常用参数如图 5-12 所示。

图5-12　变换常用参数

a. 位置：灯光位置信息，对定向光源没有影响，只会改变图标所在位置。

b. 旋转：灯光旋转信息，对定向光源起主要作用，可以改变光源的照射角度。

c. 缩放：灯光缩放信息，对定向光源没有影响。

d. 移动性：有“静态”“固定”“可移动”三种状态，选择“可移动”，可以对光照进行实时更新。

Light 常用参数如图 5-13 和图 5-14 所示。

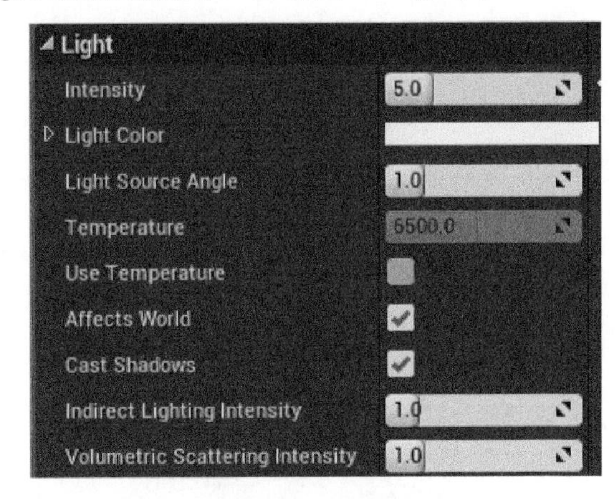

图5-13　定向光源Light常用参数（一）

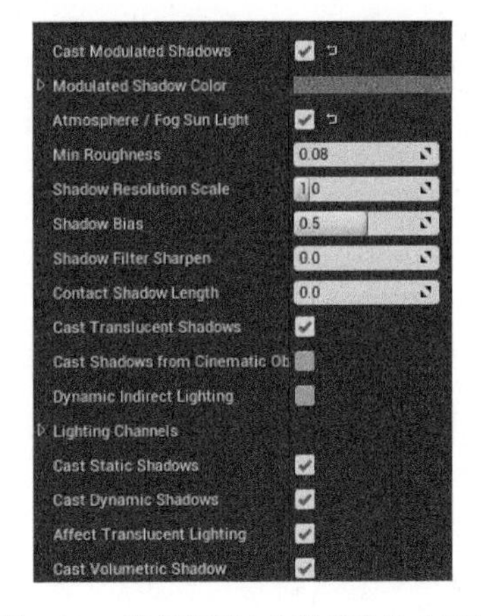

图5-14　定向光源Light常用参数（二）

a.Intensity（强度）：光照的强度，默认值为 10。

b.Light Color（灯光颜色）：光照的颜色，正常用白色，可以根据需要进行调整。

c.Use Temperature（激活色温）：可以模拟真实世界的各时间段，如清晨和黄昏。激活后“Temperature”数值可调，数值调整将影响色温效果。

d.Affects World（影响世界）：关闭光源，在制作过程中可以控制有无太阳的效果。

e.Cast Shadows（投射阴影）：光源是否投射阴影。

f.Indirect Lighting Intensity（间接光照强度）：缩放来自光源的间接光照的量。

g.Atmosphere/Fog Sun Light（大气层的太阳光）：此选项激活后可更改太阳的位置，模拟斗转星移的效果。

h.Min Roughness（最小粗糙度）：光源的最小粗糙度，可以使高光变得柔和。

i.Shadow Bias（阴影偏差）：控制光源的光影精细度。

j.Shadow Filter Sharpen（阴影滤镜锐化）：可以提高阴影边界的清晰度。

k.Cast Translucent Shadows（投射半透明阴影）：让光源穿过半透明物体投射动态的阴影。

l.Dynamic Indirect Lighting（动态间接光照）：是否将光照加入全局光照的数值里。

m.Cast Static Shadows（投射静态阴影）：光源是否投射静态阴影。

n.Cast Dynamic Shadows（投射动态阴影）：光源是否投射动态阴影。

o.Affect Translucent Lighting（光照影响半透明）：光源是否影响半透明物体。

② 点光源属性

变换常用参数。

a. 位置：灯光位置信息，编辑点光源所在的位置。

b. 旋转：灯光旋转信息，对点光源没有影响。

c. 缩放：灯光缩放信息，对点光源没有影响。

d. 移动性：有“静态”“固定”“可移动”三种状态，选择“可移动”，可以对光照进行实时更新。

Light 常用参数如图 5-15 所示。

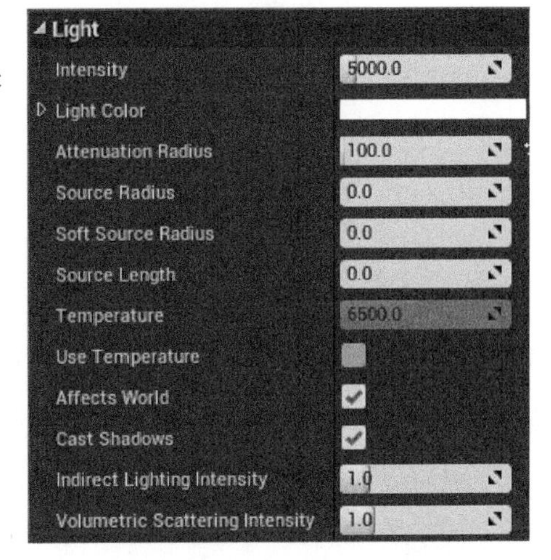

图5-15　点光源Light常用参数

a.Intensity（强度）：光照的强度，默认值为 5000。

b.Light Color（灯光颜色）：光照的颜色。

c.Attenuation Radius（衰减半径）：光照的范围（天蓝色线框范围）。

d.Source Radius（光源半径）：设置光源的半径，以决定静态阴影的柔和度以及反射到物体表面上的光照的效果（黄色线框范围）。

e.Source Length（光源长度）：设置光源的长度，可模拟灯管效果。

f.Temperature（色温）：调节色温值。

g.Use Temperature（激活色温）：激活色温选项。

h.Affects World（影响世界）：关闭光源。

i.Cast Shadows（投射阴影）：光源是否投射阴影。

j.Indirect Lighting Intensity（间接光照强度）：缩放来自光源的间接光照的量。

③ 聚光源属性

变换常用参数。

a. 位置：灯光位置信息，编辑聚光源所在的位置。

b. 旋转：灯光旋转信息，对聚光源起主要作用，可以改变光源的照射角度。

c. 缩放：灯光缩放信息，对聚光源没有影响。

d. 移动性：有“静态”“固定”“可移动”三种状态，选择“可移动”，可以对光照进行实时更新。

Light 常用参数如图 5-16 所示。

a.Intensity（强度）：光照的强度，默认值为 5000。

b.Light Color（灯光颜色）：光照的颜色。

c.Inner Cone Angle（内锥角）：设置聚光源的内锥角，以度为单位（深蓝色线框范围）。

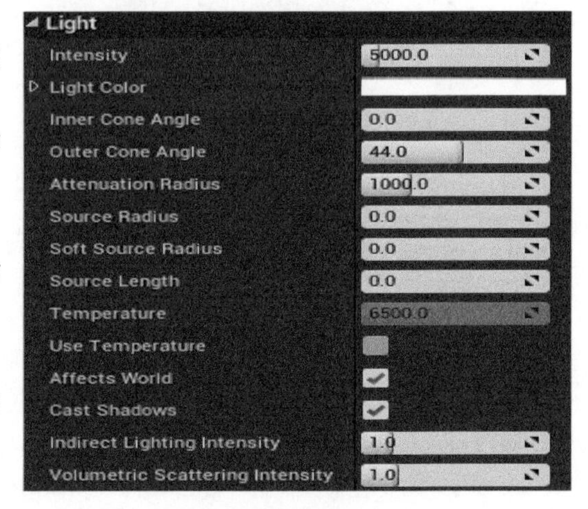

图5-16 聚光源Light常用参数

d.Outer Cone Angle（外锥角）：设置聚光源的外锥角，以度为单位（亮蓝色线框范围）。

内锥角越大光照边缘的硬度越大，内锥角越小与外锥角之间的光照边缘越柔和，如图 5-17 所示。

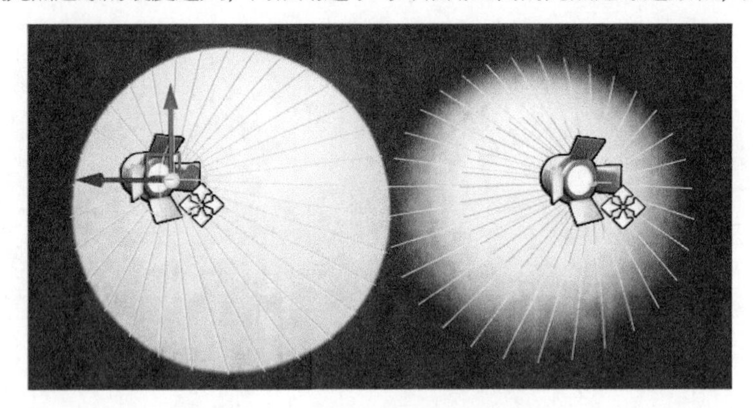

图5-17 内锥角参数不同效果不同

e.Attenuation Radius（衰减半径）：用于设置衰减半径的范围，即光照影响的远近范围。

f.Source Radius（光源半径）：用于设置光源的半径，以决定静态阴影的柔和度以及反射到物体表面上的光照的效果（黄色线框范围）。

g.Source Length（光源长度）：用于设置光源的长度。

h.Temperature（色温）：用于调节色温值。

④ 天空光源属性

变换常用参数。

a. 位置：灯光位置信息，对天空光源没有影响，只会改变图标所在位置。

b. 旋转：灯光旋转信息，对天空光源没有影响。

c. 缩放：灯光缩放信息，对天空光源没有影响。

d. 移动性：有“静态”“固定”“可移动”三种状态。

Light 常用参数如图 5-18 所示。

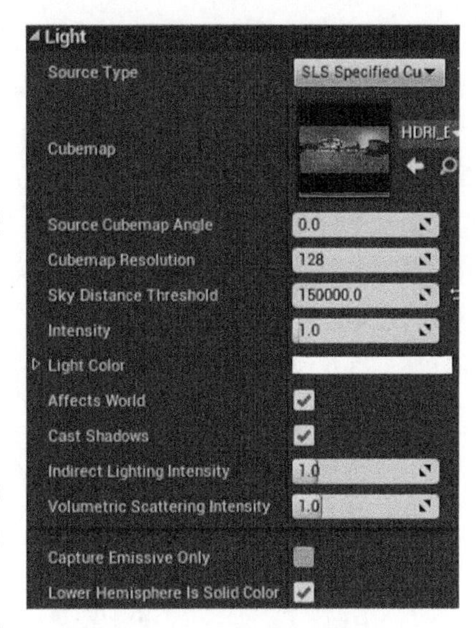

图5-18　天空光源Light常用参数

a.Source Type（源头类型）：在下拉列表框中有两种来源——“SLS Captured Scene”（获取场景）和“SLS Specified Cubemap”（指定立方体贴图）。

b.Cubemap（立方体贴图）：在“Source Type”中选择“SLS Specified Cubemap”时，此功能可指定一张立方体贴图来作为天空光源。这种模拟方式并不真实，但是比较方便。Cubemap 文件必须是 HDR 格式。

c.Sky Distance Threshold（天空距离临界值）：“SLS Captured Scene”源头类型的一个重要数值，用来确定距离。“SLS Captured Scene”受“Sky Distance Threshold”的数值影响，可以理解为在这个距离以外的任何物体将被认为是天空的一部分，如天空中的云层、远处的山脉等，这些物体因自身的颜色亮度将被当作天空的光源，同时也会影响环境的反射。

d.Intensity（强度）：光照的强度，默认值为 5000。

e.Light Color（灯光颜色）：光照的颜色。

f.Lower Hemisphere Is Solid Color（低于半球以下的是黑色）：将来自下半球的光线设置为 0，防止下半球的光线溢出。

2. UE4 引擎灯光的摆设

（1）照明的加入与删除

模式界面中的“光照”菜单里有四种光源类型。选择一种光源，将其拖入场景中，即可增加一个光源。如在场景中设定好一个光源后，按快捷键“W”进入移动编辑状态，按住“Alt”键并拖动光源，就能复制一个与所选光源参数一样的光源。

选中不需要的光源，按“Delete”键可以删除该光源。

四种光源类型里，天空光源只需要有一个光照元素存在于场景中就可以了，放置多个天空光源对整个场景来说没有作用。定向光源一般来说也只需要一个，但是如果有特别的需要也可以增加。点光源和聚光源可以根据真实的灯光摆放增加或减少。

图标的显示与隐藏：按快捷键“G”可以让图标在显示和隐藏两种状态间切换。隐藏图标后有助于观看完成的整体效果。

（2）照明的应用

图5-19　定向光源的应用

天空光源和定向光源可位于场景中的任意位置，它们的位置对照明效果没有影响。一般摆放于主模型元素附近，不会遮挡模型元素也便于选中。定向光源的角度可根据需要调整，要注意客观世界太阳在不同时间的入射角度，避免和客观世界产生矛盾。定向光源与比较暗的环境搭配，可以显现出一缕一缕的光晕效果，如图 5-19 所示。

点光源一般摆放于发光体的位置上，如灯具模型元素灯泡的位置上，如图 5-20 所示。点光源散发的光被灯具模型遮挡，灯罩外没有光，形成正确的光影效果。除了灯具以外其他发光体也会用到点光源，如蜡烛火焰等，如图 5-21 所示。因为火焰光源属于暖光，所以点光源元素也需要调整相应的颜色。不同于灯具，点光源一般放置于此类模型元素的上方。不能将点光源放置在蜡烛火焰的位置，因为点光源与蜡烛的模型元素太近，会产生不正常的遮挡，呈现不和谐的光影效果。而且多个光源对资源有一定的消耗，所以对应一组多处光源模型元素时，可以只添加一处点光源。点光源还常被用作“氛围补光”，如图 5-22 所示。淡紫色点光源的位置上并没有灯具，也没有可发光物体，但是为了增加环境亮度和丰富环境色，在这里增加了一处点光源作为整体照明的补充。可见，点光源的应用是非常广泛的。

图5-20　点光源的应用（一）

图5-21　点光源的应用（二）

聚光源常用于模拟射灯的效果，如图 5-23 所示。当然也有在没有灯具的情况下在需要的位置放置聚光源的情况。通过内锥角和外锥角的调整可以表现不同的光源边缘效果。

图5-22　点光源的应用（三）

图5-23　聚光源的应用

3. 光源设计训练

根据本章知识，使用已经完成的构图训练作业，完成自然光源和人造光源两组光源效果训练，每组光源设计不少于三种光源类型，并提交作品文件。

图 5-24 所示为人造光源范例。聚光源为场景暖色主光源，由于桌面对桌面以下物体的遮挡，聚光源的“Attenuation Radius”设定不能超过光源距离桌面的长度。左侧以较弱的冷光源补充主光，右侧以暖光模拟反光效果，补充主光。主光源所照亮的正是构图练习中希望观者注意的三分法构图的主体，从构图到灯光都引导了观者的视线。

图5-24　人造光源范例

5.2 虚拟场景的后期修色

5.2.1 光与颜色和氛围

光与颜色和氛围有着密不可分的联系，光照影响了人们对色彩以及氛围的感知。光照直接影响了人们对空间及物体的形状、体积、结构、颜色与质感的感知，因为没有光什么都看不到。不同的光源会有相应的设定，风格化的、逼真的光照可以给画面增加深度；美妙又夸张的光照会创造出别样的意境。“光影”跟“色调”是表现氛围的重点，如果能善加利用光照迷人而丰富的不确定性，掌握冷暖色调的变化，就可以操控画面的氛围感。

对于自然发光的物体和反光物体来说，人们对其色彩感觉形成的原理有所差别。如果是自发光物体，其颜色取决于光线中包含的颜色成分，如白光就是由多种色光混合而成的。如果是被光照产生的光，其颜色就是由物体表面反射出来的光线决定的，由于物体表面对于光的吸收、反射是相对固定的，所以在自然光下物体表面反射出来的颜色就是物体的固有色。

环境是影响物体固有色变化的主要因素，一些小小的光影变化也会对画面色调的平衡与情绪的表达造成影响，如季节之类的主题，光线的变化会产生神奇的效果。每一天的光线都随着大自然、季节在变化，不同时间光影的方向、质感都不相同，如早晨、午后是较为温和的斜射光，或是穿过云层的漫射光、金黄色调夕阳的逆光，这些时段的光反差小，带着温润而统一的色调，营造出很有渲染力的光影气氛。

光源的色彩设定可按照要表达的意思与场景而定。例如，红色光象征火焰、热烈、喜庆与警示，蓝色光代表天空、海洋、夜色、幽雅、宁静、冷静与理想，黄色光代表温馨、祥和等，如图 5-25 所示。

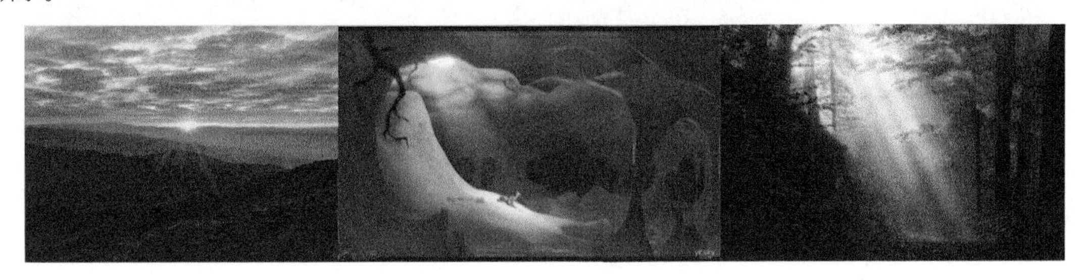

图5-25　光源不同的色彩和感觉

对于虚拟现实的场景设计而言，光在时间和空间中引导观众，它对于场景塑造和气氛营造有非常重要的作用。可视光线被感知后可以转化为对空间的认知，当人们在一个有光的环境里时，可以接收各种物体的反射光，通过光的强度不同，可以辨别明亮区和阴影区；通过各种物体对光的反射情况不同，可以感知物体的颜色和质感等。光对于空间的影响主要是通过光线、阴影和光色三个方面进行的，下面分别来探讨一下它们的作用。

1. 光线与空间结构

扫码观看
微课视频

光线能够首先表达空间所在的时间，白天和晚上的光线是不同的，白天光线充足，夜晚自然光线不足，场景多用各种形式的灯光。清晨和傍晚，太阳光的感觉也不一样，可以通过太阳光的颜色变化来感知。

光线能够暗示空间的存在，有很多时候，在空间里看不到光源，但可以看到光线，光线的方向和强度能让大脑联想补充出空间之间的联系。图 5-26 所示为电影《狄仁杰之通天帝国》中的场景，在幽暗的河道中，画面前方射进一束光，右侧是通光的窗户，预示着洞口的位置，也增加了这个洞穴空间的复杂感和神秘感；图 5-27 所示为电影中的场景，光从洞顶照射进来，让人可以感受到这个洞上面的空间。光线不仅能对画面外的空间进行拓展，还可以使人感知空间的结构和层次。图 5-28 所示为光线表现空间层次的例子，画面左上方照射进来的光，除了暗示这个空间还有画面外的顶部空间之外，明暗对比使人能直观看到三个层次，一个是画面前景的空间，一个是中景的主要空间，还有背景的空间。图 5-29 所示也是光线对空间环境层次表达的例子。

图5-26　光线的空间暗示

图5-27　光线的空间拓展

图5-28　光线的空间层次表达（一）

图5-29　光线的空间层次表达（二）

2. 阴影与空间氛围

有光，就会产生阴影，阴影在营造空间氛围中也起着很重要的作用，首先，在前面素描相关内容里就讲过光和物体以及阴影的关系，光线的“五大调子”让人可以感受到物体的形态和质感。例如，球形和正方体的明暗交界线就不相同，球形阴影过渡柔和，正方体明暗转折明显。光越倾斜，投影越长。投影的形状也是画面构图的一部分，光和投影的使用通常能使空间产生深邃感，增强画面的构成感，如图 5-30 所示。光线的强弱，也是通过亮面与暗面的对比表现出来的。通常情况下强光的对比强烈，光线和光斑边缘较清晰；弱光的对比较弱，光线和光斑的边缘模糊。图 5-31 所示为室内强烈的光照效果，亮和暗的环境对比强烈，光线和光斑边缘明确。图 5-32 和图 5-33 都是光和影子对画面的综合表现，通过光和窗户投影，丰富画面内容，增强画面的构图形式感，延展了空间。

图5-30 光线和投影的空间构成

图5-31 强烈光照

扫码观看
微课视频

图5-32 窗户的影子丰富画面效果

图5-33 天窗的影子增强画面的构成感

阴影有时本身就是主体，如很多具有恐怖氛围的场景里，鬼怪的出现常从怪异的影子开始，如图 5-34 所示。草原上看到老鹰飞翔的影子，通过影子的大小变化，可以判断出草原上空老鹰离地面的距离。有时，剪影也是画面中阴影的一种表达方式，如图 5-35 所示。图 5-36 所示为暗调空间中两个角色打斗的剪影，虽然看不见他们的表情，但通过肢体动作能感受到紧张的气氛。

图5-34 影子作为主体

图5-35 剪影的使用（一）

图5-36 剪影的使用（二）

3. 光色与空间氛围

光对于空间氛围的表达，最直观的影响就是光的颜色，光色决定画面的整体色调，能重新塑造空间，引导观众情绪。光色在空间中主要的应用形式有高调光、低调光、暖光、冷光、光线的角度。

高调光一般是指空间整体亮度较高，多用于表达一些宏大、积极向上、阳光的场景，一般正面人物的生活场景适合用高调光表现，如华丽的宫殿、梦幻的精灵仙境等，多用高调光表达美好与和谐的空间氛围。图 5-37 为电影《阿拉丁神灯》中公主初见国外访客时的场景，暖色高调光描绘出宫殿富丽堂皇的装饰，仰视的视角凸显出公主的高贵典雅；图 5-38 所示为电影《指环王》中精灵王国的场景，明亮的建筑、开阔的自然场景，衬托出精灵王国的纯洁与美好。高调光也分冷暖色，如冷色高调光多表现一些冬日雪景，如图 5-39 所示。

图5-37　高调光（一）

图5-38　高调光（二）

图5-39　冷色高调光

低调光是指空间整体暗，局部亮。低调光一般营造一种低沉、神秘的气氛，对光照亮的部分有强调作用，对空间的表达有选择性，有节奏美感。低调光在很多场景下都可以使用，一般表现美好的环境时低调光结合暖色来表达，如图 5-40 所示。表现肮脏、阴暗的环境时低调光结合冷色来表达，图 5-41 所示为电影《霍比特人》中的场景，整体蓝色调偏暗、偏冷；局部偏暖的亮光照射到主人公的脸上，表现他勇敢坚毅的神态，用偏暖的光来凸显正面形象；次亮处是大小不同的巨型蜘蛛，刻画出环境的危险和阴暗。一般塑造反面形象的时候，会用整体冷色低调光，传达给人一种冷血、残酷无情的反面人物形象，如图 5-42 所示。

图5-40　整体暖色低调光

图5-41　整体冷色局部偏暖低调光

图5-42　整体冷色低调光

扫码观看
微课视频

光线的照射角度也会对空间和人物塑造产生很大影响，常见的光基本是从上面照射下来，如图5-43所示。对于虚拟现实空间设计的学习而言，对光线位置的理解尤为重要。光线位置，是指光照射过来的位置，它和摄像机镜头位置是一个相对概念，一般是在镜头角度基本确定的情况下来布置光线。从上下垂直的相对位置来区分，光分为顶光和底光；从主体水平方向来区分，光分为顺光、侧光、逆光。可以单独使用一种光，也可以综合使用多种光。在单独使用一种光时，画面光影反差比较大；多种光同时使用时，要注意光的主次，也就是每个光的不同明暗程度，才能使场景看起来统一、协调。图5-44是某电影的拍摄现场，整体模拟烛光和壁灯组合光线的效果，可以看到中间上面的亮方块灯是主光源，照亮整个场景中主要的餐桌及附近地面，右侧的灯光向上打向屋顶，利用屋顶的反光来补充桌子暗部光线，其他角落用蜡烛和壁灯的光线来点缀。微弱的光线可以为画面增加别样的朦胧感。

图5-43 顶逆光

图5-44 电影场景布光

一般一个场景很少用单一方向的光，都是靠不同的光相互作用来塑造场景或人物的。图5-45所示为一般常用的几个单个灯光的角度（除逆光外）：上面一排从左到右依次为顺光、底光、右侧底光、左侧顶光、左侧正侧光；下面一排从左到右依次为右顶侧光、顶光、右侧正侧光、左底侧光、右侧顶逆光。一般可以通过阴影的方向去推断光源的位置。顺光一般是指光线照射的方向和摄像机镜头所指方向一致，正侧光是光线照射方向与摄像机镜头所指方向在水平方向成90度；正逆光是指光线照射方向与摄像机镜头方向正好相对，成180度，一般剪影效果就是正逆光；顶光是指光线照射方向与摄像机镜头所指方向在垂直方向从上向下成90度；底光与顶光正好相反，是从下往上成90度。一个物体或一个场景在光环境中几乎是被各种角度的直射光和反射光包围着，为了更加逼真地塑造环境或物体，可以灵活调整光源的位置、照射范围的大小、光的颜色和强弱。所以，可以根据需要打出各种角度的光线，如常用的顶逆光、侧逆光、前45度侧顺光、前30度侧顺光等。从后上方向前下方照射的光称为顶逆光，顶逆光也是塑造空间常用的光之一，顶逆光一般用来划分画面层次，使主体与背景层次分明，表达雨、烟、雾、尘埃、纱布、散开的发丝等半透光物体的质感。图5-46所示为电影《霍比特人》中的场景，是一个冷色调的低调光空间氛围，顶逆光让前景的人、中景的人和背景三个层次很好地分开，虽然表现的是雨夜中的战斗场面，但层次分明，雨形成的雨线细密，近景人物胳膊铠甲上的雨水四处飞溅，通过顶逆光能感受到大雨滂沱的视觉效果。图5-47所示为顶逆光对烟雾以及空间节奏的表现，是一个暖色的低调光空间氛围，远处蜡烛燃烧产生的烟袅袅升起，光线范围较小，有选择地照亮要表达的主体，比较集中地打亮了台阶下的人物及其周围地面，台阶传递了两个人物的距离感。根据人物地面上的投影，可以推断出光源的位置在画面外的左上后方，虽然看到的图是二维的，但光的位置一定是三维的，在X、Y、Z三个坐标轴上均有体现，在分析和学习打光的时候一定要形成这个思维模式。

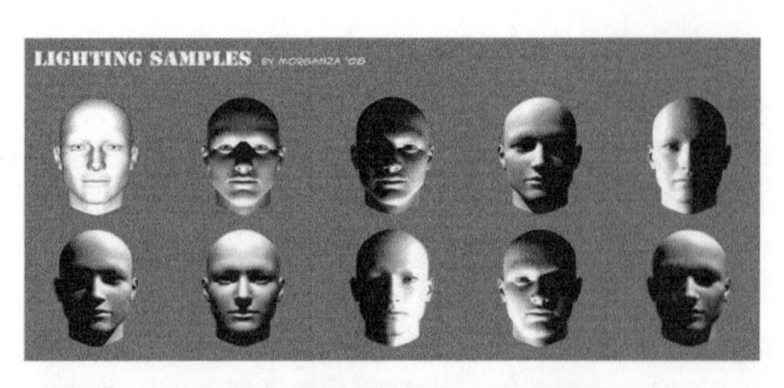

图5-45　常用的几种单灯光位效果

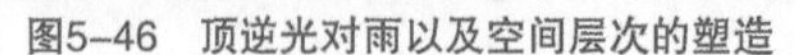

图5-46　顶逆光对雨以及空间层次的塑造

图5-47　顶逆光对烟雾以及空间节奏的表现

为了在虚拟现实空间中更逼真地表现场景的光，首先，在日常生活中要多分析光线，理解光的作用，哪些是用来照明的，哪些是用来烘托气氛的，哪些是用来表达空间结构的。对每种环境里的光线培养整体概念，多做总结，积累经验。其次，要多练习，熟悉软件里各种灯光工具能达到的实际效果。图 5-48 所示为一个场景中灯光的位置设计，不同种类、不同颜色、不同位置、不同强弱的灯光共同组成了一个低调光的具有工业感的空间。射灯一般比较容易控制灯的朝向；白炽灯和灯泡一样，在没有遮挡物的情况下，通常光线会向周围扩散。光的强弱可以通过远近距离来调节，也可以直接调节。灯光颜色也是可以调节的，图 5-48 中右边两处橘色的灯发出橘色的光，下面高台部分红色的灯发出红色的光，这样丰富了画面色彩，使工业机械味道更浓。各种功能、强弱、颜色的光线，共同组成了统一的光环境，除了主要照明的光线，局部微弱的灯光能凸显场景的细腻、精致感，如图 5-49 所示。初学者经常容易犯的错误就是灯光数量一多就控制不好光的比例，唯一的解决办法就是多观察、分析，只有理解了光，才能用好光。

图5-48　虚拟空间灯光设计布局

图5-49　虚拟空间光环境效果

4. 光的魔法表现

在场景中，光还有一个比较特殊的用途就是营造神秘的魔幻世界，用光来指示魔法，图 5-50 所示为电影《霍比特人》中的场景，甘道夫的手杖顶端的亮光显示了它是一根拥有魔法的手杖，一般白色的光、暖色的光多用于表达比较美好的魔法，如图 5-51 和图 5-52 所示。干净的蓝色光也常用于表现魔法，图 5–53 所示为电影《灰姑娘》中灰姑娘被施魔法换上华丽礼服的场景，蓝色的光闪烁着、围绕着她，形成了唯美的魔法画面。一般绿色和深紫色的光常用来表达邪恶的魔法力量。

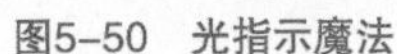

图5–50 光指示魔法

图5–51 光的魔法表现（一）

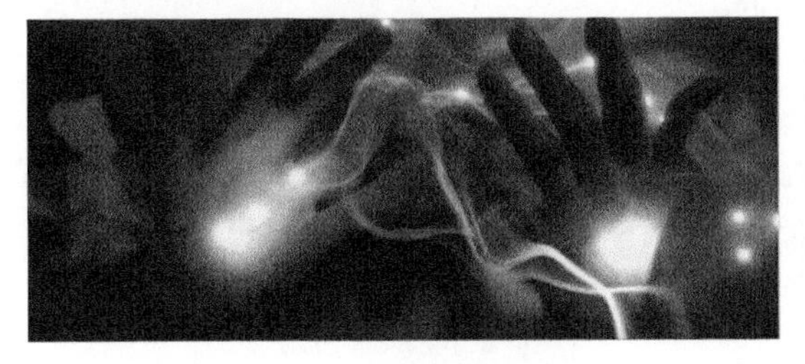

图5–52 光的魔法表现（二）

图5–53 光的魔法表现（三）

在魔幻场景中，光也被用来打造穿越时空的出入口，如图 5–54 所示。用不稳定的光来塑造空间的神秘感、恐怖感，一般恐怖片和渲染恐怖、紧张的空间氛围时多用这种不稳定的光的表达形式。

图5–54 光作为时空入口

5.2.2 案例：虚拟现实主题分类渲染效果训练

UE4 引擎的后期处理效果是应用于整个场景之上的，前面讲的灯光效果是烘托场景气氛的一种表现形式，“后期处理体积”功能则可以表现更丰富的视觉效果。

1. UE4 引擎“后期处理体积”介绍

在 UE4 引擎的模式界面，“视觉效果”菜单包含“后期处理体积”，如图 5–55 所示。拖动“后期处理体积”到场景中，就可以在场景中加载一个用来处理后期效果的工具。“后期处理体积”在场景中显示为紫色六面体线框。在世界大纲列表界面中的名称为“Post Process Volume”。控制“后期处理体积”在细节界面中的参数，可以完成多种效果的呈现。

图5–55 后期处理体积

2. UE4 引擎“后期处理体积”的主要参数设定

（1）变换

变换常用参数如图 5-56 所示。

a. 位置：“后期处理体积”位置信息，编辑“后期处理体积”所在的位置。

b. 旋转：“后期处理体积”旋转信息，可以改变“后期处理体积”的角度。

c. 缩放：“后期处理体积”缩放信息，可以改变“后期处理体积”覆盖的范围。一般“后期处理体积”要覆盖所有需要后期处理的空间范围，而且要覆盖观者的视角。也就是说“后期处理体积”只控制六面体线框以内的空间。

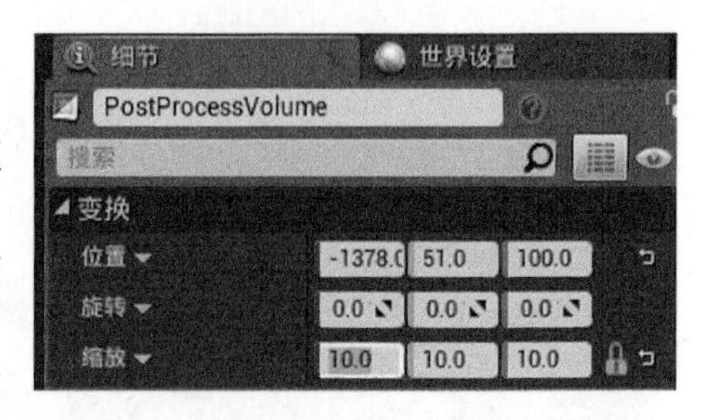

图5-56 “后期处理体积”的变换常用参数

（2）Lens（镜头）

① Image Effects（图像效果）

Vignette Intensity（虚光效果强度）：场景的亮度随中心位置向周围的距离增加而降低，是一种模拟真实世界中摄像机镜头变暗的特效，如图 5-57 所示。

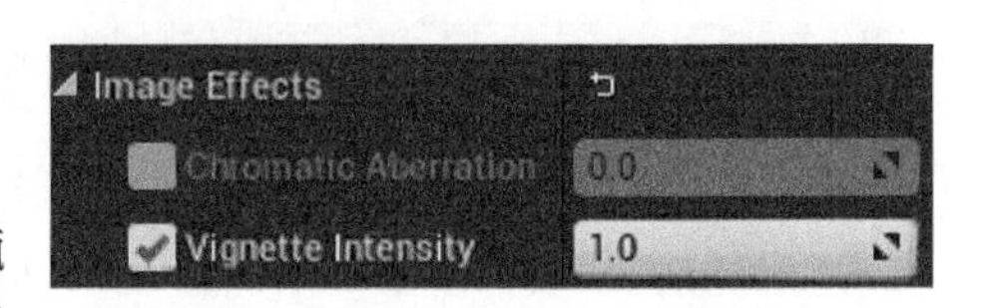

图5-57 Vignette Intensity参数

② Bloom（泛光）

泛光是一种光晕，能使光源等明亮物体产生辉光效果。

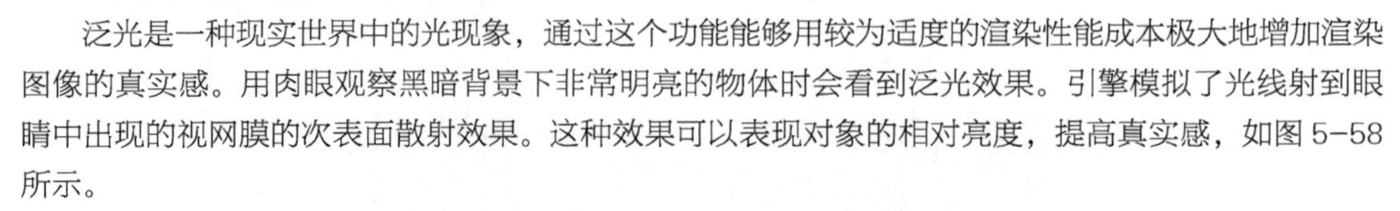
泛光是一种现实世界中的光现象，通过这个功能能够用较为适度的渲染性能成本极大地增加渲染图像的真实感。用肉眼观察黑暗背景下非常明亮的物体时会看到泛光效果。引擎模拟了光线射到眼睛中出现的视网膜的次表面散射效果。这种效果可以表现对象的相对亮度，提高真实感，如图 5-58 所示。

a. Intensity（强度）：线性调节整个泛光效果的亮度。可以控制表现淡入或淡出的变化。

b.Threshold（阈值）：控制同一亮度的光的泛光影响的范围大小。如果希望场景中的所有光都有泛光效果，需要使数值为 -1，如图 5-59 所示。

图5-58 泛光效果

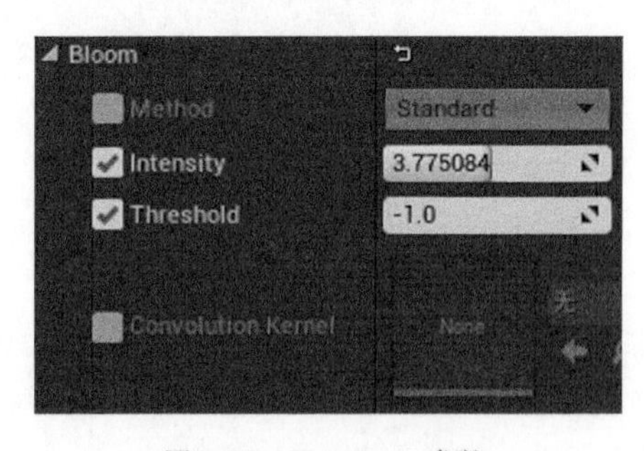

图5-59 Threshold 参数

③ Dirt Mask（尘土蒙版）

Dirt Mask 可使用贴图纹理（Texture），将纹理蒙版应用于泛光效果，如图 5-60 所示。蒙版于镜头前，可模拟镜头光圈形成的光斑杂质。

a. Dirt Mask Texture（尘土蒙版纹理）：指定要用于尘土蒙版的贴图纹理文件。

b. Dirt Mask Intensity（尘土蒙版强度）：用于调整尘土蒙版的亮度。

c. Dirt Mask Tint（尘土蒙版着色）：用于调整尘土效果的颜色。

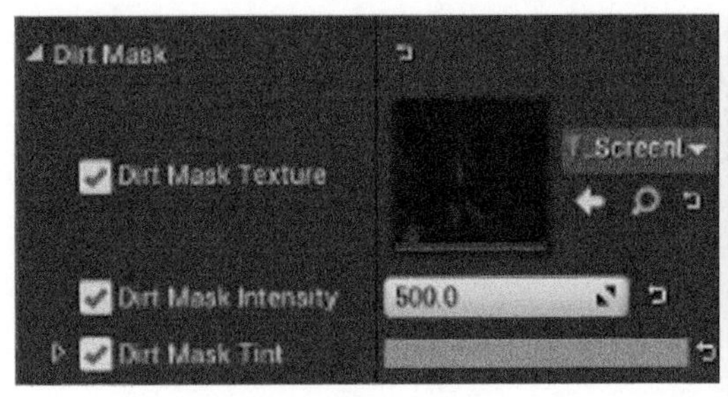

图5-60 Dirt Mask 参数及效果

④ Auto Exposure（自动曝光）

Auto Exposure 可用于自动调整场景曝光，模拟亮度变化时眼部对光反应的生理机能，如图 5-61 所示。

a. Min Brightness（最小亮度）：自动曝光的最小亮度，用于限制眼部可适应的最低亮度。其值必须大于 0，并且必须小于或等于最大亮度。如果值太小，图像就会显得太亮；如果值太大，图像就会显得太暗。在黑暗的光照条件下调整该数值，以获得更好的效果。

b. Max Brightness（最大亮度）：自动曝光的最大亮度，用于限制眼部可适应的最大亮度。其值必须大于 0，并且必须大于或等于最小亮度。如果值太小，图像就会显得太亮；如果值太大，图像就会显得太暗。在明亮的光照条件下调整该数值，以获得更好的效果。

c. Speed Up（加速）：从黑暗环境到明亮环境眼球适应的速度。

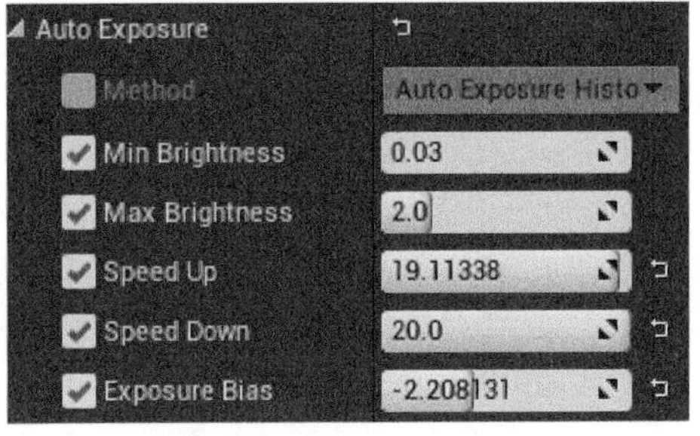

图5-61 Auto Exposure 参数

d. Speed Down（减速）：从明亮环境到黑暗环境眼球适应的速度。

⑤ Lens Flares（镜头眩光）

Lens Flares 可模拟摄像机镜头中明亮对象上的散射光，如图 5-62 所示。区别于 Dirt Mask 制作的光斑效果，Lens Flares 的效果可以跟随镜头的位置变化而变化。

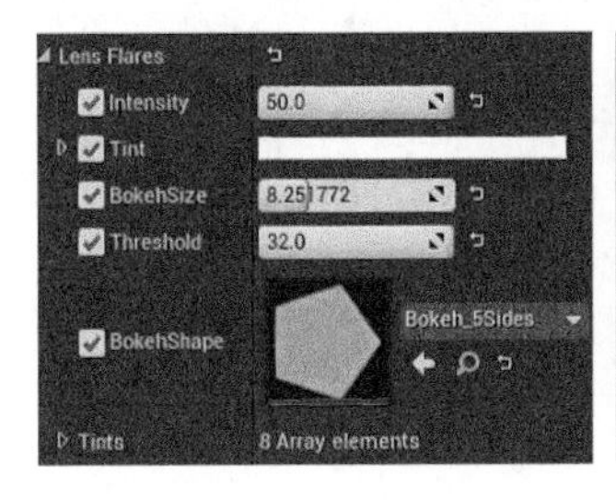

图5-62 Lens Flares参数及效果

a.Intensity（强度）：调节镜头眩光的亮度。

b.Tint（着色）：对整个镜头眩光特效着色。

c.Threshold（阈值）：定义构成镜头眩光像素的最小亮度值。更高的阈值会保留因太暗而无法看见的内容，使之不会变得模糊。

d.BokehShape（散景形状）：定义镜头眩光形状的贴图。

⑥ Depth of Field（景深）

景深是指焦点前后的范围内所呈现的清晰图像的距离。Depth of Field 可以模拟近实远虚或者近虚远实的景深效果，使场景更具层次感，如图 5-63 所示。

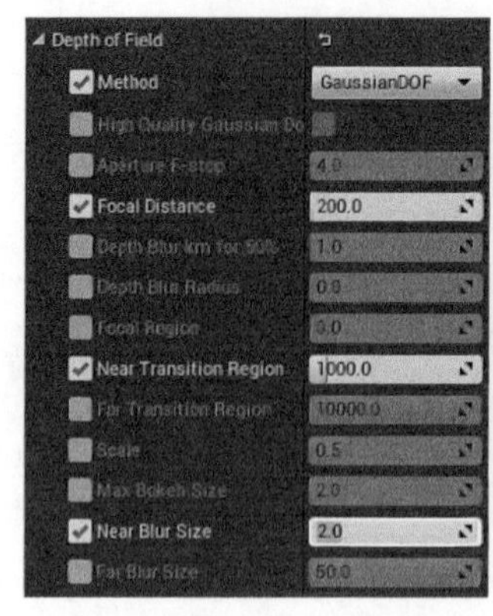

图5-63　Depth of Field 参数及效果

a. Focal Distance（焦距）：以摄像机为透镜中心到光聚集的焦点的距离。

b. Near Transition Region（近景区域）：近景清晰或模糊的范围。

c. Far Transition Region（远景区域）：远景清晰或模糊的范围。

d. Near Blur Size（近景模糊）：近景模糊的程度。

e. Far Blur Size（远景模糊）：远景模糊的程度。

（3）Rendering Features（*渲染功能*）

Post Process Materials（后期处理材质）：使用后期处理材质球创建和混合自定义后期效果，如图 5-64 所示。

图5-64　Post Process Materials 参数

目前，只有材质（Materials）和材质实例（Material Instances）是可混合资源。引擎提供了一些后期处理材质球，使用这些资源，可以创建自定义后期效果，无须任何编程步骤，方便快捷。

首先单击“+”按钮添加新槽，在下拉菜单中选择“资源引用”，然后即可选择一个材质。

图 5-65 所示为不同后期处理材质球通过 Post Process Materials 功能表现出的不同效果。

图5-65　不同材质球的不同效果

（4）Color Grading（*颜色分级*）

Color Grading 可用于调整场景的整体颜色基调，如图 5-66 所示。同一场景可以变化不同的风格和基调。其也可理解为与电影滤镜或相机滤镜相近的功能。

图5-66　同一场景不同的风格和基调

对应 Global（全局的）、Shadows（阴影的）两部分，常用的参数如图 5-67 所示。

a.Saturation：饱和度。

b.Contrast：对比度。

c.Gamma：伽马值。

d.Scene Color Tint：整体调整场景颜色色调。

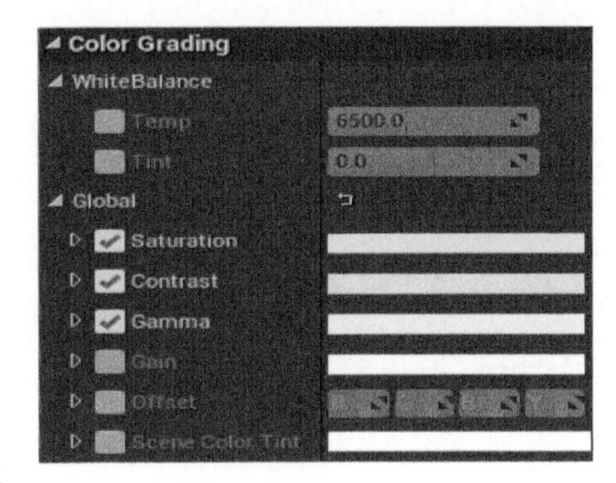

图5-67　Color Grading 参数

3. 案例分析

图 5-68 所示为场景原貌，图 5-69 所示为最终渲染风格效果。通过两张图的对比可以分析出光源和后期处理体积。

图5-68　场景原貌

图5-69　最终效果

（1）光源

定向光源作为主光源，采用了逆光效果，并赋予了光源橘红色的光源色。

补光光源采用了两处聚光源：一处光线强度较弱的聚光源，投射到山的背影处，与主光源角度相对，模拟反光的效果；一处光线强度较大的聚光源，投射到主体山峰的左侧，模拟光的折射、泛光效果，使山体和主体城堡的造型和体积更丰满生动，强调了中心的主体场景。

（2）后期处理体积

Color Grading（颜色分级）：改变了场景的整体颜色倾向，使主光源更倾向于暖红色。

Vignette Intensity（虚光效果强度）：在周围增加了一点暗度用来突出中心的范围，使画面的层次更鲜明。

Bloom（泛光）：增加了光晕，建筑和山体背光的边缘效果更柔和，太阳的边缘也更自然。

Lens Flare（镜头眩光）：为了阳光的光晕不过于突出，抢夺观者的视觉中心，只使用了一点模拟镜头光晕的效果，和泛光配合。

Depth of Field（景深）：从原貌图可以看出，远景的山峰和近景的山峰除了颜色，几乎区分不开，而最终效果利用景深这个功能将前景和远景分离出来，纵深的层次感加强了。

通过分析可以看出几个简单的功能便能大大提升画面的效果。多加尝试，灵活掌握和使用这些功能，便可以制作出各种不同风格效果的优秀作品。

4. 效果设计训练

根据本章知识，结合灯光的设计训练，完成两组风格不同的气氛后期效果训练。每组效果设计不少于三种后期功能。提交作品文件。

本章小结

本章介绍了自然光源和人工光源的相关知识和特点。光的颜色、光和影的组合使用能有效丰富画面层次，起到烘托氛围和交代空间结构的作用。对于光源的理解，大家要在日常生活中多观察、多体会，在软件里模拟的时候才能做出更逼真的效果。

本章练习

1. 简答题

光源的分类有哪两种？并举例说明。

2. 讨论题

光对空间的影响主要来自哪几个方面？并举例说明光在空间中的作用。

3. 论述题

光的照射角度一般有哪些？不同角度对物体形象的塑造有什么作用？

虚拟现实场景案例赏析

第6章

虚拟现实场景的设计，目前受电影场景的影响比较大，它们在美学角度上存在很多相似之处，如场景氛围的营造、对光线及色调的处理在很大程度上是类似的，所以，对于虚拟现实场景的设计师来说，分析和研究好的电影场景非常有必要。

电影一般是在二维屏幕上讲特定三维空间中发生的故事，观众只能看到导演设定好的那部分场景，所以，观众虽然能通过屏幕感受到场景的空间关系、光线氛围，但对于场景的体验是被动的、受限制的，即使现在常用的三维、四维等观影方式，也只是在导演设定好的场景中增加了一定的空间观看体验，观众只是在高新技术的支持下被动地看录制好的场景。而在虚拟现实场景的体验中，体验者可以在场景中随意走动，可以看自己感兴趣的任何一个画面，可以真正地参与场景故事，体验者的角色不再只是观众，而是变成导演和演员，真正地沉浸在场景中，对于场景的体验是主动的。因为被动体验和主动体验的区别，所以电影场景的完整度只需要考虑到录制画面里的内容，拍不到的部分可以忽略，但虚拟现实场景的设计不仅要完整，而且要注意场景中每个物体的贴图细节和真实感。

首先要了解虚拟现实作品主题和空间的关系。所有的虚拟现实作品，都会放置在一个特定的空间场景中，并呈现出特定的空间特征，这个空间有很多意义：它为体验活动提供场所，为情节发展提供可能，它是整个虚拟现实作品设计的框架；同时，这个空间体现了虚拟现实作品所指的特定的时代、场合和情景。空间可以是以小见大、浓缩现实社会的典型空间，也可以另辟蹊径，创造一个抽象、虚幻、充满魔法的非现实空间。空间场景和虚拟现实设计主题息息相关，它所反映的是体验者感受快乐、悲伤、恐惧等情绪的外化。

分析一个场景，一般会从主题与空间、空间层次纵深感、光与空间、色调与局部色彩、声音与空间、细节与空间等几个方面来进行。下面将从白天日光下的场景和夜晚灯光下的场景展开分析。

6.1 范例场景深度分析——白天的场景

太阳光是一种自然光，对于太阳光的感受，每个人都有很丰富的经验体会，太阳光虽然每天都不完全一样，但可以总结和归纳出春夏秋冬的变化，阴晴云雨的区别，光照强弱的感受。这些感受，是由太阳光在空间中的色彩和亮度决定的。

色彩可以影响人的视觉感官，进而让人产生心理反应，这种反应显示出色彩的感染力。自然光的冷暖可以表现情感、性格的特点，在表现气温上有着室内光所没有的特点和特质。

图 6-1 所示为沙漠主题场景，场景主要色调为暖色，表现了光照较强，给人炙热、神秘的感觉。在构图上为水平线构图，其特点是平静、安宁、舒适、稳定。一般水平线构图的画面主导线形是水平方向的，主要用于表现广阔、宽敞的场面。星星点点的植被和高大的仙人掌展示了沙漠的场景特征，动物白骨等暗示了这是荒无人烟的地带，烘托出令人恐惧的氛围。

图6-1　沙漠场景

正如前面所讲的，场景和主题密不可分，看到的场景就是主题表达的一部分。在场景设计中，通常会用线性透视原理来表达场景的纵深和层次，即近大远小，离视点近的景物大，距离远的景物小，这种方式在纵深感空间效果的产生上起着很重要的作用。如果是表达垂直方向的深度，一般用三点透视结构，比如站在高楼楼顶向下看，从电梯井向下看等。三点透视能带来一些夸张的变形效果，感染力更强。如果是表达水平方向的深度，常用一点透视和两点透视。图 6-2 所示为阳光下的户外自然场景，在这个场景中，主要观看视点在低处，运用了一点透视，让观者感觉到这条小河的深邃、悠远。

景物之间的遮挡关系，也是暗示空间纵深层次的一种表现手法，图 6-2 中近处竹子之间的相互遮挡关系，图 6-3 中植物和石头的相互遮挡关系，都能使观者直观地感受到物体位置的前后关系。

用透视表达场景空间，还有一个重要的方法，就是空气透视，尤其是表达户外场景的时候，空气透视能明显、直观地加强空间层次。空气透视来源于空气中存在的水汽和灰尘对光的反射，因此，近处的物体看起来更鲜明一些，远处的物体看起来更混沌、模糊一些。空气透视和天气有很大的关联，所以从场景中也能感受到天气情况。晴朗的天气远近变化反差较小，也就是常说的能见度较高；多云的天气，远处会笼罩在一层薄薄的灰雾中；阴雨天、沙尘天、雪雾天等特殊的天气情况下，空气透视的影响更为明显。图 6-3 所示为晴朗天气下的自然场景，可以感受到近处景色颜色鲜艳，水草和石头对比清晰，岸边植物层次分明，远处的景色受空气透视影响，笼罩在淡青色的雾气中，使整个空间显得深远而宁静。

图6-2　阳光下的户外自然场景

图6-3　晴天的空气透视影响

在一般的自然光下，顺光的环境空气透视表现要弱一些，逆光的环境空气透视表现要明显一些。场景纵深越大，空气透视的影响越大，景物层次区分越明显。图 6-2 所示为纵深比较小的顺光环境，从图中可以看出，空气透视对这样的场景影响较弱；图 6-3 所示为纵深比较大的逆光环境，空气透视影响较强。图 6-2 和图 6-3 所示场景都是清爽的晴天，阳光明媚，光照充足。多云天，或者有轻度雾霾的晴天，空气透视的影响更为明显一些，但依然遵循顺光影响略小、逆光影响大的特点。图 6-4 所示为多云天废旧矿区场景的顺光角度，在顺光角度中，近山和远山基本重叠在一起，层次区分不明显；而图 6-5 所示为该场景的逆光角度，近处的山和远处的山层次分明，能看到两山清晰的轮廓线，尤其是远山，整体呈灰色，和天空颜色比较接近，视觉上把层次拉开，让人能感受到远山在很远的位置。

图6-4　多云天顺光场景

图6-5　多云天逆光场景

在第 5 章讲过光线对场景的影响，光线不仅照亮场景，还暗示场景空间结构，图 6-6 所示为自然场景中的一个有水流过的山洞，画面中最亮的部分为洞顶照射进来的自然光，其次为远处洞口的光线。通过这两处光，观者可以感知这个洞和外部空间的连接位置，其丰富了场景空间结构，也为别的场景安排做好铺垫。阳光明媚的室外场景一般没有太复杂的灯光，如同一个效果盒，用来模拟天光的散射、反射和漫反射。一般用反射球来计算光的反射，以达到真实的不同的光环境效果，如图 6-7 所示。

图 6-2、图 6-3、图 6-6 为同一个场景，图 6-6 是图 6-2 中的那个远处的山洞的特写。这个山洞其实并不大，但通过视点角度和透视变化，在图 6-6 中视觉上感受到空间的增大。在同一个场景中，打光是统一的，但观看角度不同，光的作用和给人的感受就不同，尤其是复杂的场景中光的形态塑造变化比较大，所以，在布光时要兼顾多角度的感受。光，不是越亮越好，而是要根据地形结构等特征，结合想要表达的意境，适度打光，让整个场景有亮有暗，这样视觉感受才丰富，场景层次才分明。

图6-6　光对场景的空间暗示

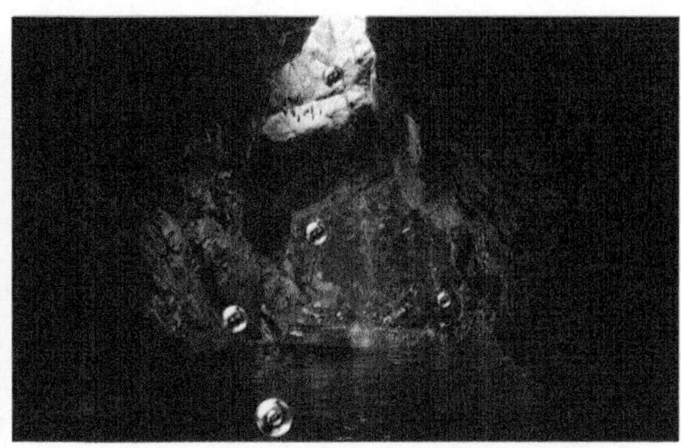

图6-7　光的反射球分布

对于日光场景来讲，除了户外的自然环境，还有白天的室内环境。室内环境用光要比室外稍微复杂一些，尤其是光环境较暗或者需要灯光烘托氛围的室内环境，光线除了太阳光（自然光），还有灯光（人工光）。这种情况要控制好光的亮度比例。

图 6-8 和图 6-9 所示为场景中的两个角度。这是一个会所接待厅的室内场景，明媚的阳光从落地窗和门口照射进来，在地上和墙上形成了很整齐、清晰的光斑，和室内灯光柔和的光斑形成了鲜明的对比，下面通过分析制作步骤，来讲一下在虚拟现实室内场景设计中要注意的事项。

图6-8　白天会所休息区室内环境

图6-9　白天会所门厅室内环境

在虚拟现实室内场景设计中，首先是建立模型，模型按照场景的空间结构来严谨搭建，这里先不探讨模型的建立，从模型建立后的设计步骤开始分析。

当模型建好之后，计算机软件呈现出来的基本是灰白色调的裸模（白模）状态，这个时候，先要确定灯光的位置和方向，因为白模状态下，灯光的范围和强弱看起来更明显一些，如图 6-10 所示。要针对不同光源分别进行布光，然后调整光线。图中场景里自然光源主要是太阳光，阳光斜射到室内，在入口的位置及周围有比较强的光反射。图中场景里人工光源主要有射灯和吊灯两种，吊灯以装饰空间为主，射灯以补充照明为主。所以，根据作用不同，光的强度就有所区别，一般装饰作用的光亮度较弱一些，照明作用的光亮度较强一些。分析完灯光的作用以后，再来调整灯光的参数，一般太阳光等自然光操作起来相对容易一些，室内人工光源的处理更为复杂一些，需要反复调整。首先要确定的是灯光的位置，虽然在建模时灯具的位置已经确定，但灯光位置和灯具位置不一定完全重合，尤其是场景中射灯的灯光位置。要调整射灯灯光距离墙的位置，目的是找到合适的光照范围，因为这些灯所产生的光斑不仅承载了照明的作用，还会增加空间层次感，是空间色彩组成里不可或缺的一部分，如图 6-11 所示。

图6-10　步骤一：打光

图6-11　步骤二：调整光线

场景灯光位置基本确定后，再进行材质贴图，材质贴图就像对房子进行软装一样。虚拟场景中，最直观的对空间环境的感受来自贴图，贴图的过程中，首先要注意的是色彩搭配的相关美学知识，前面强调了光的颜色对空间的塑造作用，但其实空间场景中各物体本身的不同颜色就已经构成了空间色彩的美的基础。这种色彩搭配有很强的构图功能，色彩在画面上的深浅对比、冷暖呼应，相得益彰地调节画面构图，并产生视觉重点。颜色可以调节空间物体的轻重感，在物体的体量关系和空间的色彩节奏上起到很有效的协调作用。

贴图还有一个重要的特征就是质感的表达。质感，其实是通过物体表面对光的反射情况来综合判断的一种感觉。透明玻璃的通透感、陶瓷的坚硬光滑、皮质的柔软细腻、不锈钢等亮面金属的镜面效果、皮毛的顺滑、地毯的松软、花卉的清新自然等，空间中每种材质都有其独特的质感。贴图所要解决的问题，不仅有颜色、纹理的还原，还有对光的反射程度等参数的调整，如图 6-12 所示。

如果仅表达单一质感的特性，可以很容易从摄影师那里学到相关知识，比如如何用侧光来体现材质的纹理、用明暗来凸显立体感等。但对于虚拟现实室内空间的灯光设计来说，要营造的不是一个静态的场景，而是一个随视角变化的，可以被体验的动态环境。对于场景贴图和灯光的调整，是不断修正完善的交叉过程，最终目的是得到一个舒适的空间感受，如图 6-13 所示。图 6-14 所示为该场景的另一个角度，可以对比看出，虽然两堵墙的材质不同，图 6-13 为大理石墙面，图 6-14 为木质墙面，但它们在颜色上是相互呼应的，整体的色调感觉是统一的。墙上挂的浅色建筑的风景画很好地平衡了画面，小面积的亮色打破了背光墙面的暗沉，沙发旁边工业风格的落地灯与顶灯的颜色和风格结构相呼应，增加了场景的现代感。图 6-15 为休息区的最终调整效果。对于这个场景而言，唯一不足的是太阳光投射在室内的效果，投射光边缘的处理有点生硬，边缘缺少过渡。一般光从窗户照射进来，离窗户近的位置，光边缘清晰且锐利，越往室内过渡，光的边缘越模糊，亮度也会有所衰减。尤其图 6-13 中树荫的表达，树荫的轮廓边缘往往是虚化的，只有注意到这些小的细节并表达出这些微妙的变化，才能让光环境更为自然，让整个场景更加真实。

图6-12　步骤三：贴材质

图6-13　步骤四：综合完善场景

图6-14　休息区的灯光和贴图的反复调整

图6-15　休息区的最终效果

对于整体光环境的表达，在日常生活中要不断积累空间光环境的经验感受，去不同的场所，尤其是设计讲究的场所，多观察、分析用光的方式，也可以参考学习一下关于室内灯光照明设计的一些知识，来增强对室内光线的认知和理解。虚拟现实空间里除了对整体光环境的把控，还要对一些有特殊质感的物体进行细致刻画，常见的有不锈钢类、陶瓷类、玻璃类等高反光物体或透明物体，如图 6-16 和图 6-17 所示。

图6-16　用餐区空间整体效果

图6-17　餐桌、不锈钢烛台特写

6.2 范例场景深度分析——夜晚的场景

同样的场景，夜晚的空间处理要比白天相对复杂一些，尤其是光对环境产生的影响，不同的布光，让场景呈现出完全不同的空间质感。在一个被精心设计的室内空间里，构成视觉印象的信息，如形态、颜色、材质的种种细节，都是灯光设计利用各种各样光的手法呈现、描画出来的。灯光设计可以用光引导人们的视觉体验，让人们通过颜色的明暗、冷暖，物体的软硬、轻重，材质的粗细、厚薄，捕捉并引发有关空间或亲切、或热烈、或深沉、或高贵的空间体验。因此室内空间所营造出的氛围，离不开灯光设计对空间质感的准确表达与塑造。

对于夜晚的场景来讲，光有着更为重要的作用，下面就以图 6-18 所示的空间进行分析。

首先来分析主题与场景的关系。这个场景是一个上下两层的中世纪建筑，场景中的室内陈设暗示了年代。木地板上堆积着厚厚的灰尘，脚踩在脏的木地板上，留下了几处湿的泥土脚印，褶皱、脏乱的地毯，只能隐约透露出它原本的红色，壁炉旁边散落着一地炭灰，空着的酒瓶在壁炉旁随意倒放着，整个场景营造了一种昏昏欲睡的寂静氛围。窗外树影稀疏，屋里地板上的几片黄色的枫叶交代了这是一个秋季的夜晚。几只小老鼠的出现打破了这沉寂的夜，为整个场景添加了一些生机。年久失修的二楼地板，透出了一楼温暖的火光。通过对这些场景细节的描写，我们可以判断出这个房子的主人是一个不爱干净、邋遢的人。地上的未干的泥脚印说明主人刚回来不久，随处可见的厚厚的旧书，温暖的台灯亮着，楼梯阳台上和壁橱上的几盆绿植生机盎然，从这些小细节可以得出这个主人虽然不爱干净，但热爱读书且心里有爱。

在这个虚拟现实作品里，可以获取很多信息。首先能直观地感受到整个空间的布局，在前面的章节里讲过，空间和主题息息相关，是主题的载体，为各种情节安排提供场地和可能，它不仅暗示时间，更是主角心情变化和性格的外化。对很多细节的刻画，使更多的心理活动信息可视化。在这样的场景中，没有一句对白，但其实整个场景和场景中的各个物体都在传递信息，这些信息的准确表达离不开场景中各个物体的精细制作，每个物体的模型、材质贴图、质感光影都是信息语言的主要部分。从另一个层面来讲，这也是要精细化场景细节的原因。把场景做得逼真，做得更加接近现实或超越现实，主要是为了传达信息，为主题服务。

其次来分析色调与空间场景的关系。场景中出现的色彩，既要从整体来看，也就是从色调来分析研究，也要从局部色彩进行研究。色调是指画面的总体色彩和配置，往往以一种色彩作为主导，使画面出现一种统一的色彩倾向。局部色彩是指画面中各个物体的颜色应用。场景中的色调，是渲染环境、营造氛围、表达人物内心和作品主题的重要手段，在一个大的场景中，往往是冷暖色调搭配使用，但冷色和暖色的比例并不均等，往往以一个颜色为主，穿插搭配另一个颜色，这样画面节奏感强、色调丰富。

在这个虚拟现实作品中，一楼有人的活动，是一个整体偏暖色调的空间，壁炉的火光和吊灯的暖光照射在深色的木质墙面上，使一楼呈现出暖棕色；从楼梯转角开始到二楼空间，基本没有人的活动，楼梯窗户照进来的月光偏冷，呈现蓝紫色，是一个整体冷色调的空间。图 6-18 ~ 图 6-25 所示为一楼的主要场景，较亮的部分为橘色的火光、黄白色的灯光以及蓝白色的月光，蓝白色的月光照在红色的地毯上，形成了小范围蓝紫色的色调，颜色在场景中深浅对比，冷暖呼应，相辅相成地调节整体构图，产生视觉重点。月光显得窗外夜景格外清冷，火光显得屋里更加温暖。一般暖色给人靠前和膨胀的视觉感受，冷色给人后退和收缩的视觉感受，通过冷暖色的对比增强了整个场景的空间纵深感。

场景中的色彩和光线是分不开的，没有光就什么也看不到，人能感受到的所有物体颜色都是物体对光的反射。在白天场景中，由于太阳光是主要光源，看到的颜色多为固有色，到了夜晚，看到的更多的是受自然光和人工光影响的颜色。在不同颜色的光照下，物体呈现的颜色也会有差别。对于场景颜色的分析不能脱离对光线的分析。

图6-18 老旧建筑的室内夜景（角度一）

图6-19 老旧建筑的室内夜景（角度二）

图6-20 从二楼往下看（角度一）

图6-21 从二楼往下看（角度二）

图6-22 壁炉角度右侧光的空间暗示

图6-23 壁炉效果特写

图6-24 台灯、读书角落特写

图6-25 楼梯口角度

再来分析光线与空间场景的关系。整个场景为夜晚的室内场景，是一个室内低调光的整体场景，主要光源为壁炉里熊熊燃烧的火光、室外穿过窗户照射进来的皎洁的月光，还有屋顶昏黄的吊灯，光线亮度较弱。低调光营造一种低沉的气氛，对照亮的位置有强调作用，对空间表达具有选择性。夜间的明暗可以自然而巧妙地把一些破坏画面的东西隐没，有利于突出主体、分清主次关系。由于受光线的限制，对黑白的处理、明暗的对比、轮廓的区分较为适宜。低调光给人一种神秘的感觉，如果整体色调偏冷，会给人一种神秘诡异的感觉，如图 6-26 和图 6-27 所示。如果整体色调偏暖，给人一种安静温馨的感觉，如图 6-24 和图 6-28 所示。如果场景里冷色暖色都有，那这种颜色的对比会相互作用，使冷色显得更冰冷，暖色显得更温暖。

灯光除了对空间氛围有影响之外，还有一个重要的作用就是暗示空间结构。观者通过光的方向，能感受到空间内部的相互位置关系和空间与外部的联系。图 6-25、图 6-27、图 6-29、图 6-30 和图 6-31 所示为窗户进来的光，通过层层台阶，观者能感知到空间内的高低位置变化。图 6-22 所示为壁炉里木炭燃烧发出的火光，通过壁炉火光对地面的照射方向的外沿遮挡关系，观者可以感知到壁炉是嵌在墙体里的，图中右侧墙面上的光，暗示在这个走廊里还有一个亮灯的室内空间。图 6-32 和图 6-33 所示为二楼破损的地板，一楼的光线穿过破损位置照射到二楼，隐约可以看到破损处随意堆叠的书本和一个木凳，这个穿透的光表明一楼和二楼之间的一个不寻常的空间连接处。

图6-26　从二楼看楼梯转角阳台

图6-27　鸟瞰楼梯转角阳台（冷色低调光）

图6-28　门厅壁橱陈设特写

图6-29　楼梯转角阳台

图6-30 从楼梯转角阳台回望客厅

图6-31 楼梯转角阳台陈设特写

图6-32 一楼的光透过二楼破损地板处

图6-33 二楼破损地板的特写

最后来分析灯光、贴图和音效等细节与空间的关系。从图 6-34~ 图 6-36 的白模中，可以看到场景里的灯光位置等信息，如果没有贴材质，这个空间有很多可能，可以是卡通彩色空间，可以是华丽崭新的房间，也可以是像图 6-35 和图 6-37 所示的老旧的房间。模型只是场景的基础，材质贴图才是确定整个空间质感的关键。

图6-34 客厅场景白模中的灯光信息

图6-35 客厅场景贴图后的整体调整

图6-36 壁炉场景白模中的灯光信息

图6-37 壁炉场景贴图后的整体调整

贴图是物体材质表面的纹理，利用贴图可以在不增加模型复杂程度的情况下突出表现对象的细节，并且可以创建反射、折射、凹凸、镂空等多种效果，比基本材质更精细、更真实。贴图可以增加模型的质感，完善模型的造型，使创建的三维场景更接近现实。

为了制作更加逼真的效果，在整个场景中，还使用了很多特效。烟雾特效是常用的特效之一，它可以添加空气中的烟雾尘埃，使老旧的建筑显得更加生动真实；可以增加空间的层次，加强空气透视效果。这种特效直观的表现就是在背光或侧光照射下，形成一团半透明的灰雾，里面有一些随机的尘埃亮点。图 6-38 所示为窗户边烟雾特效的效果，窗户外高大的树木被一层灰蓝的雾气笼罩，使其显得幽远。窗外浓重的烟雾和树木暗示了这个房子的位置不在闹市，而在僻静的郊外。室内也增加了烟雾特效，空气中的尘埃亮点漂浮闪烁，使整个空间静谧安详。壁炉里火的特效，火苗跳动，结合木柴燃烧的偶尔噼里啪啦的声音特效，完善了观众的体验。

图6-38　窗户场景的灯光和烟雾特效调整

对空间的整体认识，来自画面和声音。声音，除了能更真实地表达一种效果之外，它还具有空间属性。它具有空间感、方位感、距离感，进而也能表达透视关系。空间的大小、空间的界面性质、空间的围合状态等都会对声音的传播造成影响。例如，同样的声音，在小空间里显得大，在开阔的户外空间由于声音反射少就显得小。在墙壁光滑或者空旷的屋子里，容易产生回音；在粗糙墙面的屋子里，回音就会消失。所以，结合生活经验，我们可以通过声音的变化来判断声源所在的空间，判断声源与我们的距离和相对位置。

上述例子中的这个虚拟现实作品比较完整，从整体到细节的处理都很巧妙，对于光线的应用、贴图材质的表现、色彩的搭配、特效的添加、色调的把握都比较到位，使整个场景体验很好，值得好好分析、学习。夜景空间，除了这种低调光场景，还有高调光场景，下面来学习分析另一个高调光场景——一个星级酒店的夜景。

高调光的场景，一般用来表现华丽、高端的场所。在室外夜景空间中，高大明亮的暖黄色酒店给人一种安全、舒适、向往的感觉，如图 6-39 和图 6-40 所示。在这样的场景内，每个物体的颜色比较接近固有色，在整体明亮的环境中，首先要注意的就是空间的构成感和色彩的搭配。6 层挑高的华丽大堂里，主要色调是接近暖白的黄色，红色的柱子在灯光下呈现橘红色，使整个空间充满了时尚和活力的气息。大堂里淡紫色的观景电梯和暖黄色的空间形成色彩对比，因为用的紫色和黄色都是低饱和度、高明度的颜色，用的并不是纯色，所以看起来非常舒适统一。高大的椰子树，绿色的树叶为大堂空间增加了生机，绿色作为中性色点缀在空间里，非常和谐，如图 6-41 和图 6-42 所示。

图6-39　酒店夜景外景

图6-40　酒店夜景门厅特写

图6-41　酒店大堂（仰视）

图6-42　酒店大堂（俯视）

整个空间结构本身构成感比较强，灯光的加入使整体空间的色彩构成感提升很多，灯带发出的光在画面里形成一条条亮白色的线。之前在“色彩构成训练”部分讲过，白线或者黑线的加入可以统一画面，这里灯光除了具有照明作用外，还统一了整个酒店的内部空间，使内部空间在视觉上相互呼应。亮起来的灯具外形，形成了巧妙的点、线、面关系，也提升了空间的整体层次感和设计感。

在贴图材质的处理上，这个案例和上一个案例形成了鲜明对比，这个案例所有的物品都崭新明亮，清爽的空间，整洁的环境，每个细节都凸显出酒店的讲究和高档。

图 6-43~ 图 6-46 从不同角度展示了整个空间的构成感和光环境。

图6-43　酒店内走廊

图6-44　酒店大堂布灯信息

图6-45　酒店休息厅（角度一）

图6-46　酒店休息厅（角度二）

本章小结

虚拟现实的空间场景，从内容上划分可以有很多种类：可以是历史的场景，比如我国某朝代，西方某个时期；可以是现代场景，比如高楼林立的都市，田园诗画的乡村；也可以是未来的超现实场景，比如想象中的高科技时代，在宇宙中的生存空间和状态；甚至可以是虚构、虚幻的场景，比如神话传说或梦幻魔法类场景。从时间上划分，其基本可以分为白天的场景和夜晚的场景这两大类。从画面整体亮度比例上划分，可以分为高调光和低调光两大类，高调光场景并不是只有白天才有，低调光场景也不是夜晚的专利，它们产生于场景中光的综合作用。本章通过对白天场景和夜晚场景这两大类典型案例的分析，系统梳理了关于虚拟现实场景设计的相关美术知识，分析了与空间设计息息相关的各种要点。在分析、学习优秀案例的时候，注意要从主题与空间、结构透视与空间、色彩与空间、色调与空间、光与空间、特效与空间等方面去分析和理解，吸取经验。从整体的宏观掌控，到局部的细节刻画，主要目标就是使设计出来的虚拟现实空间更贴近真实，让观众的体验更好，有身临其境的沉浸感。想要做到这一点，除了丰富自己的美术基础知识，还要时刻做到积累生活场景经验，把理论知识带到实际场景中反复理解，才能在设计制作的时候游刃有余、灵活应用。

本章练习

分析题

找自己喜欢的两个虚拟场景，运用所学知识，从多个角度来综合分析该场景的优缺点，写一篇500字左右的评论。